Introduction to Naval Architecture & Ocean Engineering

최신 선박해양공학개론

이승준 · 염덕준 지음

GS인터비전

서 문

선박해양공학개론(대한조선학회)이 햇빛을 본지도 7 년이 지났다. 저자(SJ)가 위 책의 편집과 저술을 생각하게 된 것은 위 책의 서문에서도 밝혔듯이 GS인터비전의 요구에 따른 것이었는데, 책이 만들어지는 과정에서 대한조선학회의 요청에 의해 학회의 이름으로 출간하게 된 바 있다. 위 책이 나온 이래 많은 대학에서 교재로 사용되어 편집자로서는 매우 다행스러운 마음을 금할 수 없었다. 단 한 학기에 배우기에는 책의 분량이 너무 많다는 점과, 보다 선박공학에 치중한 책의 필요성에 대해 말씀해 오신 분들이 많았고, 또 이와 유사한 GS인터비전의 요구도 있어 그와 같은 방향으로 척을 출간하는 것을 고려하게 되었다.

일차적으로 선박해양공학개론(대한조선학회)을 참고하였고, 추가로 관련 극내외 다양한 자료를 종합적으로 참고하였으며, 전반적으로 분량을 줄이되 선박공학의 기본적인 내용을 보다 충실히 할 목적으로 저자들(DJ와 SJ)의 협업을 생각하게 되었다. DJ의 작업에 의해 초고가 마련되었고, SJ와의 공조에 의해 최종 원고가 작성되었다. 각 장의 내용과 관련하여 선박해양공학개론을 상당 부분 참조하였으므로, 물론 해당 원 저자들의 양해를 구하여, 흔쾌한 승낙을 얻었으며, 이에 대해 이 자리를 빌려 심심한 감사를 표한다.

전체적인 구성은 선박공학 부분 일곱 장, 해양공학 부분은 하나의 장으로 배분되었다. 선박공학에 대한 부분은 선박의 개요, 기본 개념, 설계, 저항과 추진, 운동과 조종, 구조 및 진동소음, 생산 등의 일곱 장으로 구성하였다. 의장 부분을 제외하는 결정을 내리는 것이 매우 힘들었지만, 근자에는 이 부분만 따로 다룬 책들도 많이 나오고 있는 점을 고려하여 결국 제외하였다. 해양공학에 대해서는 해양구조물에 대한 개괄적인 설명에 국한시켜 3장에 위치시켰다.

무엇보다도 은퇴를 코앞에 두고 있는 시점에서 선박공학에 처음 발을 들여놓는 학생들을 위해 이 책을 남길 수 있게 된 점을 매우 뜻 깊은 일로 생각한다. 사실 공학의 어느 분야든지 개론을 개인 또는 두 사람이 쓴다는 것은 거의 불가능한데, 다행히 기존의 저술들을 기초로 하여 보다 쓸모 있는 책을 탈고할 수 있었다. 그 사이 음으로 양으로 도움을 주신 모든 분들께 감사를 드리며, 이 책이 선박공학의 기초를 배우는 후학들에게 조금이라도 보탬이 된다면 저자들의 이 책과 관련된 시간과 노력이 충분히 보상받은 것으로 생각할 수 있을 것이다.

2018년 1월 이승준, 염덕준.

차 례

Chapter 1

선박 개요

이 장에서는 먼저 1절에서 선박의 정의에 대해 알아보고, 2절에서 선박의 기능에 대해 논의한다. 이어서 3절에서는 간략하게 선박의 발전사를 생각하고, 4절에서는 다양한 방법으로 선박을 분류하며, 5절에서는 상선에 대해 보다 상세한 설명을 덧붙임으로써 여러 가지 선박에 대해 소개하기로 한다.

1.1 선박의 정의

선박(또는 배)은 '사람 또는 물건을 싣고 수면 위 또는 수중에 떠 있는 상태로 항행하는 구조물'로 정의 할 수 있다. 즉, 선박은 부양성, 적재성 및 이동성의 특성을 가진다. 이와 같은 특성을 만족시키기 위하여 선박은 구조적으로 충분히 튼튼해야 하며 원하는 속력을 가지고 원하는 장소로 이동할 수 있는 추진장치를 가지고 있어야 한다.

선박을 뜻하는 한자에는 선(船), 박(舶), 함(艦), 주(舟), 정(艇) 등이 있는데 선(船)은 가장 일반적인 한자로 모든 선박에 대하여 사용하며 박(舶)과 함(艦)은 큰 배, 주(舟)와 정(艇)은 작은 배를 뜻하는 경우가 많다. 특히, 함(艦)과 정(艇)은 군용 선박 또는 특수한 목적을 가진 배에 사용되고 있다. 영어 단어로는 vessel, ship, boat, craft 등이 사용되는데 vessel은 물에 떠 있는 용기를 뜻하는 일반 용어로서 모든 선박에 대해 공통적으로 사용하며 ship은 큰 배, boat는 작은 배를 뜻하고, craft는 특수한 기능이 가해진 배를 뜻한다.

선박법에서의 선박은 '부양력을 가지고 있는 구조물로서 사람 또는 화물을 적재하고 바다 위를 스스로의 힘으로 나아갈 수 있는 능력을 가진 물체'를 뜻한다. 이 기준에 의하면 바아지(barge), 준설선(dredger), 기중기선(deck crane ship) 등과 같이 자체 추진 수단을 가지고 있지 않은 구조물은 선박법 상의 선박에 속하지 않는다. 그러나 바아지가 타 선박에 의하여 예인되고 있을 때는 선박으로 간주된다.

1.2 선박의 기능

선박의 기능은 크게 기본 기능과 운항 및 거주 기능으로 나누어지며 각 기능은 다음에 보인 바와 같은 세부 기능들을 포함한다.

1.2.1 기본 기능

1) 부양 기능(floating capability) : 사람이나 화물을 싣고 물에 뜰 수 있어야 한다.
2) 추진 기능(propulsive capability) : 물에서 움직일 수 있어야 한다.
3) 구조 기능(structural capability) : 충분히 튼튼한 부유 구조물이어야 한다.
4) 안정성 및 복원성(static and dynamic stability) : 사람이나 화물을 실은 상태에서 어느 정도 기울어지더라도 전복되지 않을 충분한 복원력을 가져야 한다.
5) 운동성능 또는 내항성능(seaworthiness) : 항해 중 파도에 기인하는 선박의 동요에 의하여 사람이나 화물에 손상이 발생하지 않도록 동요가 충분히 작아야 한다.
6) 조종성능(maneuverability) : 원하는 방향으로 움직일 수 있고, 좁은 항만이나 해협에서 안전하게 조종될 수 있어야 한다.

1.2.2 운항 및 거주 기능

1) 조타 기능(steering capability) : 조타장치(steering system)를 사용하여 원하는 방향으로 움직일 수 있어야 한다.
2) 화물하역 기능(cargo loading/unloading capability) : 화물을 싣고 부릴 수 있어야 한다.
3) 계류계선 기능(mooring capability) : 항만의 부두 안벽(quay)에 계선할 수 있어야 하고, 닻(anchor)을 이용하여 항만 내외의 해역에 계류할 수 있어야 한다.
4) 항해 및 통신 기능(navigation and communication capability) : 안전한 항행에 필요한 속도 제어, 위치 파악, 방향 유지, 장애물 예지 및 통신을 위한 장비를 갖추어야 한다.

5) 동력발생 기능(power generating capability) : 주 추진장치(main propulsion system)를 구동하는 주기관과 전력, 증기, 압축공기, 유압, 증류수 등의 공급에 필요한 동력과 기타 동력 공급을 위한 기관실 보조기관(engine room auxiliary equipments)을 갖추어야 한다.

6) 거주 및 인명 안전 기능(accommodation and life saving capability) : 선원이 거주할 수 있도록 선원 거주구 설비(crew accommodation facility)를 갖추어야 하며, 해난 및 화재 발생 시 인명과 재산의 안전을 위한 구명장비(life saving facility)와 화재 예방 및 소화 장비를 갖추어야 한다.

1.3 선박의 발전사

1.3.1 원시 시대의 배

인류가 언제부터 배를 만들어 사용하기 시작했는지에 대해 정확히 알아내는 것은 곤란한 것이 사실이다. 하지만 물보다 가벼운 물체가 물 위에 뜨는 것을 보고 시내나 강을 건너기 위해 이를 이용한 원시적인 배를 만들었을 것은 충분히 상상할 수 있다.

원시 시대 배의 형태로는 나무토막, 갈대로 만든 배, 뗏목, 통나무 배, 동물의 가죽이나 나무껍질을 이용하여 만든 가죽배 등을 생각할 수 있으며 이와 같은 배는 놀랍게도 지금도 세계 곳곳에서 여전히 쓰이고 있다(그림 1.1).

1.3.2 고대의 선박

인류의 문명은 나일강 하류의 이집트, 티그리스-유프라테스 강변의 메소포타미아, 인더스 강변의 인도, 황하 유역의 중국 등 4개 지역에서 발생하였다고 한다. 4개 지역 모두 큰 강 유역에서 발달한 것을 보면 배를 이용한 사람과 물자의 수송이 활발하게 이루어졌음을 추측할 수 있다.

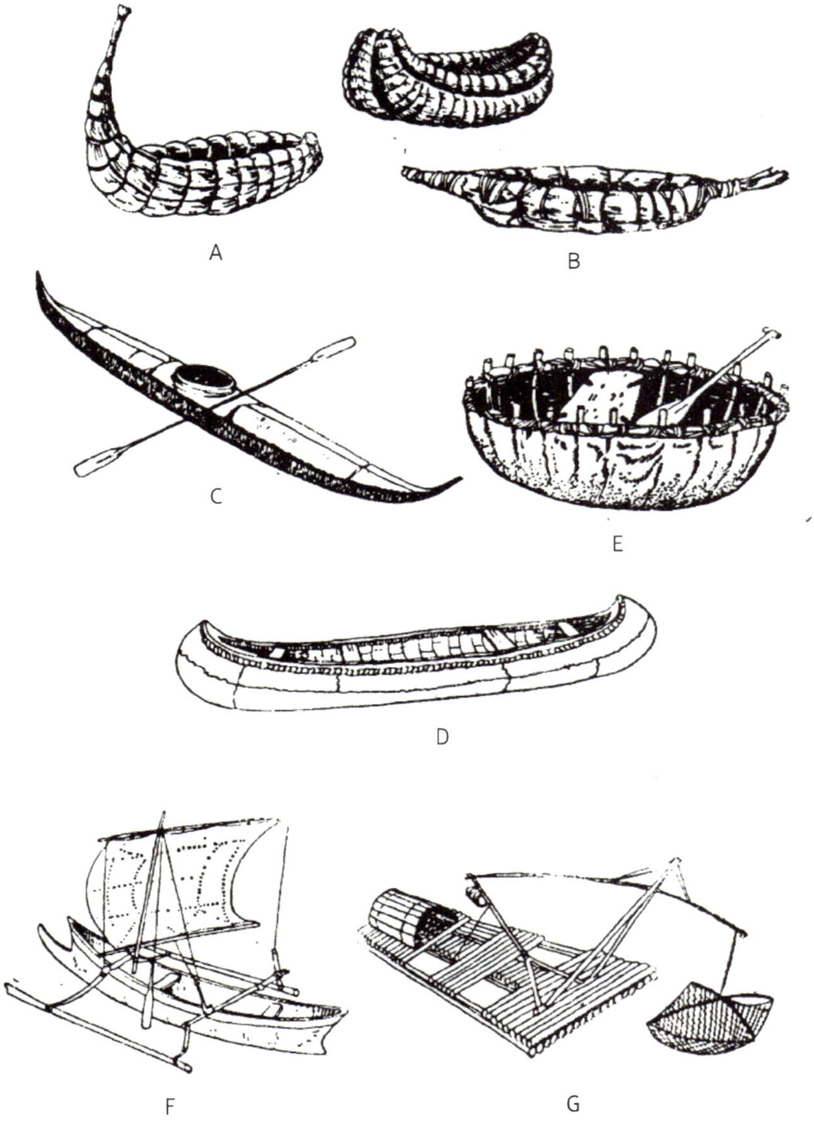

그림 1.1 현재도 사용되고 있는 원시 형태의 배 [김재근(1980)]

이 중에서도 나일강은 자연의 힘을 이용한 배가 발전될 수 있었던 매우 유리한 조건을 가지고 있었다. 사방이 사막으로 둘러싸인 이 지역에 남에서 북으로 흐르는 매우 긴 나일강 유역에만 비옥한 경작지가 있었으므로 어차피 사람들은 이 지역에 살아야 했다. 그런데 나일강은 아스완 지역으로부터 지중해에 이르기까지 1000 ㎞ 이상의 길이에 걸쳐 폭포가 없고 매우 완만한 경사를 가지고 있었으므로, 상류로부터 하류로 움직일 경우에는 물보다 가벼운 물체를 강에 띄우기만 하면 되었고, 또 원하는 곳에서의 정박도 그리 어렵지 않았다. 그러나 하류로 물을 따라 내려갈 수만 있고 상류로 돌아가는 것이 매우 힘들었다면 배를 이용한 물자의 수송이 그렇게까지 크게 주목받기 힘들었을 것이다. 나일강이 갖추었던 또 하나의 천혜의 조건은 지중해르부터 남쪽 방향으로 향하는 북풍이 연중 내내 불어온다는 것이었다. 이 바람의 힘을 이용할 수 있는 돛(sail)이 일찍부터 쓰이기 시작하였으며, 또한 하류로 내려갈 때 배의 방향을 조종하기 위해 사용되던 긴 막대는 노(oar)를 포함한 여러 가지 용도로 쓰이게 되었다. 이와 같은 조건을 갖추었던 나일강은 노와 돛을 이용하는 배의 발전이 가장 용이했던 지역이었고, 어떤 의미에서 이집트는 기원전 6000년에 이미 배를 이용하여 나일강을 고속도로로 사용하고 있었다고 할 수 있다.

물자 및 사람을 이동시키는 수단, 즉 교통수단으로서의 배의 유용성이 확실해지면서 점점 더 큰 배를 만들게 되었는데, 이에 따라 좋은 목재의 공급이 중요해졌으며 보다 커진 배는 하천이나 강뿐만 아니라 바다를 향한 항해에 나설 수 있게 되었다. 한편, 배의 길이가 길어지면 배의 중앙단면에 걸리는 힘이 매우 커지므로 나두로 만들어진 배는 어느 한계치보다 더 길게 만들 수 없다는 점을 이 때 이미 인식하게 되었고 이에 대한 대책을 고려한 배들도 나타나기 시작하였다(그림 1.2).

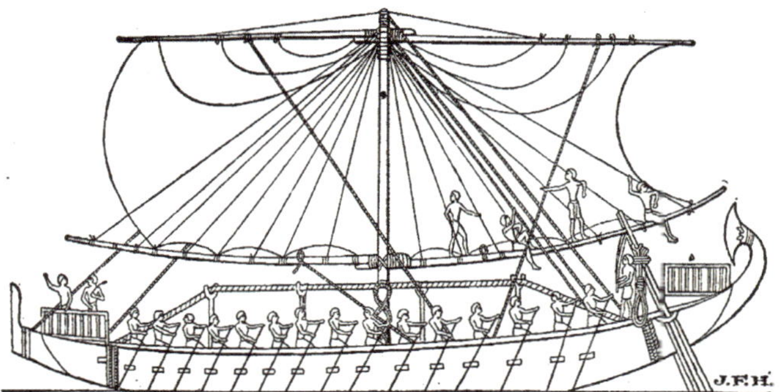

Egyptian ship on the Red Sea, about 1250 B.C. [From Torr's "Ancient Ships."]
Mr. Langton Cole calls attention to the rope *truss* in this illustration, stiffening the beam of the ship. No other such use of the truss is known until the days of Modern engineering.

그림 1.2 종강도를 고려한 고대 이집트의 배 [대한조선학회(2012)]

그림 1.3 페니키아의 갤리(군선), 700 BC [김재근(1980)]

인류가 본격적으로 항해다운 항해를 시작한 최초의 바다는 지중해(地中海, Mediterranean Sea)로 알려져 있다. 문자 그대로 '땅 가운데 바다'인 지중해는 사방이 막혀있는 매우 큰 호수와 같은 바다이다. 동서로 4000 km, 남북으로 평균 800 km에 달하는 지중해를 가장 먼저 삶의 터전으로 삼았던 민족은 페니키아(Phoenicia)인이었다. 지중해의 동쪽 해안, 즉 지금의 레바논 지역에 본거지를 두고 있었던 이들은 그 지역에서 풍부하게 생산되는 좋은 나무를 바탕으로 노와 돛을 같이 사용하는 갤리(galley)의 원형을 건조하였다. 이들은 또 그리스인들에게 문자를 전해준 것으로 알려져 있는데, 그리스 문자는 현재 대부분 서양 문자의 원형이 되었다. 페니키아인들은 레바논의 나무를 이집트에 수출하였으며, 중계무역에도 능하여 이집트의 파피루스를 그리스에 수출하였다. 지중해의 해안에 걸쳐 무수한 식민 도시를 건설하였던 페니키아인들은 조선술과 항해술을 발전시켜 갤리를 상선 또는 군선으로 사용하였으며, 천 년이 넘는 기간 동안 지중해의 뱃길과 상권을 장악하였다(그림 1.3).

인류의 역사는 많은 민족과 국가의 흥망으로 점철되는데 지중해 전역을 실질적으로 지배하며 내해(inner sea)로 삼았던 나라는 로마였다. 로마는 페니키아인들이 세운 카르타고와 120 년에 걸친 포에니전쟁(264 BC~146 BC)을 거치며 지중해의 패권을 장악하였다. 포에니전쟁 시에 로마가 사용한 군선은 페니키아-그리스를 통하여 장기간에 걸쳐서 개선된 갤리였으며(그림 1.4), 전후 갤리는 점차 팽창하는 지중해의 해운을 담당하는 선박으로 사용되었다.

그림 1.4 로마 시대의 갤리(군선)

1.3.3 범선 시대

배의 역사라는 관점에서 보면 10-15세기는 돛대가 하나인 배(single master)의 시대였다. 바이킹이 유럽을 석권했던 10세기부터 15세기 중엽에 돛대가 세 개인 캐랙(carrack)이 등장할 때까지 유럽에서는 돛대가 하나인 배가 주로 쓰였기 때문이다. 이 시대의 대표적인 배는 앞서 언급한 지중해의 갤리와 바이킹선(Viking Ship)(그림 1.5), 한자동맹의 코그(Cog)(그림 1.6) 등이었다.

그림 1.5 바이킹선

그림 1.6 한자동맹의 코그

10-15세기 유럽의 배는 북구의 북방선과 지중해의 남방선으로 크게 구분할 수 있다. 북해를 주 무대로 활동한 바이킹선과 한자동맹의 코그는 전자에 속하고, 지중해의 여러 도시 국가에서 활용한 갤리와 지중해 상선은 후자에 속한다. 또한 남북을 구별할 것 없이 이 시대 유럽의 배는 그 형상에 따라 긴 배(long ship)와 둥근 배(round ship)로 나눌 수 있다. 긴 배는 폭과 깊이에 비하여 길이가 매우 길고 속도가 빨라서 주로 군선으로 사용되었으며, 바이킹선과 갤리가 여기에 속한다. 반면에 코그와 지중해 상선 등을 포함하는 둥근 배는 상대적으로 길이가 짧은 대신에 화물을 실을 수 있는 공간이 충분히 확보된 선형을 가지고 있었고, 또 속도는 느린 편이었으며 주로 상선으로 사용되었다[김재근(1980)].

코그와 지중해의 세모돛(Lateen sail)을 사용한 라틴 범선이 결합하여 15・16세기에는 돛대가 세 개인 여러 종류의 배들이 개발되었다. 그중에서도 선수돛대와 중앙돛대에는 네모돛(square sail), 선미돛대에는 세모돛을 각각 사용하여 노를 배제한 채 순전히 바람의 힘만으로 항해하는 돛대가 세 개인 전장범선(full-rigged ship)인 캐랙(carrack)이 등장하였다. 캐랙은 나침반(compass)과 더불어 포르투갈과 스페인이 대항해 시대 또는 대탐험 시대(age of great exploration)에 경쟁적으로 전 세계의 바다로 나아가는데 있어 가장 결정적인 전기를 제공하였다.

콜럼버스(Columbus), 바스코 다 가마(Vasco da Gama) 등이 기함(flag ship)으로 사

용하였던 배들이 모두 캐랙이었는데, 콜럼버스의 기함인 산타 마리아(Santa Maria)호는 길이가 30 m, 배수량이 100 톤 정도의 비교적 작은 배로 알려져 있다(그림 1.7). 이와 같은 작은 배를 타고 전 세계의 바다를 누빈 선원들의 고생은 지금으로서는 상상하기 힘들 정도였다. 그러한 고생을 감수하고서도 선원들이 항해에 나선 이유는 개인적인 야망도 있었지만, 국가적인 차원에서 식민지를 만들고 무역을 독점하며, 재화를 축적하기 위한 정책을 그 당시 유럽 여러 나라가 추구하였기 때문이었다.

16-19세기, 유럽 열강이 세계를 식민지화하며 다투던 시기에 발생한 주요한 해전에서의 주역은 갈레온(galleon)이었는데 이 배는 캐랙을 보다 대형화한 군선이었다. 겉모양 상으로 캐랙과 갈레온은 큰 차이는 없으나, 캐랙은 길이/폭 비가 3 정도임에 반하여 갈레온은 4 정도였으며, 따라서 기동성이 좋고 선측에 대포를 많이 배치할 수 있도록 하여 군용에 적합하도록 개량된 배라고 할 수 있다.

그림 1.7 콜럼버스의 기함, 산타 마리아(Santa Maria)호

그림 1.8 갈레온인 넬슨의 기함, 빅토리호 [대한조선학회(2012)]

영국 본토를 침공하려고 하던 스페인의 무적함대를 저지한 1588년의 그라블린(Gravelines) 해전으로부터 1805년 나폴레옹의 영국 침공을 저지하려던 넬슨의 트라팔가(Trafalgar) 해전에 이르기까지 거의 모든 해전의 주역은 갈레온이었으며 보다 많은 대포를 탑재하기 위해 갑판을 보다 많이 설치한 것을 제외하면 본질적으로 동일한 선형이었다. 넬슨의 기함이었던 빅토리(Victory)호는 4 개의 갑판에 100 문 이상의 대포를 설치한 2,200 톤 정도의 군함이었으며 그 당시 전열함(ship of the line) 중 1등급에 속하는 배였다(그림1.8). 유럽 열강이 전 세계에 가지고 있던 식민지와 유럽의 본국을 연결하는 항로에 투입되던 상선도 군함보다는 작은 300-500 톤 정도의 갈레온들이 주류를 이루고 있었고 19세기 초까지 전 세계의 바다는 아직도 목조 범선, 갈레온이 그 주종을 이루고 있었다.

19세기 초기에는 역사적으로 상선의 대형화와 고속화를 자극할 만한 여건들이 많아지면서 쾌속 범선인 클리퍼(clipper)가 미국에서 개발되었다(그림 1.9). 클리퍼는 속력을 증가시키기 위해 선체의 폭과 깊이를 그대로 둔 채 길이를 키우고 돛의 면적을 키우기 위해 매우 높은 마스트를 채용하였다. 가장 빠른 클리퍼는 17 kts 정도의 속력을 낼 수 있었으며, 오늘날의 상선과 비교해도 뒤지지 않는 정도의 성능을 가지고 있었다. 클리퍼는 이 무렵에 이미 등장하기 시작한 기선과 마지막 경쟁을 벌인 범선이기도 하다.

그림 1.9 클리퍼

1.3.4 기선 시대

원시 시대부터 19세기에 이르기까지 배는 사람이 젓는 노의 힘 또는 돛에 작용하는 바람의 힘으로 추진되었다. 그러나 배가 커지면서 원하는 속도를 얻기 위해 설치해야 하는 노의 수가 너무 많아졌고, 또 바람은 예측이 불가하며 바람 방향에 따라 배의 전진 방향이 결정되어야 했다. 또한, 19세기 중엽에 다다르면 상선이나 군함 모두 보다 큰 배가 요구되고 있었으며, 목조 범선은 이미 여러 가지 관점에서 한계에 도달하고 있었다.

18세기 말 출현한 와트(Watt)의 증기기관(steam engine)은 일단 육지에서 말을 대신하는 기차의 동력원으로 충분히 그 역할을 수행할 수 있음을 보였다. 한편, 군함의 경우에는 대포의 성능 향상, 특히 포탄이 상대 함정에 명중하여 함체에 박힌 후 폭발하는 형태로 진화하면서 목조 군함은 매우 치명적인 약점을 지니게 되었다. 더구나 1869년 개통된 수에즈 운하(Suez canal)는 안전상의 이유로 기선(steamship)만 통과시키기로 결정함으로써, 배의 역사는 커다란 전환점을 맞게 되었다.

19세기의 전 기간을 통해 배의 재료와 추진 방식의 변화가 동시에 일어났다. 이와 같은 변화의 배경에는 대서양을 횡단하는 사람과 물자의 엄청난 증가, 수에즈 운하로 인한 지중해-인도양 사이의 항해 기간 단축, 대포의 성능 향상과 같은 사회적, 경제적, 군사적 이유들이 있었다. 이에 따라 경제적인 강 제련법이 발명되고, 증기기관이 선박에 적용되기 시작하였으며, 이에 걸맞은 외륜(paddle wheel) 또는 프로펠러와 같은 추진기(propulsor)가 개발되면서 배는 본질적인 변화를 겪게 되었다.

1858년 베세머(Bessemer)에 의해 강(steel, 鋼)을 경제적으로 대량생산할 수 있는 방법이 알려지자, 철(iron, 鐵)은 높은 강도(strength)를 요하는 물체를 만드는 재료로서의 자리를 잃게 되었으며 교량, 건축물 등에 일찍부터 사용되던 강(鋼)이 가장 주요한 선박용 재료로 자리 잡게 되었다. 문자 그대로 쇠가 물에 떠다니는 시대가 되었는데 물에 뜨느냐 가라앉느냐는 일찍이 아르키메데스(Archimedes) 부력의 원리(principle of buoyancy)에 의해 밝혀진 바와 같이 물체의 수면 아래 체적이 커지면 부력이 증가하는 것을 생각함으로써 쉽게 이해할 수 있다. 쇠로 만들어진 야구공이라면 물에 가라앉겠지만 그 쇠를 얇게 펴서 종이와 같이 만들어 부피가 충분히 큰 축구공을 만든다면 당연히 물에 뜰 것이다.

한편, 증기기관을 배의 추진에 활용하는 문제는 일찍부터 많은 사람들에 의해 시도되었으나 최초로 상업적인 성공을 거둔 것은 1807년 풀톤(Fulton)의 기선 클레몬트(Clermont)호인데, 이 배는 증기기관과 현측에 설치된 외륜을 사용하여 추진되었고 미국 뉴욕의 허드슨강을 따라 운행되던 객선이었다. 초기의 기선은 대부분 외륜을 사용하여 추진하였는데 배의 흘수(draft) 변화에 따른 추진력의 변화가 심하고 또한 바다에서는 파도 때문에 효율이 매우 낮았으므로 이를 대신할 수 있는 적절한 추진기가 요구되었다. 여기에 아르키메데스 나사펌프(screw pump)의 원리를 이용한 나사프로펠러(screw propeller)가 등장하였다. 나사펌프는 이미 기원전 3 세기에 아르키메데스에 의해 발명되었으며, 나사의 원리를 이용하여 사람의 힘으로 나사에 연결된 손잡이를 돌림으로써 나사의 축을 따라 나일강의 물을 퍼 올리는데 사용되었다. 이와 같이 나사는 회전운동을 직선운동으로 바꾸는 가장 기본적인 장치인데 나사펌프로 물을 퍼 올리듯이 증기기관의 축에 연결된 나사프로펠러의 회전운동이 그 주위를 지나는 물을 직선 방향으로 가속시킴으로써 추진력을 얻는 장치였다(그림 1.10).

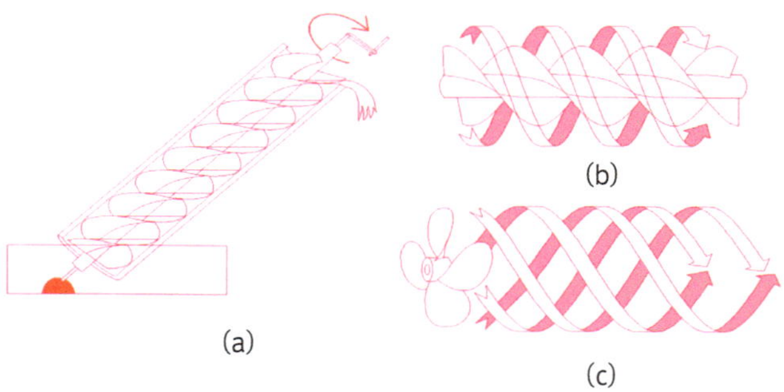

그림 1.10 아르키메데스 나사펌프와 나사프로펠러

18세기에 발명된 증기기관에 이어서 1880년대에는 대형여객선, 해군 함정, LNG선 등에 주로 사용되는 증기터빈(steam turbine)이 발명되었고, 1890년대에는 높은 열효율을 가지고 있어서 오늘날 대부분의 화물선에 사용되고 있는 디젤기관이 발명되었다.

통계에 따르면 1840년 한 해에 건조되었던 상선의 90%가 목선이었던 것에 반하여 1910년에는 90%가 강선이었다. 이와 같은 배를 만드는 재료의 변화는 위에서 지적한 바와 같이 배를 추진하는 방식의 변화와 동시에 이루어졌는데, 증기기관과 프로펠러를 사용하여 배를 추진하는 방식, 즉 기관-프로펠러 방식이 정착되면서 근대적인 의미의 조선공학(naval architecture)이 탄생하였다. 돛을 이용하여 배를 추진하던 시대에는 배의 속력이 얼마나 될 것인가 하는 것이 바람의 속력에 따라 결정되므로 가능한 한 넓은 면적의 돛을 달 수 있도록 다수의 돛대(mast)를 설치하면 되었지만, 기관-프로펠러 방식을 사용하여 배를 추진하는 경우에는 배를 만들기 전에 배가 일정 속력에서 받게 될 저항(resistance)을 미리 예측하고 그에 적합한 기관과 프로펠러를 설치할 것이 요구되었기 때문이다. 또한 범선의 시대에는 배가 바람에 대해 일정한 각도를 유지하고 항해해야 하므로 배의 운동(ship motion)이 제한적이었지만 기관-프로펠러 추진 방식을 사용하는 경우에는 배의 항해 일정에 따라 원하는 방향으로 일정한 속도를 유지하며 진행할 수 있었다. 따라서 예를 들면 옆파도(beam sea)를 받으며 진행하는 경우가 발생하는 등, 배의 운동이 보다 심각한 문제를 야기하게 되었으며, 이는 복원성(stability) 문제에 대한 고려를 요구하게 되었다.

1.3.5 한국의 전통선박(한선)

우리나라는 삼면이 바다로 둘러싸인 반도국이다. 이러한 지리적 여건을 고려할 때 바다 환경의 효과적인 이용은 경제적, 안보적, 문화적인 측면에서 우리나라에 매우 중요하다고 할 수 있다.

우리나라 서해안과 남해안은 매우 넓은 갯벌이 형성되어 있고 해안선의 굴곡이 심하고 복잡하며 또한 크고 작은 많은 섬들이 있다. 하루에 두 번씩 만조와 간조가 발생하며 조석간만의 차이는 중부 서해안의 경우에 8 m 이상으로 알려져 있다. 이와 같은 지리적 조건에 맞추어 한선은 그 바닥이 편평해야 했으므로, 일찍부터 자연스럽게 평저선으로 발전해왔다.

우리나라의 역사를 통하여 상고 시대부터 조선 시대까지 각 시대 별로 다양한 전통선박이 계승 발전되어 왔다. 그 중에서도 백제의 사신선(使巨船)(그림 1.11), 장보고의 교관선(交關船), 고려의 누전선(樓戰船)(그림 1.12), 고려의 원양무역선(遠洋貿易船), 임진왜란 시 크게 활약한 거북선(귀선(龜船))(그림 1.13)과 판옥선(그림 1.14), 일본 통신사선 등의 한선은 우리나라의 귀중한 해양문화 자산이다.

삼국 시대 이래로 장보고의 청해진, 고려 태조 왕건의 해군 기동, 또 고려 말 최무선의 화포 발명에 따른 서양보다 무려 200 년이나 빠른 함포전의 응용, 조선 태종의 대마도 정벌은 면면히 이어져 내려온 우리 민족의 바다 중시의 역사를 보여주고 있다. 또한 2차에 걸친 왜란에서 구국의 사명을 완수한 충무공의 필승 전략은 바다와 배가 우리에게 무엇을 뜻하는지 생각하게 한다.

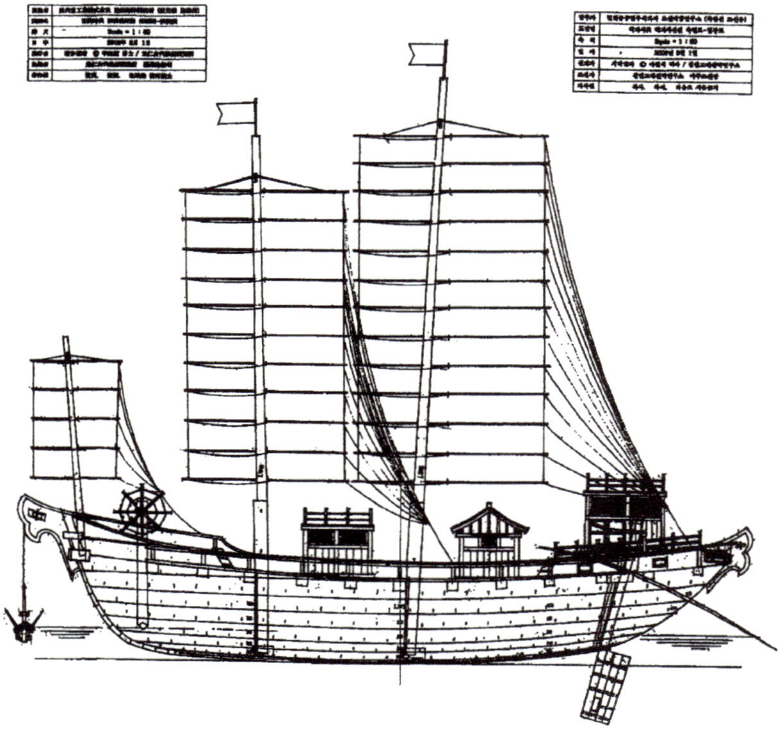

그림 1.11 백제 사신선 [민계식 외(2012)]

그림 1.12 고려 태조 왕건의 누전선 [인터넷]

그림 1.13 전라좌수영 거북선

그림 1.14 판옥선 [인터넷]

1.4 선박의 분류

선박은 사용 용도, 지지 방식, 추진 방식에 따라 여러 가지 방법으로 분류할 수 있다.

1.4.1 사용 용도에 따른 분류

선박은 여객 또는 화물을 운송하기 위한 것, 수산 및 해양자원 개발을 위한 것, 군용 등 특수한 목적에 사용되는 것 등 사용 용도에 따라 크게 다음과 같이 분류할 수 있다.

(1) 상선(merchant ship)

가) 화물선(cargo ship)

일반화물선(general cargo ship), 산적화물선(bulk carrier), 겸용선(combined carrier, 광석/원유선(Ore/Oil carrier, O/O), 광석/벌크/원유선(Ore/Bulk/Oil carrier, OBO) 등), 냉동화물선(reefer ship), 자동차선(car carrier), 컨테이너선(container carrier), 원유탱커(oil tanker, crude oil tanker 또는 유조선), 정제유탱커(product tanker), 화공품탱커(chemical tanker), 액화천연가스선(Liquified Natural Gas carrier, LNG선), FPSO(Floating Production, Storage and Offloading vessel) 등

나) 여객선(passenger ship)

크루즈선(cruise ship), 페리(ferry), 정기여객선(ocean liner) 등

(2) 군함(naval ship)

가) 전투함(warship)

항공모함(aircraft carrier), 순양함(cruiser), 구축함(destroyer), 호위함(frigate), 초계함(corvette), 상륙함(amphibious assault ship), 잠수함(submarine), 경비정(patrol craft) 등

나) 지원함(auxiliary ship)

소해함(mine sweeper), 병원선(hospital ship), 탄약함(ammunition ship), 수리함(repair ship), 해난구조함(salvage and rescue ship), 청수공급함(water tanker) 등

(3) 어선(fishing vessel)

트롤선(trawler), 저인망어선(bull trawler), 안강망어선(stow net boat), 유자망어선(drifter), 포경선(whaling ship), 각종 모선(mother ship), 각종 공선(factory ship), 관공청선(어업지도선, 어업조사선, 어업연습선, 어업시험선 등) 등

(4) 작업선(work vessel)

예인선(tugboat), 기중기선(crane ship), 준설선(dredger), 보급선(supply vessel), 해저전선부설선(cable layer), 쇄빙선(icebreaker), 드릴쉽(drillship) 등

(5) 특수선(special purpose vessel)

레저보트(leisure boat), 요트(yachts), 해양조사선(ocean research vessel), 병원선 등

1.4.2 선체 지지 방식에 따른 분류

모든 배는 정지 상태에서 부력에 의해 수면 또는 수중에 떠 있지만, 레저용 또는 군용으로 사용되는 많은 소형고속정은 속도가 증가함에 따라 부력 이외에도 양력(lift)에 의하여 부양된다. 이와 같이 배에 작용하는 부양력은 크게 수정역학적 힘(hydrostatic force), 수동역학적 힘(hydrodynamic force), 공기정역학적 힘(aerostatic force) 등으로 나눌 수 있다(그림 1.15).

(1) 배수량형(displacement type) 선박

아르키메데스 원리 즉, 배는 밀어낸 물의 무게와 같은 크기의 부력(buoyancy)을 받는다는 원리에 의한 힘에 의해 물에 뜨는 선박 형태를 뜻하며, 대부분의 배가 배수량형 선박에 속한다. 선체가 하나인 단동선(monohull)이 주류를 이루지만 넓은 갑판면적, 횡방향 안정성 등이 필요한 경우에는 쌍동선(catamaran), 삼동선(trimaran) 등의 형태를 가지기도 한다.

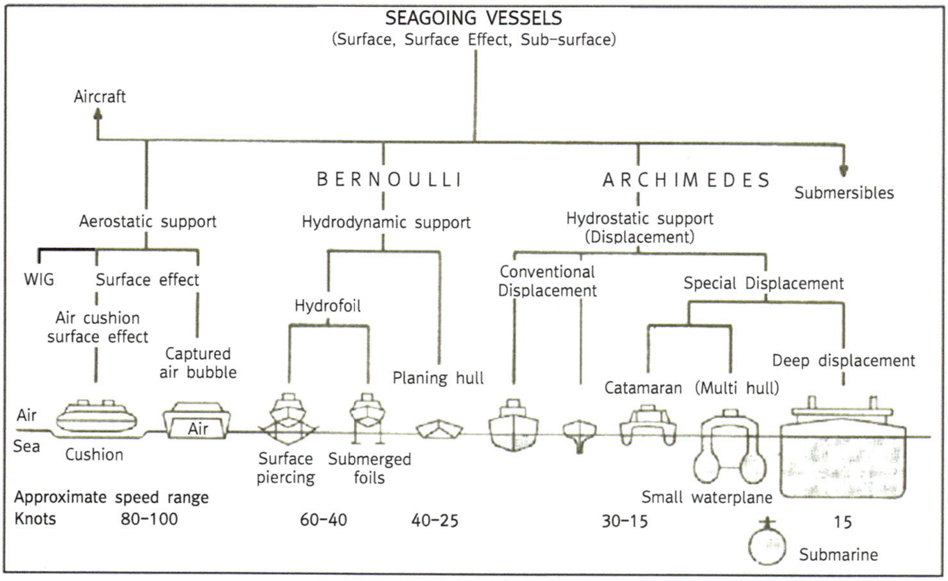

그림 1.15 선체 지지 방식에 따른 선박의 분류

(2) 수동역학적 지지 선박

수동역학적 지지 선박은 비행기의 날개와 같은 원리로 작동하는 수중익(hydrofoil)에 의해 지지되는 수중익선(hydrofoil craft)(그림 1.16)과 수상스키와 같이 물 위에서 활주할 수 있도록 설계된 활주선(planing craft)(그림 1.17) 등으로 크게 나눌 수 있다. 수중익선과 활주선 모두 수동압(hydrodynamic pressure)에 의해 지지되기 때문에 선체의 상당 부분이 물 밖으로 들려진 상태에서 운항하게 되며 결과적으로 배의 침수표면적이 크게 감소하고 그에 따라 마찰저항이 큰 폭으로 감소한다. 수중익선은 해상의 파도가 클 때에 대비하여 자세제어를 위한 시스템을 가지기도 하며, 활주선은 활주에 의해 얻어지는 양력이 배수량에 비해 상대적으로 얼마나 큰 부분을 차지하는가에 따라 선형 특성이 달라진다.

그림 1.16 수중익선

그림 1.17 활주선

(3) 공기정역학적 지지 선박

공기정역학적 지지 선박에는 선저부에 스커트 또는 측벽을 설치하고 압축공기를 배의 아래쪽으로 주입하여 배를 부양시키는 공기부양선(Air Cushion Vehicle, ACV)(그림 1.18)과 쌍동선으로 측벽을 삼고 배의 전후부에만 스커트를 설치하는 표면효과선(Surface Effect Ship, SES)(그림 1.19) 등이 있다.

그림 1.18 공기부양선

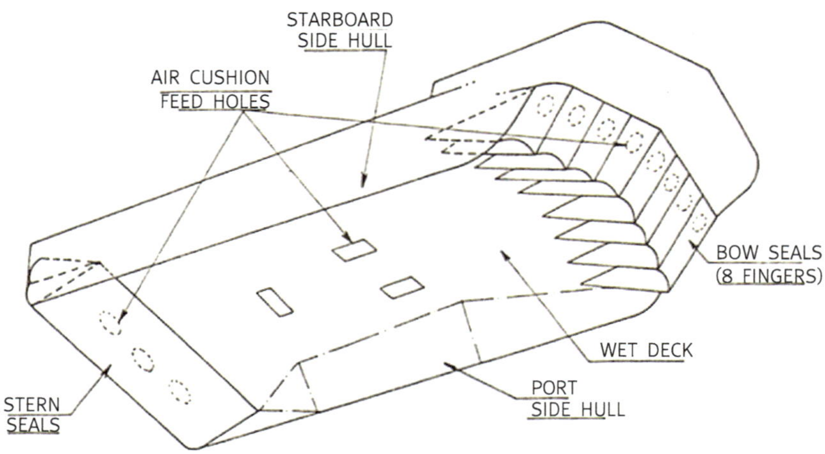

그림 1.19 표면효과선의 개략도

압축공기에 의해 부양력을 얻으므로 이 경우에도 침수표면적은 대단히 작으며, 해상의 높은 파도에 대비하여 자세제어 시스템을 가지는 경우가 많다. 공기부양선은 물에 잠기는 선체가 없으므로 공기 중에서 작동하는 공력프로펠러를 이용하여 추진력을 얻고 표면효과선은 쌍동 선체에 장착된 물제트(water jet) 또는 프로펠러를 사용하여 추진력을 얻는다. 수면 아래로 잠기는 부분이 없는 공기부양선은 강이나 바다에서뿐만 아니라 제한적이나마 육지에서도 운항이 가능하다는 장점이 있다.

1.4.3 추진기에 따른 분류

현재 대부분의 선박은 나사프로펠러를 사용하여 추력을 얻고 있으나, 고속선의 경우에는 프로펠러 주위에 발생하는 공동(cavitation) 문제 때문에, 또는 수심이 얕은 해역, 즉 천수(shallow water)에서 운항하는 배들은 프로펠러의 손상 때문에 다른 형태의 추진 방식을 채용해야 할 필요가 있다.

(1) 나사프로펠러

프로펠러가 한 바퀴 회전할 때 전진하는 거리를 피치(pitch)라고 하는데 피치의 가변성 관점에서 고정피치 프로펠러(Fixed Pitch Propeller, FPP)와 가변피치 프로펠러(Controllable Pitch Propeller, CPP)로 나뉜다. 또한, 한 축 위에 서로 반대 방향으로 회전하는 2 개의 프로펠러를 장착한 상반회전 프로펠러(Contra-Rotating Propeller, CRP)도 높은 효율 때문에 종종 채택되고 있다.

단면의 형상이 수중익으로 된 노즐 안에서 나사프로펠러를 회전시키는 코르트 노즐(Kort nozzle) 방식은 큰 추력을 발생시킬 수 있으므로 예인선 등에 채택된다. 나사프로펠러를 장착하는 경우, 선미에 1 개의 프로펠러를 부착한 단축선과 2 개 이상의 프로펠러를 부착한 다축선이 있다.

(2) 날개차프로펠러(Voith-Schneider propeller)

이 프로펠러는 추력의 방향을 원하는 방향으로 얻을 수 있기 때문에 별도의 타를 설치할 필요가 없어 특수선에 사용되고 있다. 단 나사프로펠러에 비해 기구가 복잡하여 고가이며, 단위동력당 추력이 작고 또 날개가 공중에 노출되는 일이 많아서 예인선 등에서는 예인줄(towing rope)이 그 날개에 걸려 손상을 입기 쉽다는 결점이 있다.

(3) 물제트(water jet)

물제트의 분사에 의한 제트추진 방식과 펌프로 해수를 토출하면서 그 반력으로 추진하는 해수토출 방식의 두 종류가 있다. 제트추진 방식은 프로펠러의 공동 문제를 극복하기 위하여 고속정 용으로 개발되었는데, 그 밖에 수심이 얕은 곳이나 수초류가 많은 곳에서도 프로펠러 손상의 우려가 없다는 장점 때문에 소형선에 많이 채용되고 있다. 해수토출 방식은 발생되는 소음이 어류에 미치는 영향이 적기 때문에 소형어선에 채용되고 있다.

1.4.4 주기관에 따른 분류

현재 일반 상선에 쓰이고 있는 주기관(main engine)은 대부분 디젤기관(diesel engine)이며, 가스터빈(gas turbine)은 고속정, 해군 함정 등에서 많이 사용되고 있다. 증기터빈(steam turbine)은 증기발생장치로서 재래의 보일러를 쓰거나 또는 핵반응로(nuclear reactor)를 사용할 수 있는데, 전자는 상선의 경우 대마력이 요구되거나 증기를 필요로 하는 경우 간혹 채택되며, 후자는 연료 보급이 어려운 쇄빙선, 항공모함, 잠수함 등에서만 실용화되어 있다.

(1) 디젤기관

배에 사용되는 디젤기관은 회전수가 60~300 *rpm*[1]인 저속기관과 300~1,000 *rpm* 인 중속기관이 있으며, 최고 효율은 50%를 넘을 정도로 고효율의 기관이다. 저속기관은 현재 상선에 가장 널리 사용되며 초대형 컨테이너선에는 승용차 500 대 정도가 가진 동력에 해당하는 100K[2] *hp*[3]를 상회하는 대형 디젤기관이 채용된다(그림 1.20). 프로펠러는 기관 구동축에 감속기어(reduction gear) 없이 직접 연결되는 것이 보통이며 대형일수록 배의 중앙부에 가깝게 설치하여 선체 강도 측면에서 이점을 살리고 있다. 중속기관은 최고출력이 27K *hp* 정도이며 출력 당 부피가 작아 RORO선, 카페리, 객선 등 용적이 중요시되는 배에 주로 설치된다. 중속기관은 보통 감속기어를 통하여 프로펠러에 연결되므로 프로펠러 회전수에 대한 제약조건이 없다는 이점이 있다.

---

1) revolutions per minute으로 분당회전수를 뜻한다.
2) 여기서 K는 1,000을 뜻하므로 100K는 100,000을 뜻한다.
3) horse power의 약자로 마력을 뜻하며, 2.3.1절을 참조하기 바란다.

그림 1.20 컨테이너선 용 대형 디젤기관

(2) 증기터빈

재래식 보일러를 사용하는 증기터빈은 현재 초대형원유선, 초고속 컨테이너선, 대형여객선 등 대마력을 요구하는 배들과 LNG선과 같이 구조 관점에서 진동을 최소화할 필요가 있는 선박의 주기관으로 쓰이고 있으며 유지보수가 비교적 간단하다는 장점은 있으나 기관효율은 디젤기관에 비해 낮다는 단점이 있다. 통상 증기터빈은 1,000 *rpm* 이상에서, 프로펠러는 100 *rpm* 이하에서 각각 최대효율을 가지므로 감속기어를 사용하여 주기관-프로펠러의 효율을 최대화한다. 핵반응로를 사용하는 증기터빈은 연료의 재공급이 거의 불필요하여 대형화에 유리하며 앞으로 쇄빙선, 극지 항해선 등을 필두로 상선에 보다 광범위하게 사용될 가능성이 있다.

(3) 가스터빈

가스터빈은 중량당 출력이 디젤기관이나 증기터빈에 비해 매우 높으며, 짧은 가속 시간 등의 장점을 가지고 있어 해군 함정에 널리 사용되고 있다. 특히 디젤기관-가스터빈의 조합으로 더욱 많이 사용되고 있는데, 평상시에는 디젤기관으로 운항하다가 유사 시에 가스터빈을 같이 작동하여 고속을 빠른 시간 내에 얻을 수 있는 시스템으로 환영받고 있다. 가스터빈의 가장 큰 문제는 지속적으로 상승하는 유가로 상선에서는 채택 가능성이 그리 크지 않다. 하지만 기관실 공간에 대한 제약이 매우 큰 선박의 경우는 단위동력당 용적이 매우 작은 가스터빈을 예외적으로 적용할 수도 있다.

1.4.5 그 외의 분류

선박은 앞서 서술한 방법 외에도 다음과 같이 다양한 방법으로 분류할 수 있다.

1) 선체의 구조재료에 의한 분류 :
   목선, 강선, 연합금선 및 강화플라스틱선(FRP선) 등
2) 선루의 위치에 따른 분류 :
   평갑판선(flush decker), 오목갑판선(well decker), 3도선형(three islander), 차랑갑판선(shelter decker) 등
3) 기관실 위치에 따른 분류 :
   중앙기관실형선(midship bridge vessel), 선미기관실형선(after-engine vessel), 준선미기관실형선(semi-after-engine vessel) 등

1.5 상선의 분류

상기의 사용 용도에 따른 분류 중에서 가장 큰 비중을 차지하는 상선은 크게 나누어 화물선과 여객선으로 분류된다. 화물선은 화물의 종류에 따라 크게 건화물(dry cargo)을 운송하는 선박과 액체화물(liquid cargo)을 운송하는 선박으로 분류된다.

건화물을 운송하는 산적화물선과 컨테이너선, 그리고 액체화물인 원유를 운송하는 원유탱커는 지구 상에 있는 배들 중 톤수로 볼 때 가장 큰 비율을 차지하는 선종이다. 다시 말하면 국제무역의 주요 화물이 곡물, 광석 등의 산적화물과 각종 공업생산품으로 채워지는 컨테이너 그리고 원유라고 할 수 있다.

1.5.1 화물선

화물선은 화물 운반을 목적으로 화물창을 극대화하고, 짐을 싣고 내리는 하역설비를 갖추고 있다. 건화물 운반선으로는 일반화물선, 산적화물선(각종 전용선 및 겸용선), 자동차선, 컨테이너선 등이 있으며, 액체화물선은 원유, 화공품, 정제유, LNG를 운반하는 탱커와 FPSO 등을 들 수 있다.

(1) 일반화물선(general cargo ship)

일정 항로를 정기적으로 운항하는 정기선(liner)과 임의의 항로를 필요에 따라 운항하는 부정기선(tramper)이 있다. 일반화물선(또는 다목적화물선)은 각종 건화물을 적재해야 하므로 여러 개의 갑판을 설치하며, 하역 시간이 제한되어 있기 때문에 통상 10K~15K GT[4]로 비교적 작은 크기의 화물선이다.

(2) 산적화물선(bulk carrier)

산적화물선은 곡물(grain), 석탄(coal), 목재(timber), 광석(ore) 등을 수송하는 선박을 총칭하며, 한 종류의 화물을 운반하는 전용선과 여러 종류를 운반할 수 있는 겸용선으로 구분할 수 있다. 전 세계에 운항 중인 화물선의 약 40%를 차지하고 있으며, 우리나라는 가장 많은 산적화물선을 건조한 나라이다. 그림 1.21은 산적화물선의 시운전 모습을, 그림 1.22는 화물의 종류에 따른 화물창의 구조를 각각 보여주고 있다. 광석선(ore carrier)의 경우에는 화물의 비중(specific weight)이 비교적 크므로 이중저(double bottom)로 구조를 보강하고 화물창 내 구조부재를 증강시키며, 적절한 크기의 GM[5] 값을 가지게 하기 위해 광석을 높은 위치에 적재하도록 화물창을 배치한다. 부패 가능성이 있는 식료품 등의 화물을 운송하는 경우에는 냉동 설비를 갖춘 냉동선(reefer)을 사용한다.

산적화물선은 재화중량(deadweight, DWT)[6]에 따라 대체적으로 아래와 같이 분류하지만 그 범위는 항상 변화하고 있고 또 이외의 다른 항구, 목적에 맞는 선박들에 대해 새로운 이름이 주어지고 있으므로 아래에 제시한 분류에 따른 재화중량의 범위는 대략적인 기준일 뿐이다.

---

4) Gross Tonnage로 총톤수를 뜻하며, 2.2.2.절을 참조하기 바란다.
5) 안정성 및 횡동요(roll)의 주기와 관련된 양으로, 2.5.2절을 참조하기 바란다.
6) 재화중량에 대해서는 2.2.1절을 참조하기 바란다.

그림 1.21 산적화물선의 시운전

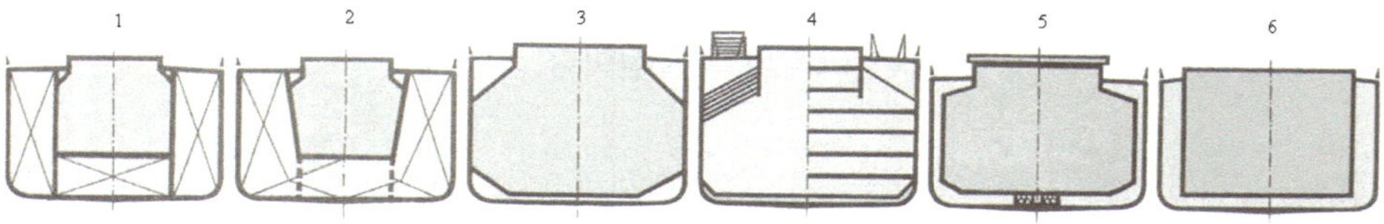

그림 1.22 화물의 종류에 따른 산적화물선의 화물창 구조
[1, 2: 광석; 3, 4: 곡물, 석탄; 5: 이중선각 산적화물선,
6: 곡물, 석탄 겸용선(open bulk carrier)]

가) 핸디사이즈(handysize) : 20K~50K DWT

나) 파나막스(Panamax) : 55K~75K DWT (제1 파나마운하)

다) 케이프사이즈(Capesize) : 120K~160K DWT

핸디사이즈는 전체 산적화물선의 70% 정도를 차지하고 있으며, 주로 일반화물선이다(그림 1.23). 파나막스는 기존의 제1 파나마운하를 통과할 수 있는 선박을 뜻하며, 전장(LOA)[7] 274.2 m, 폭 32.3 m, 흘수 12.04 m의 제한을 만족시켜야 한다. 그러나 2016년에 제 2 파나마운하가 개통되면서 운하 통과가 가능한 선박이 전장(LOA) 366 m, 폭 49 m, 흘수 15.2 m로 대폭 확대되었다. 그림 1.24는 1914년에 개통된 기존의 제1 파나마운하와 2016년 개통된 신운하(제 2 파나마운하)의 차이를 보여주고 있다. 케이프사이즈는 수에즈운하나 파나마운하를 통과할 수 없어 남아프리카의 희망봉(the

7) Length overall의 약자로 선박의 전장을 뜻하며, 2.1.1절을 참조하기 바란다.

Cape of Good Hope)이나 남미의 혼곶(the Cape of Horn)을 돌아야 하는 선박을 뜻하며 대부분이 철광석선 또는 석탄선이다.

그림 1.23 45K DWT 급 핸디사이즈의 시운전

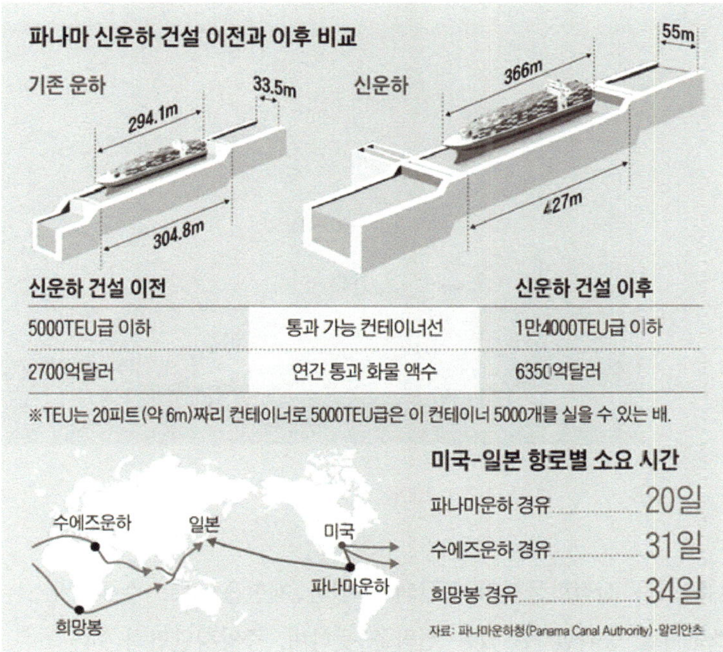

그림 1.24 기존 파나마운하와 신운하의 비교

(3) 탱커(tanker)

원유, 정제유(oil products), 화공품 등 액체화물을 화물창에 적재하여 운송하는 선박에 대한 총칭이다.

가) 원유탱커(oil tanker 또는 Crude Oil Tanker, COT) 또는 유조선

원유탱커는 손상시의 해상오염 방지를 위해서 국제해사기구(IMO) 규정인 MARPOL (자세한 내용은 4.4.2절 참조)에 의해 이중선각(double hull)으로 건조하도록 규정되어 있다. 그림 1.25는 300K DWT 급 VLCC의 시운전 모습을 보여주고 있다.

1) 파나막스(Panamax) : 55K~75K DWT (제1 파나마운하)
2) 아프라막스(Aframax) : 95K~115K DWT
3) 수에즈막스(Suezmax) : 135K~180K DWT (확장 전)
4) VLCC(Very Large Crude oil Carrier) : 240K~350K DWT
5) ULCC(Ultra Large Crude oil Carrier) : 350K DWT 이상

그림 1.25 300K DWT 급 VLCC의 시운전

파나막스는 산적화물선의 동급과 동일한 제한을 받고 수에즈막스는 운하 확장 전의 수에즈운하를 통과할 수 있는 선박을 뜻하며, 중앙횡단면적 945 m^2, 흘수 18.9 m 의 제한을 만족해야 한다. 그러나 2015년에 확장 공사를 통하여 수심을 24 m 로 증가시

켜 현재는 최대 240K DWT 급 선박도 통과가 가능하다. AFRA(Average Freight Rate Assessment)는 1954년 Shell Oil사가 원유탱커의 크기를 구분하기 위해 만들었던 체계인데 아프라막스는 이와 같은 체계에 근거하여 분류된 선종이라는 뜻이지만, 현재는 단순히 DWT에 근거한 원유탱커의 분류로 사용되고 있다. 한편, 통상 240K DWT 이상의 원유탱커를 슈퍼탱커(supertanker)라고 부르기도 한다.

나) 정제유탱커(product tanker)

휘발유, 석유, 경유 등의 정제유를 운송하는 선박으로 최대 150K DWT 정도이다. 여러 종류의 정제유를 동시에 운송할 수 있도록 화물창을 배치하고 배관(piping) 계통을 설치한다.

다) 화공품탱커(chemical tanker)

부식성, 인화성, 유독성 등을 지닌 액체화공품을 운송하는 전용선이다. 특히 MARPOL에서는 바다의 생명체 및 인간의 건강에 유해한 물질을 유독성액체(noxious liquid substances)로 규정하고, A, B, C, D의 네 등급으로 분류하여 규제하고 있다. A가 가장 독성이 강하고 D가 가장 약한 등급인데 A, B, C는 화공품탱커 C, D는 정제유탱커를 이용해야 한다.

(4) 가스선(gas carrier)

가) 액화석유가스선(Liquefied Petroleum Gas Carrier, LPG선)

액화석유가스선은 액화된 석유가스 즉, 액체 프로판이나 액체 부탄을 수송하는 선박으로 액화시키는 방법에 따라 저온식과 가압식이 있다. 저온식은 대기압과 거의 같은 압력에서 냉각시켜 액화 석유가스를 수송하는 방식이며, 가압식은 선체에 설치된 압력용기에 상온의 가압된 액화 석유가스를 수송하는 방식이다.

나) 액화천연가스선(Liquefied Natural Gas Carrier, LNG선)

액화천연가스선은 천연가스를 영하 163℃로 냉각, 액화하여 부피를 600분의 1로 줄여 운송하는 선박으로 극저온으로 인한 구조적 취약점으로 고도의 건조 기술을 필요로 하며 척당 가격도 약 2억$ 정도인 매우 고가의 선박이다. 화물창의 형태에 따라 Moss 형이라 불리는 구형(spherical type) LNG선과 박막형(membrane type) LNG선으로 구분된다(그림 1.26).

그림 1.26 LNG선, Moss형(125K m^3, 좌)과 박막형(130K m^3, 우)

그림 1.27 컨테이너선(4,400 TEU)의 시운전

(5) 컨테이너선(container carrier)

1950년대 이래로 육상, 공중 운송을 포함하여 보다 표준화되고 일관된 방법으로 건화물을 다루고자 하는 노력이 이루어져 왔으며, 그 결과 강철(steel)로 제작된 컨테이너에 넣어서 화물을 운송하는 방법이 미국을 중심으로 탄생하였다. 오늘날 컨테이너선은 건화물 중 비산적화물의 90%를 운송하고 있으며, 원유탱커, 산적화물선과 더불어 3대 선종의 하나이다(그림 1.27).

컨테이너의 횡단면은 한 변이 8 ft 인 정사각형이며, 길이는 크게 5 가지로 표준화되어 있으나, 통상 20 ft (Twenty-foot Equivalent Unit, TEU)를 기준으로 사용한다. 현재까지 건조된 컨테이너선 중에서 가장 큰 컨테이너선은 20,000개의 컨테이너(20,000

TEU)를 적재할 수 있으며 상선들의 대형화 및 고속화 추세는 지속되고 있어서 보다 큰 배들도 나타날 가능성이 크다. 컨테이너선은 하역시간이 짧으므로 운항시간 역시 짧아야 하며 따라서 비교적 빠른 속도인 24~25 kts로 운항하고, 방형계수(block coefficient)[8] 또한 0.6~0.65 정도로 작은 값을 가진다.

(6) 자동차선(car carrier 및 Roll-On/Roll-Off ship, RORO선)

자동차선 또는 RORO선은 자동차를 직접 운전하여 배에 싣고 내리므로 그에 필요한 램프(ramp)와 승강기를 설치하며 여러 층의 갑판을 배치한다. 자동차만을 운송하는 선박을 자동차전용선(Pure Car Carrier, PCC)이라고 한다(그림 1.28).

(7) FPSO(Floating Production, Storage and Offloading vessel)

FPSO는 해저유전으로부터 원유를 생산, 저장 및 하역하는 기능을 가지고 있는 선박을 뜻하며 FPSO로부터 해상에서 원유를 전달받아 육지의 터미널로 운반하는 선박을 셔틀탱커(shuttle tanker)라고 한다. 최근에는 해저에서 생산된 천연가스를 다루는 LNG FPSO도 건조되고 있다(그림 1.29).

그림 1.28 자동차전용선(PCC)의 시운전

8) 방형계수에 대해서는 2.1.3절을 참조하기 바란다.

그림 1.29 LNG FPSO와 LNG선의 개념도

1.5.2 여객선

(1) 크루즈선

항공기의 발달로 현재 정기여객선은 거의 자취를 감추었으나 여행의 즐거움 자체를 목적으로 하는 승객들을 위한 크루즈선이 차츰 각광을 받고 있다. 2010년 기준으로 연간 1,800만 명의 관광객이 크루즈선을 이용할 것으로 예측되고 있으며, 그 숫자는 앞으로 계속 증가할 것으로 보인다. 현재 대부분의 크루즈선은 독일, 핀란드, 프랑스, 이탈리아 등 유럽 조선소에 의하여 건조되고 있다(그림 1.30).

그림 1.30 크루즈선 'Oasis of the Sea'[인터넷]

(2) 카페리(car ferry)

카페리는 승객과 차를 같이 운반하는 선박이며, 섬으로 운항하는 많은 여객선들이 근자에는 이와 같은 형태를 취하고 있다. 자동차를 싣고 부리는 방법은 RORO선과 같으며 승객을 위한 객실을 가지고 있는 RoPax(RoRo PASSenger ship)도 카페리의 일종으로 볼 수 있다.

Chapter 2

선박 기본 개념

이 장에서는 1절에서 먼저 선박의 크기와 형상을 알려주는 주요치수와 선형계수에 대해 소개하고, 2절에서는 선박의 크기를 나타내는 톤수에 대해 설명한다. 3절에서는 선박의 동력과 속력에 대해 논의하고, 4절에서는 선박의 형상과 관련하여 기하학적인 정보의 표현에 대해 알아본다. 마지막으로 5절에서는 선박의 안전과 관련하여 가장 중요한 개념 중의 하나인 복원성에 대해 고찰하기로 한다.

2.1 주요치수(principal dimensions)와 선형계수

2.1.1 주요치수

선수재(stem)의 앞쪽 선과 계획만재수선(designed load waterline)이 만나는 교점을 지나는 수직선을 선수수선(Forward 또는 Fore Perpendicular, FP), 계획만재수선이 타두재(rudder stock)의 중심선 또는 타두재가 없는 선박의 경우에는 타주(rudder post)의 뒤쪽 선과 만나는 교점을 지나는 수직선을 선미수선(After Perpendicular, AP)이라고 한다(그림 2.1).

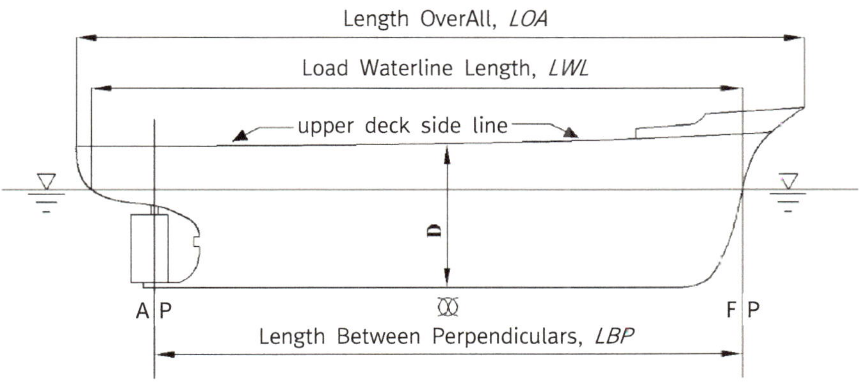

그림 2.1 선체 길이의 정의

1) 전장(length overall, LOA)

선수재의 맨 앞끝으로부터 선미재의 맨 뒤끝까지의 수평거리를 전장이라고 한다.

2) 수선간길이(length between perpendiculars, LBP)

선수수선(FP)과 선미수선(AP) 사이의 수평거리를 수선간길이라고 한다. 중앙횡단면(midship section)은 FP와 AP를 잇는 종방향(longitudinal) 수평선의 이등분점을 포함하는 종방향에 수직한 횡단면이다.

3) 수선길이(load waterline length, LWL)

계획만재수선의 앞끝으로부터 뒤끝까지의 수평거리를 수선길이라고 한다.

4) 전폭(extreme breadth, B_{ext})

전폭은 선체의 폭이 제일 큰 곳에서 측정하며(일반적으로 중앙횡단면) 한 쪽 외판의 외면으로부터 반대 쪽 외판의 외면까지의 수평거리를 말한다.

5) 형폭(molded breadth, B)

그림 2.2에 보인 바와 같이 늑골(frame)의 외면으로부터 다른 쪽 늑골 외면까지 잰 수평거리의 최대값을 형폭이라고 한다. 즉 형폭은 전폭에서 외판 두께의 두 배를 뺀 값이다. 강선의 폭과 깊이에 대해서는, 외판 안쪽의 표면을 기준으로 한다.

6) 형깊이(molded depth, D)

중앙횡단면에서 용골(keel)의 윗면으로부터 상갑판(upper deck) 보(beam)의 현측 윗면까지의 수직거리를 형깊이라고 한다. 즉 형깊이는 선저나 상갑판의 판 두께를 포함하지 않는다.

7) 형흘수(molded draft, d)

중앙횡단면에서 용골의 윗면으로부터 수면까지의 수직거리를 형흘수라고 한다.

8) 계획만재흘수(designed full load draft)

형흘수의 하나로 용골의 윗면으로부터 계획만재흘수선까지의 수직거리를 뜻하며 줄여서 만재흘수라고 부르기도 한다. FP와 AP에서 측정한 흘수를 각각 선수흘수, 선미흘수라고 하며 선수흘수와 선미흘수의 차이는 트림(trim)이라고 한다. 선수흘수가 크면 선수트림, 선미흘수가 크면 선미트림 상태에 있다고 한다.

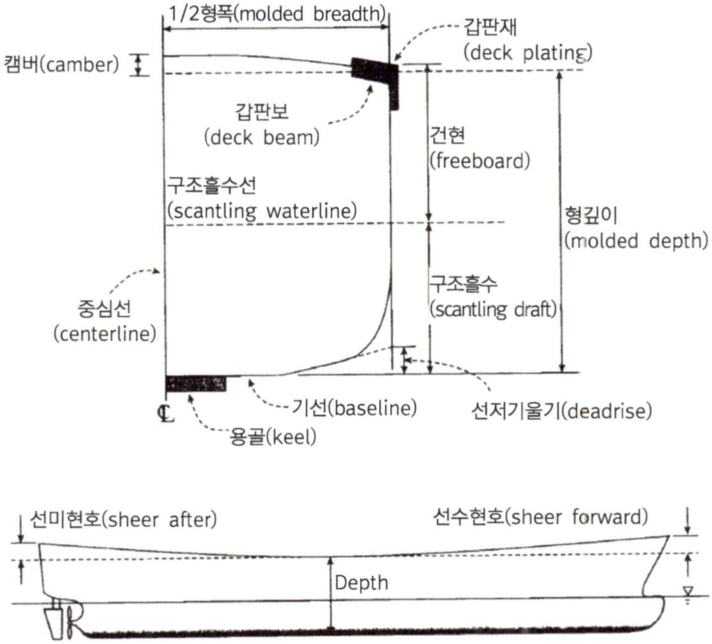

그림 2.2 선체 중앙 단면 및 측면 형상

9) 구조흘수(scantling draft)

선박이 최대로 물속에 잠길 수 있는 수선으로 구조치수(scantling) 결정에 기준이 되는 수선이다. 구조흘수는 계획만재흘수보다 작지 않다.

10) 건현(freeboard)

건현갑판 또는 상갑판 상면으로부터 선박이 최대로 화물을 만재한 상태의 흘수선인 하계 계획만재흘수선까지의 수직거리를 말한다.

11) 계획만재흘수선 표시(load line mark)

계획만재흘수선 표시는 선박이 운항하는 계절 및 항해 구역에 따라 허용되는 최대 흘수 또는 최소 건현을 나타내는 표시로 선박 중앙부의 양현 선측에 영구적으로 표시된다(그림 2.3). 원의 양측에 표시되는 문자는 건현을 지정하는 기관의 약자로 KR은 한국선급(Korean Register of Shipping)을 뜻한다.

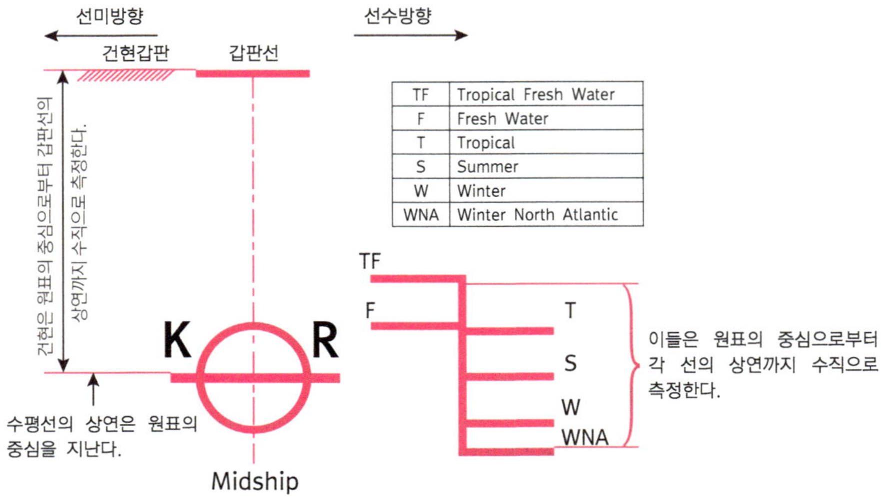

그림 2.3 계획만재흘수선 표시

2.1.2 기타 선형 관련된 용어

이하에서는 선형을 묘사하는 여러 가지 용어에 대해 설명하기로 한다.

1) 선저기울기(deadrise 또는 rise of floor)와 만곡부(bilge part)

그림 2.2에 보인 바와 같이 중앙횡단면의 바닥이 기선과 일치하지 않고 중심선에서 현측으로 갈수록 위로 올라가는 경우 현측에서 잰 바닥의 높이 또는 기선과 이루는 각도를 뜻한다. 선저부와 선측이 만나는 부분은 만곡부라고 부른다.

2) 텀블홈(tumblehome)

중앙횡단면의 반폭이 최대인 수선(일반적으로 만재흘수선)으로부터 위로 올라갈수록 감소하는 선형, 또는 반폭의 감소량을 뜻한다.

3) 플레어(flare)

텀블홈과는 반대로 위로 올라갈수록 반폭이 증가하는 선형, 또는 반폭의 증가량을 뜻한다.

4) 캠버(camber)

중앙횡단면의 상갑판은 일반적으로 선체 중앙부가 가장 높고 선측으로 갈수록 낮아지는 즉 위로 약간 볼록한 형상을 가진다. 상갑판의 좌우 선측 끝을 연결하여 얻는 직선을 기준으로 중심선에서 상갑판이 얼마나 올라가 있는지 나타내는 양을 캠버라고 한다.

5) 쉬어(sheer)

중앙종단면의 상갑판 부분은 기선과 평행한 수평선이 아니고 중앙횡단면에서 선수 또는 선미 쪽으로 갈수록 기선으로부터의 높이가 증가하는 곡선으로 되어 있다. 이와 같은 상갑판의 측면 형상 또는 그 상승량을 쉬어라고 한다.

6) 중앙평행부(parallel middle body), 도입부(entrance), 결속부(run) 및 어깨부(shoulder)

중앙평행부는 선체중앙부의 횡단면 형상이 선수미 방향으로 일정한 부분을 뜻한다. 중앙평행부보다 앞쪽은 도입부, 뒤쪽은 결속부라고 부르며 중앙평행부와 이들의 경계부분을 어깨부라고 부르고 도입부의 앞끝은 선수단부(forebody end part), 결속부의 뒤끝은 선미단부(afterbody end part)라고 부른다.

2.1.3 선형계수(ship form coefficients)

수면 아래 선체 형상의 특성을 나타내는데 다음과 같은 무차원 선형계수를 사용한다.

(1) 방형계수(block coefficient, C_B)

방형계수(또는 방형비척계수)는 물속에 잠긴 선체의 비척도를 나타내는 계수로 형배수체적(molded displacement volume) ∇와 각 변의 길이가 L(LWL 또는 LBP), B(형폭), d(만재흘수)인 직육면체의 체적과의 비로 다음과 같이 정의된다(그림 2.4).

$$C_B = \frac{\nabla}{L \times B \times d}. \tag{2.1}$$

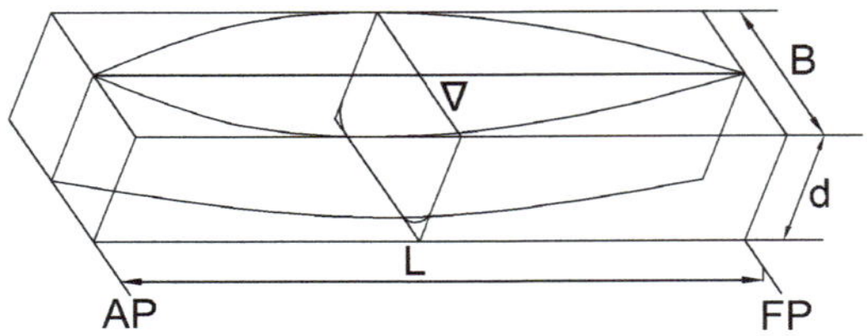

그림 2.4 방형계수의 정의

여기서 형배수체적은 형표면(molded surface)으로 둘러싸인 3차원 형상의 체적을 뜻하며, 형표면은 외판의 안쪽 면과 만재수선에 의해서 생성되는 3차원 형상의 경계면으로 정의할 수 있다. 방형계수는 선형에 따라서 대략 다음과 같은 범위의 값을 가진다.

고속선 : 0.50 ~ 0.60,

중속 부정기화물선 : 0.65 ~ 0.75,

대형 전용선 : 0.78 ~ 0.85.

(2) 중앙단면계수(midship section coefficient, C_M)

형폭과 만재흘수로 만들어진 직사각형 속에 중앙횡단면의 면적 A_M이 어느 정도 차 있는가를 나타내는 계수로 다음과 같이 정의된다.

$$C_M = \frac{A_M}{B \times d}. \tag{2.2}$$

중앙단면계수는 선형에 따라서 대략 다음과 같은 범위의 값을 가진다.

고속선 : 0.85 ~ 0.97,

중속선 : 0.98 ~ 0.99,

저속선 : 0.995.

(3) 주형계수(prismatic coefficient, C_P)

주형계수(또는 종주형계수)는 중앙횡단면적 A_M과 수선간길이 L의 곱으로 체적이 주어지는 길이방향 주상체(prism) 속에 선체가 어느 정도 차 있는가를 나타내는 계수로 다음과 같이 정의된다(그림 2.5).

$$C_P = \frac{\nabla}{A_M \times L} = \frac{\nabla}{C_M \times B \times d \times L} = \frac{C_B}{C_M}. \tag{2.3}$$

주형계수는 선박의 저항성능과 밀접한 관련이 있는 계수로 대체로 선속이 증가할수록 작은 값을 가진다. 그림 2.6은 길이방향 각 횡단면에서의 단면적을 중앙횡단면적으로 나눈 값을 보인 곡선이며 C_p 곡선(단면적곡선)으로 불린다. 선박의 길이 방향으로의 배수량(또는 부력)의 분포를 나타낸다.

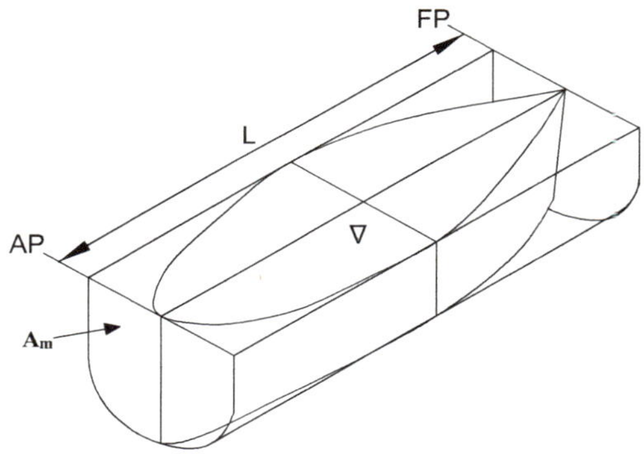

그림 2.5 주형계수의 정의

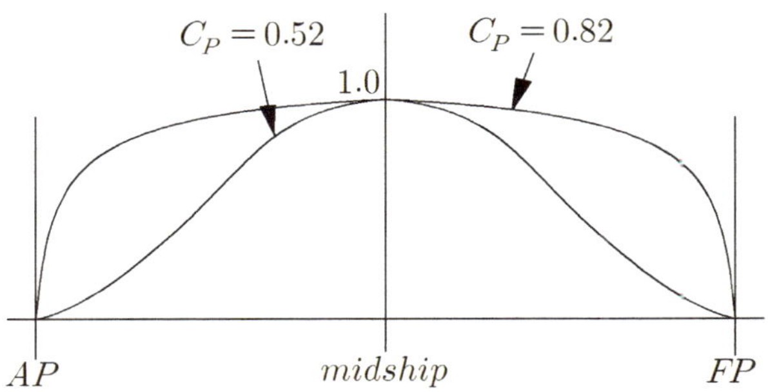

그림 2.6 C_p 곡선

(4) 수선면적계수(waterplane area coefficient, C_W)

수선간길이 L과 형폭 B가 만드는 직사각형 속에 수선면(waterplane)의 면적 A_W가 어느 정도 차 있는지를 나타내는 계수로 다음과 같이 정의된다.

$$C_W = \frac{A_W}{L \times B}. \tag{2.4}$$

수선면적계수는 선종에 따라 대략 다음과 같은 범위의 값을 가진다.

고속선 : 0.68 ~ 0.78,

중속선 : 0.80 ~ 0.85,

저속선 : 0.86 ~ 0.92.

(5) 연직주형계수(vertical prismatic coefficient, C_{VP})

만재흘수에서의 수선면적 A_W와 흘수 d의 곱으로 주어지는 연직방향 주상체(vertical prism) 속에 선체가 어느 정도 차 있는가를 나타내는 계수로 다음과 같이 정의된다.

$$C_{VP} = \frac{\nabla}{A_W \times d} = \frac{\nabla}{C_W \times L \times B \times d} = \frac{C_B}{C_W}. \tag{2.5}$$

2.2 선박의 톤수

선박의 크기를 나타내는 지표로는 전통적으로 톤수(tonnage)라는 용어를 사용하는데 크게 중량을 기준으로 하는 중량톤과 용적을 기준으로 하는 용적톤으로 구분한다.

2.2.1 중량톤(weight tonnage)

배수량과 중량을 나타내는 다음과 같은 용어들이 사용되고 있다.

1) 배수량(displacement, $\triangle$)

아르키메데스(Archimedes) 원리에 따르면 물속에 잠긴 물체는 중력의 반대방향으로 부력(buoyancy)을 받는데 부력의 크기는 물속에 잠긴 부분의 부피에 해당하는 물의 무게, 즉 물체가 밀어낸(displaced) 물의 무게와 동일하다. 물속에 잠긴 부분의 부피를 배수용적(displacement volume, $\triangledown$)이라 하고 물체가 밀어낸 물의 무게를 배수량(displacement, $\triangle$)이라고 하며 배수용적과 배수량의 관계는 다음과 같다.

$$\triangle = \rho g \triangledown . \tag{2.6}$$

여기서 ρ는 물의 밀도, g는 중력가속도를 각각 나타내며, ρg는 비중(specific gravity)이라고 부른다. 중량톤으로서의 배수량의 단위로는 톤(ton)을 사용하며, SI 단위로 1 톤은 질량 1,000 kg인 물체의 무게와 같다.

2) 형배수량(molded displacement)

형배수량은 선박의 형표면을 기준으로 하여 얻어지는 형배수체적에 물의 비중을 곱하여 얻어지는 양이다.

3) 만재배수량(full load displacement)

만재배수량은 계획만재흘수에서의 배수량이며, 아래에서 정의하는 경하중량과 재화중량의 합과 같다.

4) 경하중량(light weight, LWT)

조선소에서 건조가 완료된 상태의 배의 자체 중량을 뜻한다. 경하중량 상태에서 선원과 선원의 소지품, 연료, 물, 식량 등을 탑재하고 운항할 수 있는 상태를 밸러스트 상태(ballast condition)라고 한다.

5) 재화중량(deadweight, DWT)

만재흘수까지 적재할 수 있는 선원, 승객, 화물, 연료, 물, 식량 등의 중량을 의미하며 만재배수량에서 경하중량을 뺀 값이다. 선박의 적재능력을 나타내는데 가장 적합한 톤수이기 때문에 화물선의 건조계약, 매매 및 용선 등 거의 모든 상거래의 기준이 되는 톤수이다.

2.2.2 용적톤(volume tonnage)

부피 또는 용적을 톤으로 환산한 용적톤으로는 다음과 같은 용어들이 사용되고 있다.

1) 총톤수(gross tonnage, GT)

배의 용적을 환산하여 얻어지는 양으로 선각으로 둘러싸인 선체 총용적으로부터 상갑판 위의 추진, 항해, 안전, 위생에 관계되는 공간 등 지정된 면제공간을 뺀 전체용적 V_C를 2.83으로 나눈 값이다. 그러나 국제해사기구(IMO, International Maritime Organization)에서 1969년에 채택하고 1982년부터 발효된 국제선박톤수측정협정(TONNAGE, International Convention on TONNAGE Measurement of Ships)의 총톤수는 다음 식으로부터 얻는다.

$$GT = \left(0.2 + 0.02\log_{10} V_C\right) V_C. \tag{2.7}$$

2) 순톤수(Net Tonnage, NT)

여객이나 화물의 운송에 사용되는 용적의 크기를 나타내기 위하여 사용되는 톤수로 위에서 언급한 TONNAGE 규정에 따라 다음 식을 사용하여 얻는다.

$$NT = \left(0.2 + 0.02\log_{10} V_C\right) V_C \left(\frac{4d}{3D}\right)^2 + \frac{1.25\,(GT + 10000)}{10000}\left(N1 + \frac{N2}{10}\right). \tag{2.8}$$

여기서 D는 형깊이, d는 하계만재흘수, $N1$은 8개 이하의 침대를 가진 선실 내의 총 여객수, $N2$는 $N1$을 제외한 여객수를 각각 뜻한다. 순톤수는 상행위에 직접 관련된 용적이므로 선박국적증서에 기재되어 주로 과세의 기준이 된다.

3) 보정총톤수(Compensated Gross Tonnage, CGT)

보정총톤수는 각국의 선박건조량을 보다 합리적으로 비교할 수 있도록 고안된 톤수이다. 선종이 다른 경우 선박을 건조하는데 소요되는 공수(manhour)가 모두 다르므로 선박의 크기를 기준으로 산정하는 톤수로는 각국의 건조량을 합리적으로 비교할 수 없기 때문이다. 보정총톤수의 값은 2007년 경제협력개발기구(OECD)가 채택한 식에 따라 각종 선박의 총톤수에 보정계수를 곱하여 얻는다. 총톤수가 10K인 일반화물선을 기준으로 삼으므로 이 경우에는 총톤수와 보정총톤수의 값이 같으며, 예를 들어 총톤수 150K인 이중선체 VLCC의 보정계수는 0.3이므로 보정총톤수가 45K인 선박이 된다.

4) 운하톤수(canal tonnage)

주요 해운국 상호간에는 선박의 소속국이 발행한 톤수증서에 기재된 톤수를 인정하는 협정을 맺고 있으나, 수에즈 운하와 파나마 운하에서는 운하통과료산출의 기준으로 이용하기 위하여 독자적인 측정기준을 사용하고 있다.

2.2.3 기타 단위

위에서 소개한 톤수 외에도 컨테이너, 자동차 등의 운반과 관련하여 다양한 단위들이 사용되고 있다.

1) 재화용적(cargo capacity volume)

화물창 내에 화물을 적재할 수 있는 총용적을 말하며 단위로는 CUM(cubic meter, m^3)을 사용한다. 재화용적에는 화물을 포장하지 않은 상태로 적재할 수 있는 공간을 나타내는 곡물용적(grain capacity)과 포장화물용적(bale capacity)이 있다. 산적화물선과 액체화물선에 많이 사용되며, 예를 들면 160K CUM LNG선, 또는 84K CUM LPG선 등과 같다.

2) 적재할 수 있는 컨테이너의 수

컨테이너선의 경우에는 20 ft 컨테이너를 적재할 수 있는 개수로 선박의 크기를 나타내는데 TEU(twenty-foot equivalent unit)라는 단위가 사용된다. 최근에는 선박의 대형화 고속화에 따라 20K TEU 이상의 컨테이너선도 건조되고 있다.

3) 적재할 수 있는 자동차의 수

자동차선(car carrier)의 경우에는 적재할 수 있는 승용차 또는 화물차의 수로 수송능력을 표시한다. 예를 들어 4,000 대의 자동차를 운반하는 자동차전용선은 4,000 PCC로 표시한다.

2.3 선박의 동력과 속력

선박의 속력은 대단히 중요한 기본적인 성능에 속하며 이는 주기관의 동력과 매우 밀접한 관계를 가진다. 이하에서는 선박의 동력과 속력에 대해 알아보기로 한다.

2.3.1 주기관 동력(main engine power)

전진하는 선박은 물과 공기로부터 항력 즉, 저항을 받게 되는데 이 저항은 주기관-추진기에 의해 생성되는 추진력에 의해 상쇄된다. 주기관의 동력(power), 또는 출력(output)의 크기는 다음과 같이 구분하여 표시한다.

1) 동력의 단위

세계 대부분의 나라가 SI 단위계를 사용하고 있지만, 미국은 아직 그렇지 않으며, 동력의 단위로 영어권에서는 hp(HorsePower), 독어권에서는 PS(PferdeStärke)를 사용하며, 이들은 다음과 같이 정의된다.

$$1\ hp = 0.746\ kW = 1.014\ PS, \tag{2.9}$$

$$1PS = 0.735\ kW = 0.986\ hp. \tag{2.10}$$

2) 연속최대출력(maximum continuous rating, MCR)

주기관으로부터 안전하게 지속적으로 얻을 수 있는 최대 출력으로 선박 건조 후에 수행하는 해상시운전을 통하여 출력의 크기를 확인한다.

3) 상용출력(service power)

항해속력을 얻기 위한 출력으로 주기관의 효율이 최대가 되도록 설계되는 출력이다. 디젤기관에서는 MCR의 85%, 터빈에서는 90% 정도의 값을 가진다.

2.3.2 속력(speed)

배의 속력을 나타내기 위해 다음과 같은 양들을 사용한다.

1) 속력의 단위

배의 속력을 나타내는 통상적인 단위는 kts(노트, knots)이며, 1 kt는 1 시간에 1 해리(1 nautical mile, 1,852 m)를 이동하는 것을 뜻하므로, SI 단위계로는 0.5144 m/s이다. 또한 배의 속력을 나타내는 무차원수로 다음과 같이 정의되는 프루드수(Froude Number, Fn)를 사용한다.

$$Fn = \frac{V}{\sqrt{gL}}. \tag{2.11}$$

여기서 V는 배의 속력, g는 중력가속도, L은 배의 길이이다.

길이가 9 m인 활주형 레저보트의 속력이 25 kts일 경우 프루드수는 1.37이다. 반면에 레저보트와 동일한 속력을 가진 길이 300 m의 컨테이너선의 프루드수는 0.24이다. 두 선박은 절대적인 속력은 동일하나 유체역학적 상사법칙에 근거하면 레저보트의 속력이 훨씬 빠르다는 것을 뜻한다.

2) 항해속력(service speed)

배가 취항하여 실제로 항해할 때의 속력이다. 설계 시 기준은 만재상태, 주기관출력은 상용출력, 해상여유(sea margin)는 15%를 택한다.

3) 시운전최대속력(maximum trial speed)

배를 선주에게 인도하기 전 해상시운전(sea trial)을 하는데 여기서 얻어진 최고 속력이다. 시운전 시 적재상태는 계약 시 협의한 바에 따르고 밸러스트상태로 시운전하는 경우가 대부분이지만 단 원유탱커는 해수로 화물창을 채워 만재상태로 시운전하는 경우도 있다.

2.4 선형 기하학

선박의 형상은 도면을 사용하여 일차적으로 설계되며, 조선소에서는 이 도면에 의거하여 배를 만들게 된다. 아래에서는 가장 기본적인 도면의 하나인 선도와 관련하여 배의 형상을 어떻게 도면에 나타내는지 알아보기로 한다.

2.4.1 선도(lines)

곡면으로 이루어진 3차원 물체인 선박의 형상을 이해하기 위해서는 그림 2.7에 보인 것과 같이 서로 수직한 3개의 참고면을 생각하기로 한다.

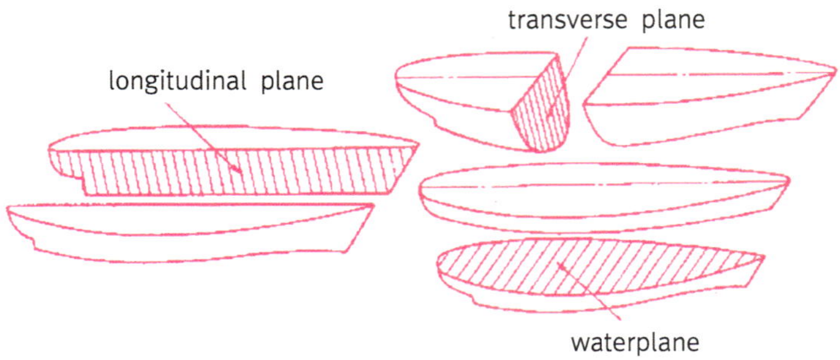

그림 2.7 참고면

이들 3 참고면은 중앙횡단면과 평행한 평면들인 횡단면(transverse plane), 종중심면과 평행한 종단면(longitudinal plane), 수평면과 평행한 수선면(waterplane)들이다.

1) 정면도(body plan)

선수수선(FP)과 선미수선(AP) 사이를 20등분(또는 10등분)하여 얻어지는 선체 길이방향의 위치 좌표를 스테이션(station)이라고 하는데, 일반적으로 AP는 0번, FP는 20번 스테이션이 된다. 정면도는 각 스테이션에서의 배의 횡단면을 보여주는데 배는 통상 좌우대칭이므로 오른쪽에 전반부를 왼쪽에 후반부를 그리는 것이 일반적이다(그림 2.8). 선수부와 선미부에서는 형상의 변화가 심하므로 스테이션 사이를 1/2 또는 1/4 등간격으로 세분화하여 횡단면을 나타낸다.

정면도에는 수직방향과 수평방향의 기준선들이 같이 그려지는데, 이들은 각각 길이방향의 수직평면과 수평평면을 나타낸다. 수직방향의 기준선인 수직선의 한가운데 있는 선을 중심선(centerline)이라하며, 수평선 중에서 가장 아래에 위치한 선을 형기선 또는 기선(base line)이라고 한다. 정면도는 기선에 평행한 수선과 중심선에 평행한 버톡선으로 이루어진 모눈 위에 각 스테이션에서의 횡단면이 투영되어 만들어진 도면이다.

2) 측면도(sheer plan)

중심선과 평행한 수직선, 즉 길이방향 수직평면과 형표면의 교선은 종단면의 형상을 나타내는 버톡선(buttock line)이며, 측면도에는 이들 버톡선을 나타내는데, 종중심면(longitudinal center plane)으로부터 폭방향으로 등간격(보통 1 m)으로 절단된 단면의 형상을 보여준다. 측면도에서는 기선에 평행한 수선과 각 스테이션을 나타내는 직선이 기준선이 되어 모눈을 이룬다.

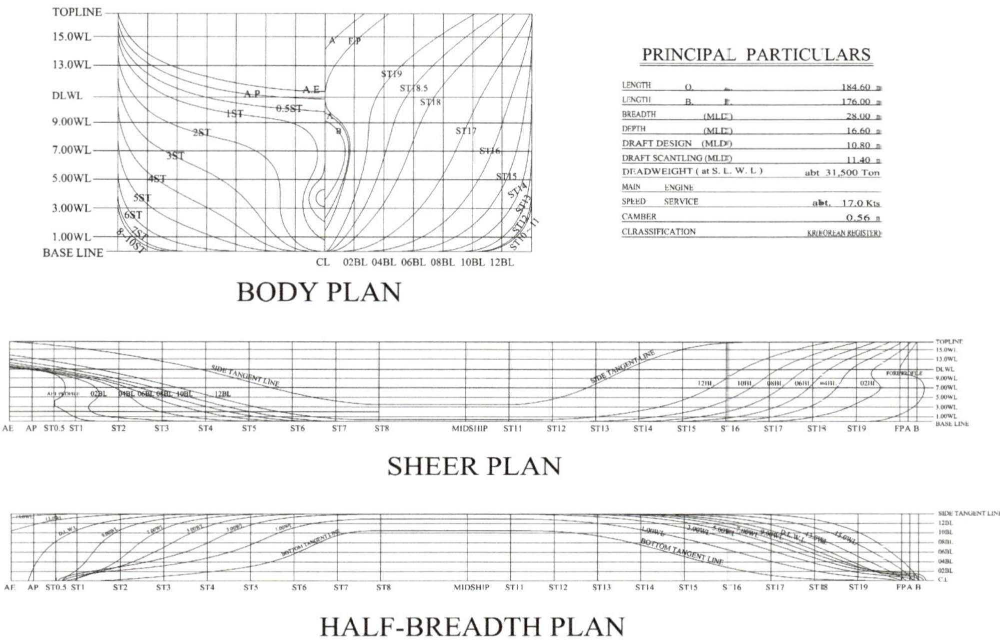

그림 2.8 선도

3) 반폭도(half-breadth plan)

기선에 평행한 수평선, 즉 길이방향 수평평면과 형표면의 교선은 해당 흘수에서의 수선면의 형상을 나타내는 수선(waterLine)이며, 반폭도에는 이들 수선을 나타내는데, 기선으로부터 수직상방으로 등간격(보통 1 m)으로 그린다. 선체는 좌우대칭이므로 정면도에서와 같이 중심선을 기준으로 반쪽만 나타낸다. 반폭도에서는 종중심선에 평행한 버톡선과 각 스테이션을 나타내는 직선이 기준선이 되어 모눈을 이룬다.

2.4.2 옵셋표(tables of offsets)

옵셋은 선미수선, 기선 및 중심선이 만나는 점을 기준으로 한 형표면(molded surface)의 좌표를 뜻한다. 옵셋표는 정면도에 나타나는 스테이션에서의 횡단면들이 각 수선에서 중심선으로부터 얼마나 떨어져 있는지를 나타내는 거리를 나타낸다(표 2.1). 형표면 상의 한 점이 정면도, 측면도, 반폭도에서 일관되게 나타나고 있는지 확인하기 위한 작업은 선도를 구성하는 곡선들을 부드럽게 하는 작업과 유사하므로 순정(fairing)이라고 부른다.

표 2.1 옵셋표

no. of ord	Water line																		
	base line	0.5	1	2	3	4	5	6	7	8	9	10	10.8	12	13	14	15	16	upper deck
A														9.587	11.192	12.674	13.500	13.927	14.000
AP													2.918	9.595	11.722	12.643	13.000	13.981	14.000
01			0.383	1.215	1.472	1.404	1.034	0.602	0.511	0.862	2.329	8.069	10.529	12.395	13.254	13.762	13.986	14.000	"
02	0.235	1.749	2.268	2.826	3.005	3.016	3.119	3.541	4.666	7.619	10.580	12.118	12.842	13.551	13.880	13.999	14.000	"	"
03	0.979	2.603	3.241	4.091	4.841	5.748	7.023	8.888	10.863	12.226	12.996	13.495	13.771	13.980	14.000	"	"	"	"
04	1.860	4.001	4.851	6.233	7.897	9.770	11.357	12.475	13.154	13.585	13.853	13.982	14.000	"	"	"	"	"	"
05	3.074	6.089	7.525	9.948	11.660	12.702	13.331	13.709	13.916	13.998	14.000	"	"	"	"	"	"	"	"
06	5.671	9.646	11.065	12.574	13.345	13.754	13.953	14.000	"	"	"	"	"	"	"	"	"	"	"
07	9.477	11.900	12.639	13.457	13.856	13.996	14.000	"	"	"	"	"	"	"	"	"	"	"	"
08	10.500	12.303	12.950	13.662	13.964	14.000	"	"	"	"	"	"	"	"	"	"	"	"	"
09	10.500	12.303	12.950	13.662	13.964	14.000	"	"	"	"	"	"	"	"	"	"	"	"	"
10	10.500	12.303	12.950	13.662	13.964	14.000	"	"	"	"	"	"	"	"	"	"	"	"	"
11	10.500	12.303	12.950	13.662	13.964	14.000	"	"	"	"	"	"	"	"	"	"	"	"	"
12	10.334	12.139	12.795	13.527	13.872	13.989	14.000	"	"	"	"	"	"	"	"	"	"	"	"
13	9.399	11.316	12.040	12.914	13.419	13.719	13.884	13.965	13.996	14.000	"	"	"	"	"	"	"	"	"
14	7.550	9.819	10.702	11.836	12.569	13.073	13.411	13.636	13.783	13.877	13.936	13.973	13.990	14.000	"	"	"	"	"
15	5.188	7.787	8.839	10.202	11.113	11.775	12.278	12.662	12.960	13.194	13.383	13.541	13.654	13.806	13.906	13.973	14.000	"	"
16	5.188	7.787	8.839	10.202	11.113	11.775	12.278	12.662	12.960	13.194	13.383	13.541	13.654	13.806	13.906	13.973	14.000	"	"
17	1.164	3.321	4.187	5.439	6.402	7.168	7.801	8.346	8.823	9.256	9.680	10.126	10.513	11.174	11.776	12.380	12.973	13.556	3.8500
18	0.326	1.557	2.103	3.000	3.766	4.382	4.888	5.322	5.709	6.076	6.461	6.924	7.389	8.260	9.121	10.066	11.070	12.142	12.838
19	0.046	0.524	0.808	1.306	1.731	2.105	2.419	2.667	2.843	2.938	3.007	3.189	3.491	4.255	5.170	6.305	7.643	9.156	10.125
FP				0.318	0.740	1.059	1.326	1.559	1.689	1.604	1.087	0.135	0.000	0.175	0.648	1.397	2.393	3.560	4.324

2.4.3 근사적분법

선도의 정면도로부터 각 스테이션에서의 횡단면적을 구한 후, 이를 길이방향으로 적분하면 배수용적, 배수량, 부심(center of buoyancy) 등을 얻을 수 있다. 또 반폭도로부터 만재상태 및 각 흘수에서의 수선면의 면적과 부면심이라 불리는 도심을 얻을 수 있다. 이들을 토대로 배의 다양한 수정역학적 특성, 트림, 복원성능 등을 구할 수 있다.

선체의 횡단면, 수선면 등은 수학적으로 표현하기 어렵기 때문에 근사적분법을 사용하여 수치적으로 적분을 수행한다. 이 절에서는 여러 가지 근사적분법 가운데 선박계산에 자주 사용되는 방법인 사다리꼴 공식과 심프슨의 공식에 대해 간단히 설명하기로 한다.

(1) 사다리꼴 공식(trapezoidal rule)

임의의 곡선 아래 면적을 구하는데 가장 쉽게 쓸 수 있는 근사적분법은 면적을 구하고자 하는 주어진 구간(interval)을 등간격 h로 잘게 자르고 각 소구간(subinterval) 내에서 곡선을 직선으로 근사하는 방법이다.

그림 2.9에 보인 바와 같이 곡선 DF를 직선으로 근사하면 소구간의 길이가 h일 때 직선 아래의 면적은 $h(y_0+y_1)/2$ 이다. 같은 방법으로 곡선 DC 아래의 면적 A를 구하는데, 구간 OB를 길이가 같은 두 개의 작은 소구간으로 분할하면 A를 다음과 같이 얻는다.

$$A = \frac{h}{2}(y_0 + 2y_1 + y_2) \tag{2.12}$$

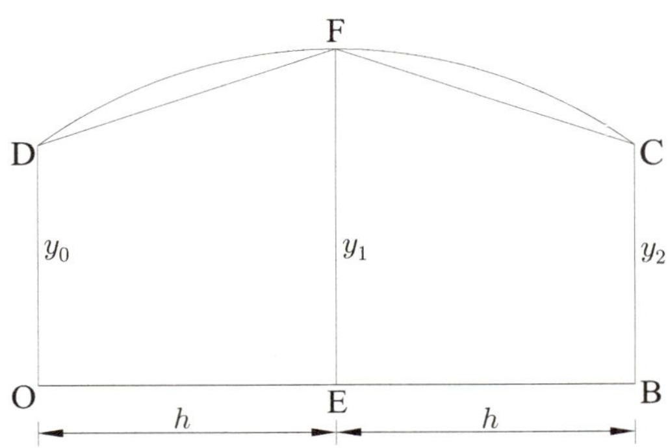

그림 2.9 사다리꼴 공식

이 방법은 적용이 간편하지만 오차가 비교적 크며, 정확한 결과를 얻기 위해서는 소구간의 길이 h를 매우 작게 해야 한다는 단점이 있다.

(2) 심프슨의 공식(Simpson's rule)

사다리꼴 공식에서는 하부의 면적을 구하고자 하는 임의의 곡선을 직선 즉 1차식으로 근사하여 적분을 수행함에 반하여 심프슨의 공식은 그림 2.10에 보인 바와 같이 곡선을 $y = ax^2 + bx + c$, 다시 말하면 2차식인 포물선으로 근사하여 적분을 수행하는 방법이다.

주어진 곡선이 정의된 구간을 두 개의 등간격 h의 소구간으로 나누고, 세 점의 좌표, $(0, y_0)$, (h, y_1), $(2h, y_2)$를 이용하여 a, b, c를 나타내면 다음과 같고,

$$a = \frac{y_0 - 2y_1 + y_2}{2h^2}\,,\ b = \frac{-3y_0 + 4y_1 - y_2}{2h}\,,\ c = y_0\,, \tag{2.13}$$

이 2차식을 적분하여 곡선 아래의 면적 A를 구하면 다음과 같다.

$$\begin{aligned} A &= \int_0^{2h} (ax^2 + bx + c)dx = \left(\frac{ax^3}{3} + \frac{bx^2}{2} + cx \right)_{x=0}^{x=2h} \\ &= \frac{8ah^3}{3} + 2bh^2 + 2ch\,. \end{aligned} \tag{2.14}$$

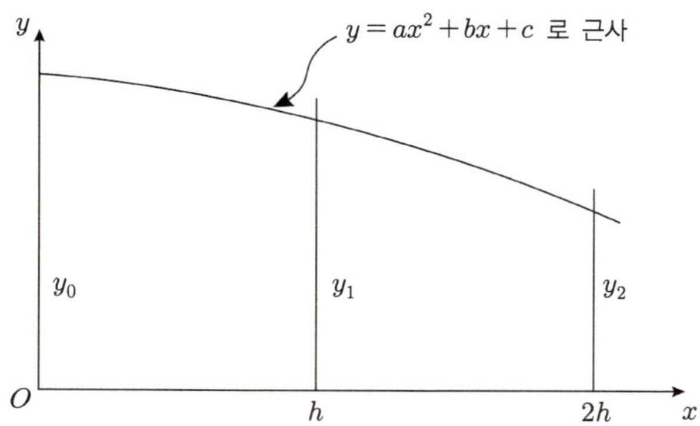

그림 2.10 심프슨의 공식

식 (2.13)을 식 (2.14)에 대입하여 A를 다음과 같이 얻는다.

$$A = \frac{4h}{3}(y_0 - 2y_1 + y_2) + h(-y_0 + 4y_1 - y_2) = \frac{h}{3}(y_0 + 4y_1 + y_2). \quad (2.15)$$

이 식의 우변은 심프슨의 제 1공식으로 알려져 있으며, 선박계산에서 근사적분 시 가장 많이 사용되고 있다. 면적을 구하고자 하는 구간을 2의 배수로 등분하여 위의 결과를 반복적으로 적용함으로써 비교적 정확한 결과를 얻을 수 있다.

하부 면적을 구하고자 하는 곡선이 변곡점을 포함하는 경우에는 2차식인 포물선 보다는 3차 곡선으로 근사하여 수치 적분을 수행하는 심프슨 제 2공식을 이용하여 정도를 향상시킬 수 있다. 심프슨 제 2공식을 이용하여 구한 면적 A는 다음과 같다.

$$A = \frac{3h}{8}(y_0 + 3y_1 + 3y_2 + y_3). \quad (2.16)$$

(3) 도심(centroid)

그림 2.11에 보인 바와 같이 (x,y) 평면 상에 주어진 도형의 면적을 A라고 하고 도형 내에 임의의 점 P를 포함한 미소면적 dA를 고려하자. x축 및 y축에 대한 미소면적 dA의 모멘트는 각각 ydA 및 xdA이므로, 면적 전체의 x축 및 y축에 대한 모멘트 M_x와 M_y는 각각 다음 식으로 주어진다.

$$M_x = \int_A ydA, \; M_y = \int_A xdA. \quad (2.17)$$

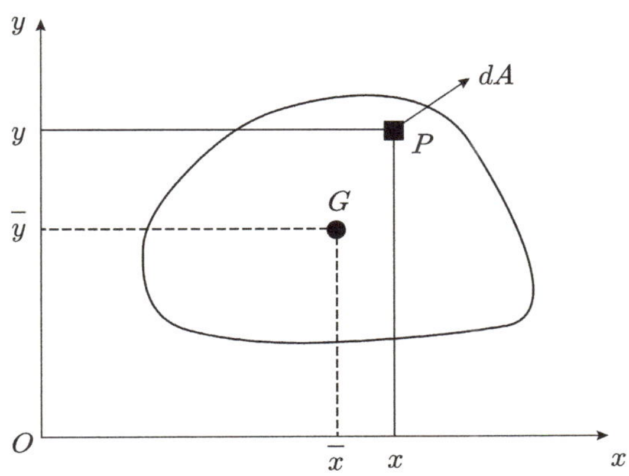

그림 2.11 평면 상의 도형의 면적과 도심

만약 도형과 y축 사이의 거리가 대단히 멀다면 y축에 대한 모멘트 M_y는 도형 내부 임의의 점에 대한 x의 값과 면적 A의 곱으로 보아도 그렇게 틀리지 않을 것이다. 그러나 도형과 y축 사이의 거리가 짧다면 이와 같은 방법은 x의 값에 따라 매우 다른 결과를 줄 것이다.

만약 어떤 $\bar{x}$의 값에 대하여 위에서 생각했던 방법을 그대로 쓸 수 있다면 $\bar{x}$는 다음과 같이 정의할 수 있다.

$$\bar{x} = \frac{M_y}{A} = \frac{1}{A}\int_A x dA. \tag{2.18}$$

$\bar{x}$는 평면도형의 도심의 x좌표이며, 도심의 y좌표 $\bar{y}$도 동일한 방법으로 x축에 대한 모멘트를 이용하여 다음과 같이 정의할 수 있다.

$$\bar{y} = \frac{M_x}{A} = \frac{1}{A}\int_A y dA. \tag{2.19}$$

상기의 도심에 대한 정의로부터 도심을 지나는 축에 대한 모멘트는 영이 됨을 보일 수 있다. 예를 들어 xy좌표계의 원점을 도심으로 옮기고 도심을 원점으로 하는 새로운 좌표계를 $\xi\eta$좌표계라고 하자. 이제 도형의 η축에 대한 모멘트 M_η를 구하기 위해서는 식 (2.17) 둘째 식 우변의 피적분 함수 x를 ξ로 바꾸면 되는데, $\xi = x - \bar{x}$임을 이용하면 다음과 같이 $M_\eta = 0$임을 보일 수 있다.

$$M_\eta = \int_A (x - \bar{x}) dA = M_y - \bar{x}A = 0. \tag{2.20}$$

동일한 방법으로 ξ축에 대한 모멘트 M_ξ도 영이 됨을 보일 수 있다. 따라서 임의의 평면도형의 도심은 그 점에 대한 모멘트가 영이 되는 점이라고 할 수 있다. 이 결과는 3차원 형상의 물체에 대해서도 그대로 확장 적용된다.

2.4.4 배수량등곡선도(hydrostatic curves)

배를 운용하는 선원의 입장에서 현재의 흘수 상태에서 배수량이 얼마나 되는지, 추가로 적재할 수 있는 화물의 양이 얼마나 되는지 또는 선박 내 화물의 이동에 따라 선박의 경사가 얼마나 발생할지 등에 대하여 신속하게 알 필요가 있으며, 이와 같은 요구에

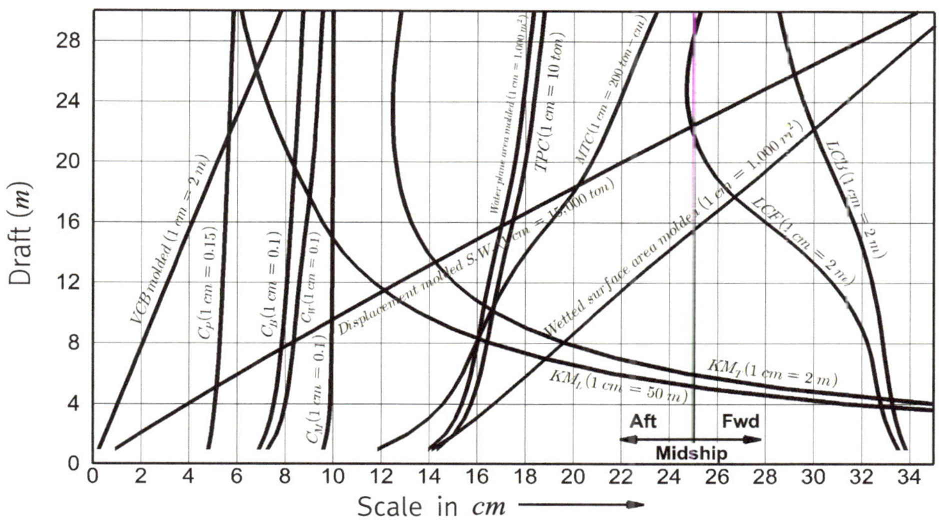

그림 2.12 배수량등곡선도

부응하여 조선소는 건조하는 배가 정지 상태로 정수 중에 떠 있을 때의 배의 수정역학적 특성을 선주에게 제공하고 있다. 여기서 수정역학적 특성이라 함은 흘수에 따라 변화하는 여러 가지 수정역학적 양들을 뜻하는데 배수량등곡선도의 형태로 제공된다(그림 2.12).

배수량등곡선도에 포함되는 특성치에는 배수량(displacement), 부심(center of buoyancy)의 위치, 부면심(center of floatation)의 위치, 메타센터(metacenter)의 위치, 단위침하당 배수량(tons per centimeter immersion, TPC), 단위트림당 모멘트(moment to change 1 centimeter trim, MCT), 침수표면적(wetted surface area), 선형계수 등이 포함된다.

1) 배수량

배수량은 배수용적에 선박이 떠있는 물의 비중을 곱하여 얻어지는데, 물의 비중은 해수, 담수에 따라 달라지고 또 계절(온도), 지구 상의 위도에 따라서도 달라지며, 통상 하계 해수를 기준으로 작성한다.

2) 부심

아르키메데스 원리에 따라 물에 떠 있는 선박에는 크기는 배수량과 같고 방향은 연직상방인 부력이 작용한다. 부력의 작용점은 물에 잠긴 부분의 도심이 되는데 이 점을 부심이라고 하며 점 B로 표기한다. 따라서 부심을 구하기 위해서는 물에 잠긴 부분의 체적과 체적의 모멘트를 알아야 되며, 이 양들은 앞 절에서 설명한 근사적분법을 이용하여 얻을 수 있다.

선박이 횡경사 없이 떠있을 때는 선형의 좌우 대칭성으로 인하여 부심은 중앙종단면 내에 있으며 따라서 부심의 위치는 길이방향과 수직방향의 좌표로 주어진다. 부심의 길이방향 위치는 종부심(longitudinal center of buoyancy, LCB)이라고 부르며, 기준면으로는 중앙횡단면을 택하고 선박의 길이에 대한 비율(%)로 나타내는 것이 일반적이다. 수직방향 위치는 통상 기선으로부터의 수직거리로 주어지며 KB로 표시한다. 여기서 점 K는 중심선과 기선의 교점으로 정의되고, 수직방향의 위치는 용골(keel)의 상면이 된다.

3) 부면심

해당 흘수에서의 수선면의 도심을 부면심이라고 하며, 이 점도 수선면의 좌우 대칭성 때문에 중심선 상에 있고 따라서 부면심의 위치는 길이방향 좌표로 주어진다. 부면심은 LCF(longitudinal center of floatation)로 표시한다.

4) 메타센터

다음 절에서 다룰 선박의 정적복원성과 관련된 중요한 용어로 배에 횡경사(heel)가 발생하면 부심의 위치는 중앙종단면을 벗어나 경사한 방향으로 이동한다. 이 때 새로운 부심을 지나는 수직선은 배수량이 변하지 않고 경사각이 작다면 경사각에 상관없이 배의 중앙종단면 또는 중심선과 항상 동일한 점에서 만나며 이 점을 횡메타센터(transverse metacenter)라고 한다(그림 2.13). 배에 종경사(trim)가 발생할 때에 대해서도 같은 방법으로 종메타센터(longitudinal metacenter)를 정의할 수 있다.

횡메타센터는 통상 점 M으로 표시하며 KM은 점 K와 횡메타센터 사이의 거리를 뜻하고, 종메타센터는 M_L로 표시한다. 배의 경우에는 종경사보다는 횡경사가 크게 발생할 때 전복의 위험이 크기 때문에 보통 경사라고 하면 횡경사, 메타센터라고 하면 횡메타센터를 뜻한다.

5) 단위침하당 배수량

흘수가 단위길이(cm) 증가할 때 발생하는 배수량의 증가이다. 해당 흘수에서의 수선면적에 단위길이(cm)와 물의 비중을 곱하여 얻을 수 있으므로 단위침하당 배수량은 수선면적에 비례한다.

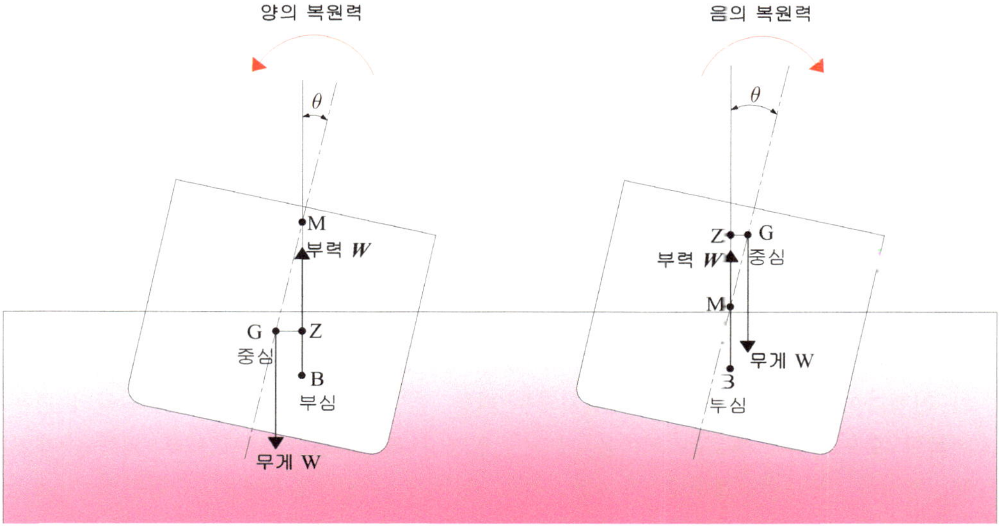

그림 2.13 메타센터의 개념

6) 단위트림당 모멘트

배가 종경사하면 선수흘수와 선미흘수의 차이가 생기는데 이를 트림(trim)이라고 하며 단위길이(cm)의 트림을 발생시키는데 필요한 모멘트를 단위트림당 모멘트라고 한다.

7) 침수표면적(wetted surface area)

각 스테이션에서 점 K로부터 수면과 만나는 점까지 선체 표면을 따라 잰 길이, 즉 거스길이(girth length)를 배의 길이방향으로 적분하여 얻을 수 있다. 침수표면적은 외판의 체적을 얻는데 필요하며, 저항(resistance)의 무차원화에도 사용된다.

8) 선형계수(hull form coefficients)

2.1.3절에서 설명한 선형계수들은 대부분 만재흘수에 대하여 정의되었지만 임의의 흘수에 대해서도 같은 방법으로 선형계수들을 정의하여 배수량등곡선도에 포함시킨다.

2.5 복원성의 개념

2.5.1 정적복원성

정수(still water) 중에서 수평상태로 떠 있는 선박에 약간의 외력을 가하여 횡경사시킨 후에 외력을 제거할 경우, 초기에 똑바로 서 있던 위치로 되돌아가면 우리는 이 선박이 안정하다(stable) 또는 양의 복원력을 가지고 있다고 말한다. 반면에 불안정한(unstable) 또는 음의 복원력을 가지고 있는 선박은 외력을 제거하여도 점점 더 횡경사가 진행하여 최종적으로 초기의 위치와는 다른 경사각을 갖고 떠 있거나 최악의 경우에 전복할 수도 있다. 때로는 외력을 가하여 일정한 각도만큼 경사시킨 후 외력을 제거해도 경사된 상태를 그대로 유지할 수도 있는데 이런 경우에는 중립안정성(neutral stability)을 가졌다고 말한다. 그림 2.14는 원뿔의 초기 위치에 따른 안정성 또는 복원성의 특성을 보여주고 있다.

정적복원성은 크게 비손상시 복원성(intact stability)과 손상시 복원성(damaged stability)으로 나누어 검토한다. 손상시 복원성은 선박이 충돌, 좌초 등 사고에 의해 외판이 손상되어 침수가 발생한 경우의 복원성을 뜻하며 침수 발생의 범위와 생존 능력에 대한 각종 규정에 따라 검토가 이루어진다. 이를 위해 국제해사기구(International Maritime Organization, IMO)와 각 선급에서는 복원성에 대한 규정을 제정하여 준수할 것을 요구하고 있다.

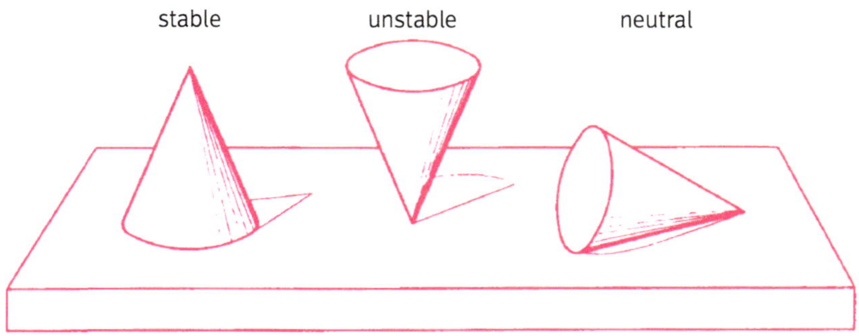

그림 2.14 복원성의 종류

2.5.2 메타센터와 복원모멘트

선박의 횡경사에 대한 정적복원성을 평가하는 지표는 선박의 무게중심(center of gravity) G와 메타센터 M 사이의 거리, 즉 메타센터높이(metacentric height) GM이다. 그림 2.13에 보인 바와 같이 배가 시계방향으로 θ만큼 횡경사하면 물에 잠긴 부분의 형상이 변화하며 그에 따라 물에 잠긴 부분의 중심인 부심은 오른쪽으로 이동할 것이다. 이 때 무게중심으로부터 연직 하방을 향하는 중력과 부심으로부터 연직 상방을 향하는 부력은 짝힘(크기는 같고 방향은 반대인 두 힘)을 이루며 모멘트를 발생시킨다.

이 모멘트의 방향은 무게중심 G와 메타센터 M의 상대적인 위치에 따라 변한다. 만약 G가 M보다 아래쪽에 있는 경우에는 GM의 부호를 양으로 정의하며 이 때 짝힘에 의해 생성되는 모멘트는 배를 원래의 상태로 되돌리려고 하는 복원모멘트(restoring moment)가 된다. G가 M보다 위쪽에 있는 경우는 짝힘에 의해 생성되는 모멘트가 배의 경사를 증가시키는 방향으로 작용하며 이 때 GM의 부호는 음으로 정의한다.

중력과 부력에 의하여 발생하는 복원모멘트(또는 전복모멘트) M_r은 힘(또는 배수량 Δ)과 두 힘 사이의 거리의 곱으로 다음과 같이 주어진다.

$$M_r = \Delta GZ = \Delta GM \sin\theta\,. \tag{2.21}$$

여기서 두 힘 사이의 거리인 GZ를 복원암(righting moment arm)이라고 부른다.

GM의 부호가 양일 때 선박은 정적복원성을 가진다고 하며 IMO는 선박의 안전을 위해 GM의 최소값에 대한 규정을 두고 있다. 그러나 GM의 값이 과도하게 커지면 횡동요의 주기가 짧아지면서 승선감 저하, 화물 고박, 선체구조 손상 등의 문제들을 야기할 수 있으므로 적절한 크기의 GM을 가지도록 설계해야 한다.

메타센터높이 GM은 선박의 안정성 측면에서 매우 중요한 값이므로 초기설계 과정에서 지속적으로 GM값을 추정하는 것이 필요하며 그 계산은 다음의 3단계 과정에 따라 수행된다.

첫째 단계는 점 K로부터 부심 B까지의 연직 높이인 KB를 구하는 것이다. KB는 앞 절에서 설명한 선도 또는 옵셋표로 주어지는 선형 정보로부터 근사적분법을 사용하여 얻을 수 있다.

둘째 단계는 부심 B로부터 메타센터 M까지의 연직 높이이며 메타센터 반경이라고 불리는 BM을 다음 식에 의해 구하는 것이다.

$$BM = \frac{I}{\nabla}. \tag{2.22}$$

여기서 I는 수선면의 선체 중심선에 대한 2차 모멘트이며, ∇는 배수체적(displacement volume)이다.

셋째 단계는 선박의 무게중심 G의 위치를 추정하는 것이다. 무게중심의 위치는 화물의 적재 상태에 따라 달라지므로, 설계 단계에서는 점 K로부터 무게중심 G까지의 연직 높이 KG는 경하상태에서의 KG에 선박 운항 시의 대표적인 화물 적재 상태를 고려하여 추정한다.

위의 3단계를 거쳐서 구한 값으로부터 메타센터높이 GM은 다음 식으로부터 구한다.

$$GM = KB + BM - KG. \tag{2.23}$$

2.5.3 경사시험(Inclining Test)

국제해사기구(IMO)는 길이 24 m 이상의 배에 대해서는 건조 후 경사시험을 수행하여 GM의 크기와 중심 G의 위치, 즉 KG를 확인하도록 규정하고 있으며, 경사시험 수행 절차는 다음과 같다.

선박의 배수량에 비해서 매우 작은 중량 w의 물체를 횡방향으로 거리 d만큼 이동시켜 그에 따라 발생하는 배의 횡경사각 θ를 계측한다. 중량물 이동에 따라 발생하는 횡경사모멘트 M_h는 다음과 같다(그림 2.15).

$$M_h = w d \cos\theta. \tag{2.24}$$

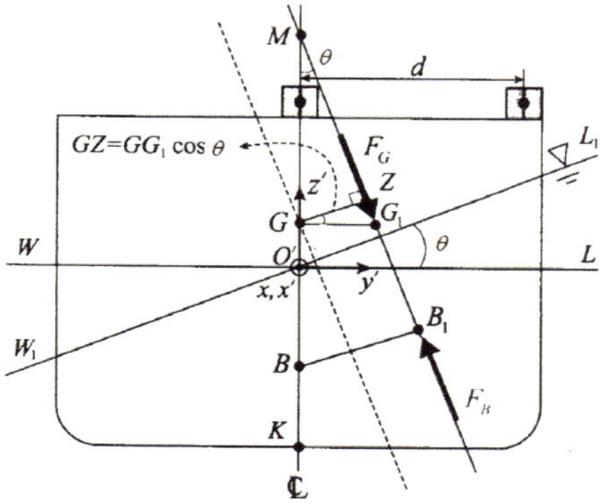

그림 2.15 경사시험

선박이 횡경사하면서 부심이 B에서 B_1으로 이동하게 된다. 부심의 이동에 의한 복원모멘트 M_r은 식 (2.21)로 주어지는데, 이때 Δ는 이동 중량물을 포함한 선박 전체의 배수량이다. 선박이 정적인 평행상태에 있으므로 횡경사모멘트와 복원모멘트는 같아야 하며, 따라서 식 (2.21), (2.24)로부터 GM을 다음과 같이 얻는다.

$$GM = \frac{wd}{\Delta \tan\theta}. \tag{2.25}$$

이 식은 물체의 이동에 의해 중심의 위치가 변하지 않아야 성립하므로, 경사시험에 사용하는 물체의 $w \ll \Delta$일 때만 성립함에 유의한다.

식 (2.23)을 KG에 대해 정리하면 다음을 얻고,

$$KG = KB + BM - GM, \tag{2.26}$$

이 식에 식 (2.25)에서 얻은 GM을 대입하여 KG를 구할 수 있다.

액체가 들어있는 탱크 내에 자유표면이 있는 경우에는 선박의 횡경사에 따라 액체가 경사진 쪽으로 이동하게 되므로 무게중심의 위치가 변하게 되어 결과적으로 GM값이 작아지게 된다. 이와 같은 현상을 자유표면효과(free surface effect)라고 하는데 설계과정에서 정적복원성 계산 시에 반드시 고려해야 한다. 실제 선박에서는 자유표면이 발생할 가능성이 있는 액체 화물창에는 선박의 길이 방향으로 격벽을 추가하여 자유표면효과로 인한 GM의 감소를 최소화하도록 설계한다.

2.5.4 정적복원성 곡선

선박의 횡경사에 따른 복원모멘트의 변화를 알아보기 쉽도록 복원모멘트, 즉 복원암 GZ를 횡경사각의 함수로 나타낸 곡선을 정적복원성 곡선이라고 부른다(그림 2.16).

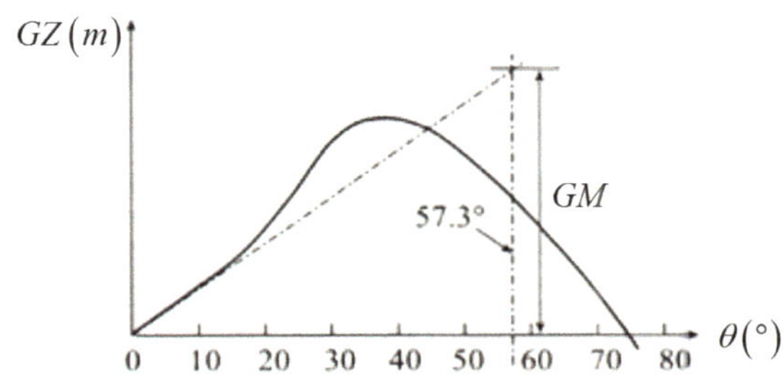

그림 2.16 정적복원성 곡선

복원암의 크기는 경사각이 증가함에 따라 증가하여 국부 최대값에 이르고 경사각이 더욱 증가하면 급격히 감소한다. 복원암의 크기가 영이 될 때의 경사각을 복원모멘트 소멸각이라고 한다. 만약 선박이 복원모멘트 소멸각보다 크게 횡경사하면 선박은 전복하게 될 것이다. IMO는 비손상시 복원성 요구조건(intact stability requirement)을 통하여 선박이 설계 단계에서부터 충분한 복원성 여유를 가지도록 규정하고 있다.

정적복원성 곡선을 이용하면 GM을 구할 수도 있다. 정적복원성 곡선의 $\theta = 0$에서의 접선의 기울기는 다음 식에 보인 바대로 GM과 같으므로,

$$\left. \frac{d(GZ)}{d\theta} \right|_{\theta = 0} = GM\cos 0 = GM, \tag{2.27}$$

따라서 그림 2.16에 보인 바와 같이 정적복원성 곡선의 $\theta = 0$에서의 접선인 직선에 대해 $\theta = 1\ rad = 57.3^\circ$일 때의 값이 GM에 해당한다.

Chapter 3

해양구조물 개요

3.1 서론

해양구조물(offshore structure)은 협의로는 해저에 매장되어 있는 석유(petroleum)[1] 및 가스 생산을 위하여 해상에 설치되는 구조물들을 뜻하며 광의로는 자원개발, 생산, 거주, 레저, 과학탐구 및 군사 등 다양한 목적으로 해양에 설치되는 모든 구조물을 뜻한다. 최근에는 부대설비를 포함하는 종합체적인 개념으로 해양플랜트(offshore plant)라는 용어도 사용되고 있다.

해저 석유 자원 개발을 위한 해양구조물 설치는 19세기 말 미국 캘리포니아 지역 근해, 수심 10 m의 얕은 해안지역에서 채굴한 원유(crude oil)를 파이프라인을 이용하여 육상으로 이송하며 시작되었다. 2차 세계 대전 이후에 석유 사용이 증가하면서 1950년대에 멕시코만에 세계 최초의 석유 생산 설비인 재킷형 플랫폼(jacket-type platform)이 설치되었다. 석유 소비량의 지속적인 증가에 따라 석유시추 해역이 심해(deep sea) 지역으로 확장되었고, 고정식, 유연식, 부유식 및 하이브리드식 등 다양한 형태의 시추, 생산 시설이 개발되어 왔다. 이 장에서는 선박해양공학 분야와 관련성이 높은 석유 및 천연가스 시추, 생산, 저장 및 하역 등 원유/가스 생산을 위한 해양구조물의 특성에 대하여 알아본다.

3.2 원유/가스 생산용 해양구조물

원유/가스 시추 및 생산을 위한 해양구조물은 구조물의 지지방식에 따라 표 3.1에 보인 바와 같이 고정식(fixed type), 유연식(compliant type) 및 부유식(floating type)으로 구분된다. 그림 3.1에는 각 방식에 속하는 해양구조물의 형태를 보였다. 수심 최대 400 m까지는 고정식 구조물이 사용될 수 있지만 그 이상의 수심에서는 경제적 및 구조적 제약으로 인하여 유연식 또는 부유식 구조물을 사용해야 한다.

1) 석유(petroleum)는 원유(crude oil)와 그로부터 얻어진 제품(petroleum products)을 총괄하는 명칭이다. 여기서 원유는 자연 상태로 채취된 혼합물을 뜻하고, 협의의 석유는 원유로부터 가스, 물, 모래 등을 제거한 유체를 뜻하며, 보통 기름(oil)이라고 부르기도 한다.

표 3.1 지지방식에 따른 해양구조물의 분류

지지방식에 따른 분류	대표적인 해양구조물
고정식 (Fixed Type)	재킷형 플랫폼(jacket-type platform)
	중력식 플랫폼(gravity platform)
	잭업리그(jack-up rig)
유연식 (Compliant Type)	인장각 플랫폼(Tension Leg Platform, TLP)
	스파(spar platform)
	유연식 타워(Compliant Piled Tower, CPT)
부유식 (Floating Type)	반잠수식 플랫폼(semi-submersible platform)
	드릴쉽(drillship)
	FSO(Floating Storage and Offloading vessel)
	FPS(Floating Production System)
	FPSO(Floating Production, Storage and Offloading vessel)
	FSRU(Floating Storage and Regasfication Unit)
	LNG FPSO

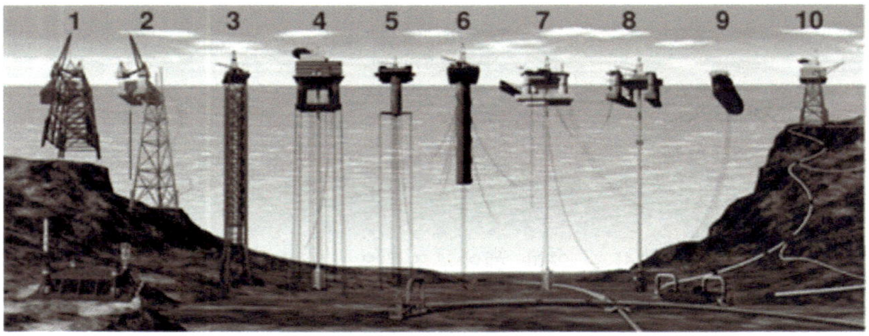

1,2) 고정식 플랫폼; 3) 유연식 타워; 4,5) TLP; 6) 스파;
7,8) 반잠수식; 9) FPSO; 10) 해저설비와 주설비의 연결

그림 3.1 대표적인 해양구조물 [wikipedia]

이하에서는 해양구조물들을 지지방식에 따라 분류하기보다는 설치 목적 또는 기능에 따라 분류하고 각 해양구조물의 구조 및 성능 특성에 대하여 간략하게 소개한다.

3.2.1 원유/가스 시추 해양구조물(drilling offshore structures)

지진파 탐사(seismic survey)에 기초한 지질학적 예측 결과 해양의 특정 지점에 원유가 매장되어 있을 가능성이 크다고 판단되면 탐사를 위한 시추가 시작된다. 이러한 시추 작업은 반잠수식 플랫폼(semi-submersible platform)[2], 드릴쉽(drillship) 또는 잭업 리그(jack-up rig)를 이용하여 수행된다. 그림 3.2에는 반잠수식과 드릴쉽을 비교하여 보였다.

(1) 반잠수식 플랫폼(semi-submersible platform)

반잠수식 플랫폼의 전체적인 형상은 2~3층의 상자형 구조이며 시추 작업의 대부분이 수행되는 상부갑판(upper deck), 부력의 대부분을 담당하는 하부선체(lower hull) 및 상부갑판과 하부선체를 연결하는 4~6개의 기둥(column)으로 구성되어 있다. 상부갑판의 중앙부에는 시추 작업을 위한 문풀(moon pool)이 설치된다. 반잠수식 플랫폼의 하부선체는 그 형상에 따라 선체와 유사한 형식과 발판(footing) 형식으로 구분할 수 있다(그림 3.3).

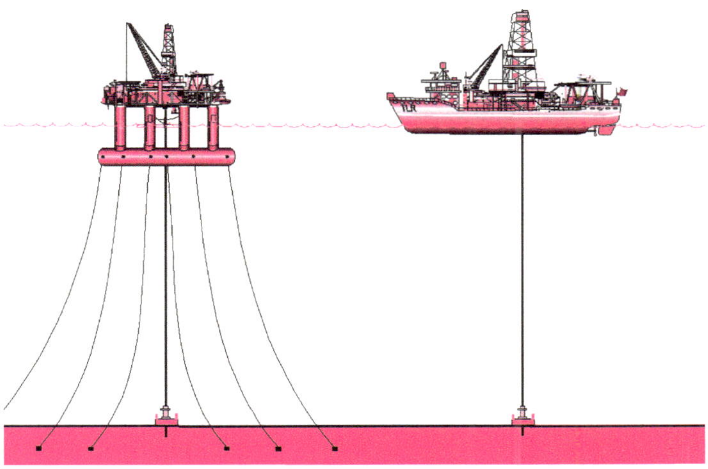

그림 3.2 반잠수식과 드릴쉽의 비교 [wikipedia]

2) 플랫폼(platform)은 수평한 작업 공간을 뜻하며, 해양구조물을 지칭할 때 플랫폼은 생략하는 경우가 많으므로, 여기서도 편의에 따라 플랫폼을 생략하고 쓰기로 한다.

그림 3.3 반잠수식 플랫폼 [현대중공업]

파도 중에서 시추 작업을 수행할 때는 반잠수식 플랫폼의 시추관 최상부의 수평방향 변위가 시추정의 중심으로부터 어느 방향으로도 작업 수심의 5% 이내이어야 한다. 이러한 조건은 시추선의 계류장치(mooring system) 선정 시에 고려하여야 할 중요한 사항이다. 반잠수식은 보통 8~12개의 현수선(catenary) 계류장치나 또는 이것에 스러스터(thruster)를 연동하는 방식을 사용한다. 동적위치제어장치(Dynamic Positioning System, DPS)는 200 m 이상의 수심인 경우 반잠수식에 이용되기도 한다.

반잠수식은 수면 아래의 용적은 크고 수선면적은 작아서 상하동요의 고유주기가 대부분 파도의 주기보다 긴 20 초 이상으로 설계되므로 드릴쉽에 비하여 파랑 중 운동성능이 매우 우수하다. 특히, 동일한 해양조건 하에서 비교적 작은 수직운동을 하기 때문에 부유식 시추선 중에서 가장 작업성능이 좋다. 또한 드릴쉽에 비하여 갑판면적이 넓어서 기자재의 효율적인 배치와 작업성능이 우수하다. 그러나 수선면적이 작으므로 배수량 변화에 따른 흘수 변화가 크고 복원성능 면에서 주의를 요한다.

(2) 드릴쉽(drillship)

드릴쉽은 배와 같은 선체에 시추용 장비 및 시설을 탑재한 해양구조물로서 고정식 및 반잠수식 플랫폼과는 달리 자체 추진장치를 갖추고 있어서 이동성을 가진다는 장점이 있다. 대부분의 드릴쉽은 수에즈 운하나 파나마 운하를 통과할 수 있는 폭을 가지고

그림 3.4 드릴쉽 [현대중공업]

있어 전 세계적인 시추선 수요에 효율적으로 대처할 수 있다. 구조적으로는 배와 같은 형태이므로 복원성과 구조안정성이 검증되어 있고 갑판면적과 배수량이 커서 화물적재량의 변동을 쉽게 수용할 수 있다. 갑판 상에 작업 및 장비 설치 공간을 최대로 확보하기 위하여 선수, 선미부의 갑판면적을 확대한 것이 일반 선박과는 다른 점이다(그림 3.4).

드릴쉽은 이상과 같은 장점을 살려서 비교적 평온한 해역에서 사용되고 있으며, 특히 브라질 근해, 인도네시아나 호주 근해와 같은 심해(1000~3000 m) 시추에는 드릴쉽이 주로 사용되고 있다. 그러나 파도가 심할 때는 선박의 동요가 크기 때문에 가동률이 낮아지는 단점이 있어 빌지킬이나 ART(Anti-Rolling Tank) 등을 설치하여 동요를 가능한 한 작게 해야 한다.

선체의 위치유지를 위한 다점계류 방식은 선수미로부터 8~12개의 계류라인을 잡아당기는 방식으로 수심이 비교적 얕은 곳에서 사용된다. 터렛계류(turret mooring) 방식은 선체 중앙부에 설치된 터렛계류장치에서 8~12개의 앵커케이블을 잡아당겨 위치를 유지하는 방법이다(그림 3.5). 선체는 터렛 주위를 자유롭게 회전할 수 있어 바람 및 파도의 방향과 선수미 방향을 일치시킴으로써 선체의 운동과 계류라인에 걸리는 장력을 감소시킨다. 배의 선수를 돌리는 역할은 선수미의 스러스터가 담당하며 회전 중심이 시추탑의

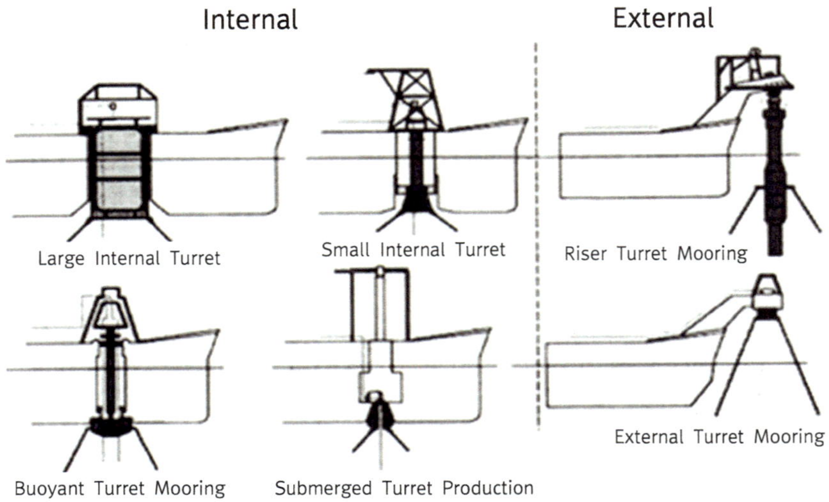

그림 3.5 터렛계류장치

중앙에 위치하여 선체의 회전이 시추 작업에 지장을 주지 않도록 한다. 인공위성의 위치 정보를 이용하는 DPS는 바람, 파도, 조류 등의 외력의 변화에 대해 여러 개의 스러스터를 연계시켜 자동 제어함으로써 선체를 해저면 유정갱구의 바로 위쪽에 오도록 한다.

반잠수식이나 드릴쉽 같은 부유식 구조물의 작업 성능을 향상시키기 위해서 시추관 위치에 상하동요 상쇄기(heave compensator)를 설치하여 구조물의 동요로부터 시추관에 전달되는 수직운동을 상쇄시킨다. 이 상쇄기는 기본적으로 시추탑과 시추관을 연결하는 부드러운 용수철이라고 볼 수 있는데, 구조물에 큰 수직운동이 발생할 때 스프링의 완충작용에 의하여 시추관과 시추 비트에는 대폭 감소된 수직운동이 발생하고 결과적으로 시추관에 작용하는 인장력의 크기도 대폭 감소한다. 또한 해중의 라이저(riser)는 라이저 인장기(tensioner)를 사용하여 항상 일정한 크기의 인장력이 작용하도록 한다.

(3) 잭업리그(jack-up rig)

잭업리그는 수심 200 m 내외의 천수 해역에서 사용되며 이동이 가능한 소규모 시추설비로서 시추용이나 초기 생산용으로 많이 사용되고 있다. 잭업리그는 상자형의 부유식 선체(hull)와 3~4개의 다리(leg 또는 spud), 시추 장비 및 거주시설 등으로 구성되어 있다(그림 3.6).

그림 3.6 잭업리그

잭업리그는 해저면에 고정된 3~4개의 수직 다리로 지지되며, 그 다리를 따라서 선체가 자체적으로 상하이동을 하여 수표면에서 위쪽으로 충분한 거리 떨어진 위치에 고정된다. 재킷형이나 중력식과 달리 잭업리그는 한 지역에서 시추 작업이 종료되면 바아지(barge)에 인양되어 새로운 작업 장소로 이동되므로 상당히 긴 시간을 부유 상태로 있게 되며, 새로운 작업 위치에 도착 후 설치 과정을 그림 3.7에 보였다.

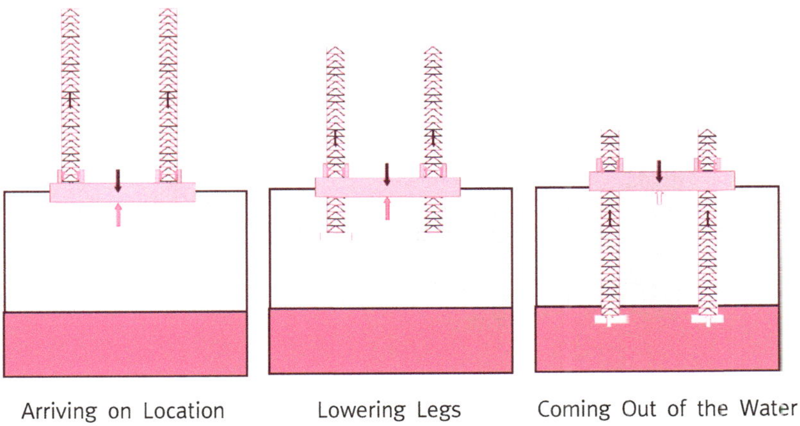

그림 3.7 잭업리그 설치 과정

3.2.2 원유/가스 생산 및 저장용 해양구조물

원유는 라이저에 의해 해저에 있는 유정으로부터 생산 플랫폼으로 이송되어 기름(oil)과 가스, 물 및 모래로 분리되며, 정제 과정을 거친 물과 모래는 바다로 다시 배출된다. 가스는 플랫폼 내의 에너지원으로 사용될 수도 있고, 또는 소각되거나 해저파이프를 통해 육지로 보내진다. 기름은 해저파이프로 육지로 이송되거나 플랫폼 내 또는 근처에 있는 저장설비에 저장된다.

(1) 재킷형(jacket-type) 플랫폼

재킷형 플랫폼은 대표적인 고정식 해양구조물로서 그림 3.8에서 보듯이 수면 하부에 몇 개의 원통형 철제 기둥(leg)과 보강재(brace)가 일체로 구성된 철제 구조물이 파일(pile)에 의해 해저면에 고정되어 파도, 조류 등에 의하여 발생하는 하중과 자체 중량을 지지하는 방식의 구조물이다. 재킷형 플랫폼 상부에는 여러 층의 상자형 갑판 구조물이 설치되는데 여기에 가스 또는 원유를 생산하는데 필요한 펌프, 발전기 등 각종 기계장비, 기자재 및 거주구가 배치된다.

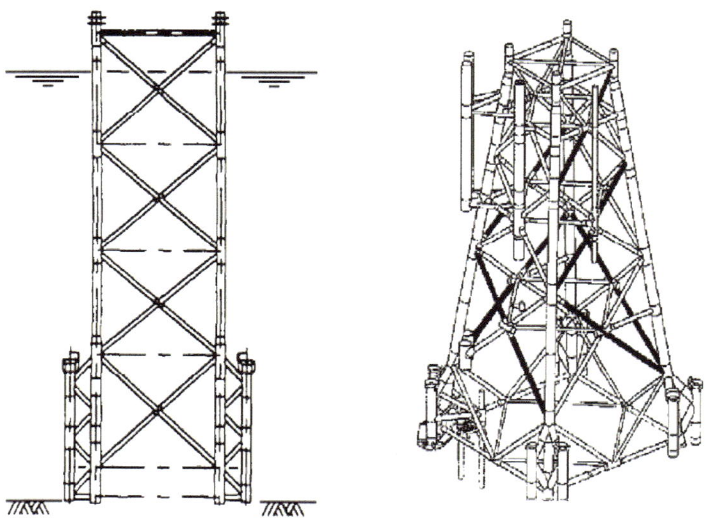

그림 3.8 재킷형 플랫폼

재킷형은 1950년대 이후 미국 멕시코만에 해저유전이 개발되면서 본격적으로 사용되기 시작하였다. 주로 수심 100~150 m의 해역에 많이 설치되었으며 해저 석유개발이 점차 깊은 바다로 이동함에 따라 재킷형의 규모도 점점 커져서 수심 400 m의 깊은 해역까지 설치되었다. 그러나 재킷형의 구조상 수심이 깊어짐에 따라 건조비가 급격히 증가하기 때문에 수심 400 m가 재킷형의 경제성 면에서의 한계로 여겨지고 있다. 현재까지 세계 최대 재킷형 플랫폼은 1988년에 멕시코만의 수심 411 m 지점인 Bullwinkle 유전에 설치된 것으로 총 길이가 492 m, 자중이 45,000 톤에 달한다(그림 3.9).

조선소에서 제작된 재킷형 플랫폼은 대체로 바아지에 실려서 해상의 설치 장소로 이송되며, 설치 과정은 운송 바아지로부터 재킷을 진수하면서 시작된다(그림 3.10).

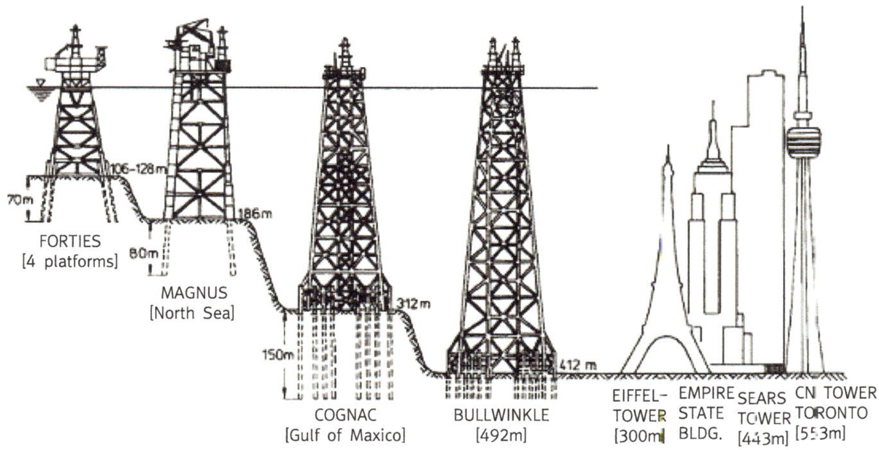

그림 3.9 재킷형 플랫폼 설치 해역의 수심 비교

그림 3.10 바아지로부터 재킷의 진수과정

진수 후 부력에 의해 수면에 떠 있는 재킷은 구조물 내부에 바닷물을 채워 수직으로 세운 후 수면 아래로 잠수되고, 해저면에 설치될 때는 사전에 천공된 템플레이트(template)를 이용하며, 일반적으로 이 작업은 기중기선의 도움을 받아 진행된다. 재킷은 최종적으로 파일 슬리브를 통해서 하부로 내려가서 해저에 타설되는 긴 파일들에 의하여 해저에 고정된다. 기중기선은 재킷형 플랫폼의 상부 모듈을 설치하는데도 필수적인 장비이다.

(2) CPT(Compliant Piled Tower)

CPT는 상부 플랫폼을 지지하는 구조물을 상대적으로 작은 지반면적을 갖는 트러스형 철탑(tower) 구조물로 대체하고 파도에 의한 횡방향 하중을 방사형으로 배치된 케이블이 감당하도록 함으로서 구조물의 중량을 대폭 감축한 해양구조물이다(그림 3.11). CPT는 플랫폼에 작용하는 동적 외력에 대하여 어느 정도의 동요는 허용하도록 설계된다.

최초의 CPT는 1983년 멕시코만의 Lena 유전 지역에 설치된 해양구조물로 한 변이 47 m인 정사각형 상부구조가 높이 400 m의 트러스형 철탑에 의해 지지되었다. 철탑 주위 수면에 설치된 12개의 부력탱크는 구조물의 좌우동요 시 철탑을 수직으로 유지시키는 역할을 한다. 또한 철탑은 방사 방향으로 배치된 20개의 케이블로 고정되어 있고 각 케이블에는 약 200 톤 무게의 추가 달려 있어서 동요에 대한 완충 작용을 하며 케이블의 파단을 막는 역할을 한다.

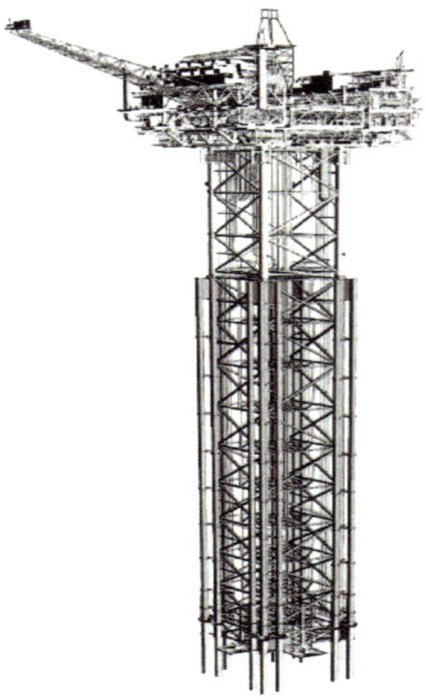

그림 3.11 CPT

(3) 중력식 플랫폼(gravity platform)

중력식은 주로 매우 거친 해상 조건을 가진 북해(North Sea)의 중북부 지역에서의 시추작업에 이용된다. 중력식은 상부에 위치한 시추설비, 거주구 등을 지지하는 직경이 매우 큰 타워와 타워 하부에 위치하면서 매우 크고 넓은 면적을 가진 하부구조물로 이루어져 있는데, 하부구조물은 저장시설을 포함한다. 그림 3.12에 여러 가지 형태의 중력식 플랫폼을 보였다. 하부구조물은 해저 바닥과 접촉하는 매우 큰 하부면적을 가지며 구조물 자체의 무게가 충분히 크므로 파일을 이용하여 해저에 고정시킬 필요가 없다. 따라서 구조물이 놓일 해저면은 평탄하여야 한다.

중력식 플랫폼은 크게 타워형(tower-type)과 매니폴드형(manifold-type)으로 나뉜다. 타워형은 노르웨이의 Condeep사에서 처음 개발하여 Condeep 플랫폼으로드 불리며 기초부가 원유 저장탱크로 사용되는 케이슨(caisson)으로 되어 있고 케이슨에 연결된 타워는 1~4개의 기둥으로 구성되며 상부의 갑판을 지지한다. 매니폴드형은 프랑스의 Doris` 사에서 처음 개발하여 Doris 플랫폼으로도 불리며, 원통형 셀(cell)이 동심원 형태로 배치되어 있다.

타워와 하부구조물은 육지에서 따로 제작된 후, 충분히 깊은 수심의 해역으로 예인되어(대부분의 경우 기둥 높이가 150 m를 넘기 때문) 해상 조건이 좋은 날, 해상에서 상부구조물과 결합된다. 결합 작업이 완료된 전체 구조물은 4~6 척의 예인선에 의해 구조물이 설치될 해역으로 예인된다.

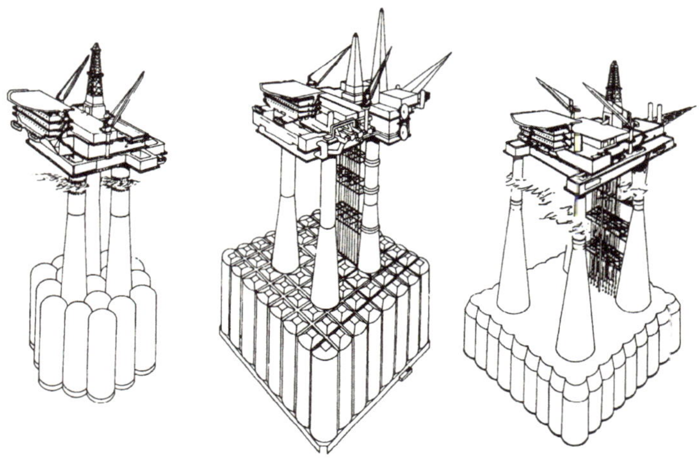

그림 3.12 여러 가지 형태의 중력식 플랫폼

작업 해역에서 플랫폼은 해수에 의해 밸러스트 탱크에 물이 채워지면서 하강하여 해저면에 설치된다. 중력식 플랫폼 설치는 그 기초와 해저 지반의 거동을 사전에 검토하여 안정성을 확보해야 한다.

(4) 부유식 원유 생산 시설(Floating Production Units, FPU)

FPU는 주로 규모가 작은 유전에 사용되고 있으나, 수심이 매우 깊은 해역에 위치한 큰 유전의 경우에도 경제적인 면에서 경쟁력이 있다. 원유 생산 설비와 거주구가 해저에 반영구적으로 계류된 부유식 구조물에 설치된다. FPU는 생산된 원유를 저장할 공간은 가지고 있지 않으며 생산된 원유는 바로 FSO(Floating Storage and Offloading vessel, FSO)로 이송된다. 그림 3.13에 FPU와 FSO의 연계를 보였다.

원유 저장 기능이 없는 부유식 원유 생산 플랫폼은 크게 반잠수식(semi-submersible) 플랫폼과 인장각 플랫폼(tension leg platform, TLP)으로 구분된다. 반잠수식 플랫폼은 앞서 언급된 바와 같이 시추용으로도 사용되며, 매우 좋은 운동 성능을 가지고 있기 때문에 주된 파도의 방향이 바뀌어도 플랫폼의 설치 방향을 바꿀 필요가 없다. 그리고 체인 또는 체인과 와이어 혼합 형태의 계류라인 8~12개를 이용한 현수선 계류장치에 의해 계류된다.

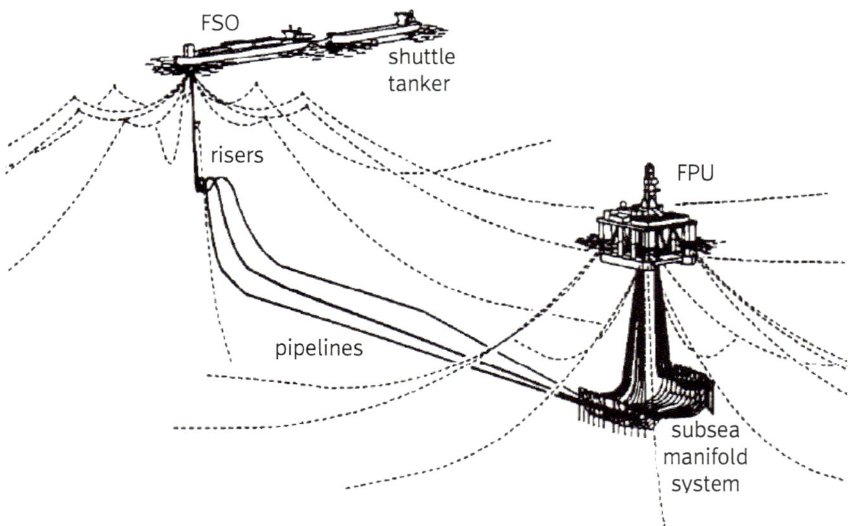

그림 3.13 FPU와 FSO의 연계

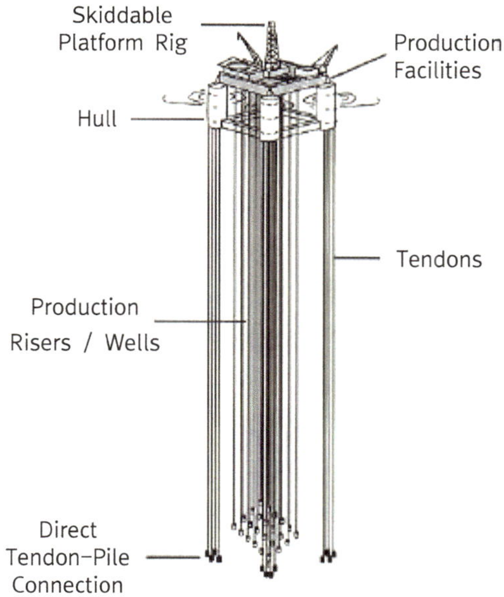

그림 3.14 TLP

TLP는 그림 3.14에 보인 바와 같이 수표면을 관통하는 네 개의 수직 구조물인 기둥(column)과, 이들 기둥을 하부에서 지지하는 잠수 부유구조물, 그리고 기둥에 의해서 지지된 사각형의 상부 구조물인 상부갑판으로 구성된다. 네 개의 잠수 부유구조물의 모서리 부분에는 20 개 정도의 텐돈(tendon)이라고 불리는 인장력이 미리 걸려있는 고장력 파이프가 연결되어 있으며, 또 텐돈은 해저면에 파일로 고정되어 있는 앵커 템플레이트 박스(anchor template box)에 연결되어 있다.

텐돈은 시추용 혹은 생산용 라이저의 통로로도 이용되는데 수면 위에 떠 있는 구조물을 정적인 평형위치보다 약간 큰 흘수를 가지도록 한 뒤 연결하면 텐돈에는 잉여 부력에 의한 인장력이 작용하여 구조물의 수평운동에 대해 원래의 위치로 되돌리려는 복원력이 발생한다. 또한 파도에 의한 수직운동은 대부분 억제되고 수평방향 운동의 고유주기가 길어져 파도에 대한 운동성능이 좋아진다. 하지만 하중의 변화에 따라 텐돈이 받는 인장력도 크게 변화하기 때문에 적재하중의 변화에 민감하므로 TLP는 원유저장 시설로는 부적합하다.

(5) 스파(spar platform)

전형적인 스파는 강재 또는 콘크리트로 제작된 수직방향으로 긴 원통형 선체(hull)와 상부 구조물, 라이저 및 계류장치로 구성된다(그림 3.15). 최초의 스파는 1976년 북해의 Brent 유전에 처음 사용되었는데 초기에는 주로 저장용으로 사용되었으나 점차 시추 및 생산용 플랫폼으로 사용이 확대되었다.

스파는 다른 부유식 해양구조물에 비해 상대적으로 흘수가 크기 때문에 파도 중 상하동요 응답의 크기가 매우 작다. 이와 같은 운동 특성에 의해 시추관 라이저에 걸리는 장력의 변화가 작으며 결과적으로 별도의 라이저 인장기를 사용하지 않고도 시추작업을 할 수 있다. 원통형 선체의 외부에는 나선형 핀(spiral strake)을 설치하여 와류에 의한 구조물의 동적 거동과 그에 따른 하중을 저감시킨다. 심해에서의 계류장치로는 현수선 계류방식이 사용되고 있으며 작업 수심은 주로 500~3000 m이다.

스파의 크기는 유정의 개수, 간격 및 유정의 생산규모에 따라 결정되는데, 멕시코만에 설치된 전형적인 강재 스파의 경우에 본체의 직경이 40 m, 원통형 구조의 길이가 200 m, 구조물 중량이 20,000 톤에 이르며 작업 시 흘수는 전체 길이의 약 90% 정도이다.

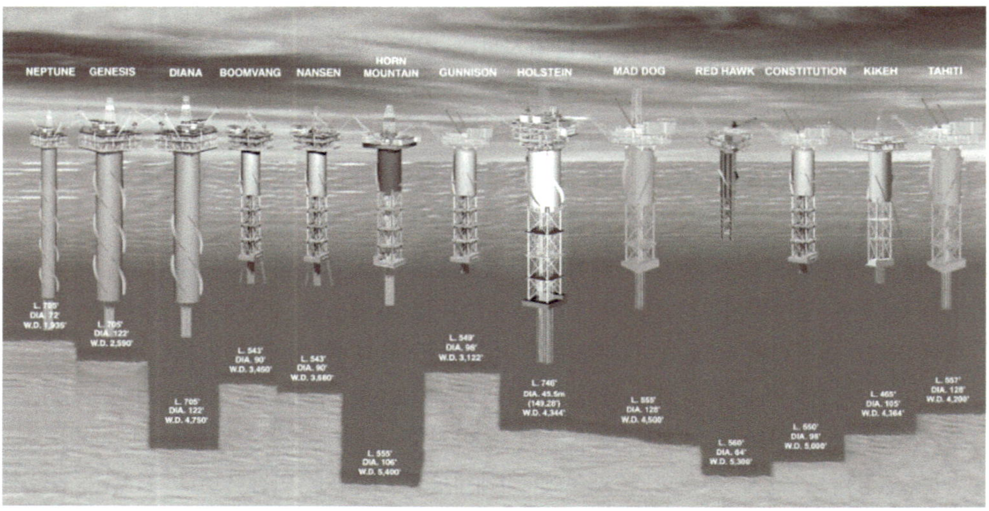

그림 3.15 스파의 다양한 형태 [www.technip.com]

(6) 부유식 원유 저장 및 하역 선박(Floating Storage and Offloading vessel, FSO)

해상에 영구적으로 계류되어 있는 FSO는 생산된 원유를 저장하는 시설이며, 원유는 정기적으로 셔틀탱커(shuttle tanker)로 옮겨져 육지로 수송된다. 하역 시, 셔틀탱커는 FSO에 탠덤(tandem) 또는 병렬(parallel)로 계류된다. 때로는 저장되어 있는 원유는 셔틀탱커가 계류되어 있는 일점계류장치(Single Point Mooring system, SPM)로 이송되기도 한다. 스파부이(spar buoy) 계류장치는 SPM의 대표적인 예이며 이를 그림 3.16에 보였다.

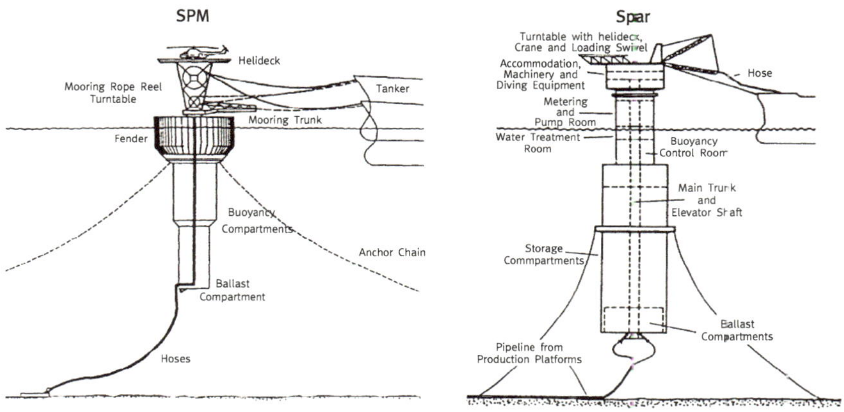

그림 3.16 SPM 및 스파부이 계류장치 [Wichers(1992)]

FSO의 가동에 있어서 가장 중요한 사항은 계류장치와 원유를 저장 시설로 이송하는 파이프라인이 안전한 작업 상태를 유지하는 것과, FSO로부터 셔틀탱커로 원유를 하역할 때의 작업한계이다. 이 두 가지 설계 요구조건은 바람, 해류 및 파랑에 의한 운동과 FSO와 셔틀탱커의 계류력을 결정하는 주요 변수이다.

(7) 부유식 원유 생산, 저장 및 하역 선박(Floating Production, Storage and Offloading vessel, FPSO)

FPSO는 유정에서 원유를 채굴하여 물과 가스 등 불순물을 분리 처리한 후에 생산된 원유를 저장하고 이를 셔틀탱크 등 수송선에 하역하는 설비를 모두 갖춘 선박을 뜻한다. 과거에는 중고 VLCC를 목적에 맞게 개조하여 사용해 왔으나, 근래에는 처음부터 FPSO의 목적에 맞는 선박을 건조하는 추세이다(그림 3.17).

그림 3.17 FPSO [현대중공업]

FPSO는 배의 형태를 가지는 해양구조물이므로 드릴쉽과 동일한 장단점을 가지고 있어 거친 해상에서의 운동성능이 좋지 않다. 따라서 FPSO는 바람과 파도의 주된 방향에 따라 기후동조(weathervane)가 가능한 SPM을 갖추어 동적거동을 감소시킴으로써 작업성능을 높게 유지한다. 기후동조 시 FPSO는 SPM을 중심으로 자유롭게 선회한 뒤, DPS와 터렛계류장치에 의해 바람 또는 파도의 주된 방향과 선수미 방향이 평행 상태를 유지하도록 한다.

FPSO에 설치되는 SPM은 FPSO로의 원유의 출입이 원활하게 이루어질 수 있도록 하는 유체 스위블(fluid swivel)을 동시에 갖추어야 하므로 복잡하고 높은 기술력이 요구되는 시설이다. 비교적 잔잔한 해역에서는 복잡한 SPM 대신에 선박의 선수각을 일정하게 유지하며, 유체 스위블이 요구되지 않는 분산계류장치가 선호된다.

최근에는 FPSO와 같이 복합적인 기능을 가진 해양구조물 중에서 생산, 저장 및 운송과 관련한 일부 기능을 없앤 여러 구조물들이 등장하고 있으며, 앞서 언급한 FPU나 FSO 같은 구조물이 이에 속한다.

그 외에도 FSU(Floating Storage Unit)는 처리된 원유의 저장 목적으로만 사용되는 구조물로 저장된 원유를 파이프라인을 통하여 육상으로 이송한다. 같은 목적으로 유조선이 사용되기도 한다. FSRU(Floating Storage and Regasification Unit)는 LNG선과 육상 LNG 저장기지의 기능을 합친 구조물로 해저 가스전에서 생산된 천연가스를 액화시켜 저장하고 있다가 필요시 재기화시켜 바로 이용할 수 있는 상태로 소비자에게 직접 공급하는 기능을 가지고 있어 육상 LNG 저장 기지를 따로 짓지 않아도 된다.

3.2.3 해양 작업선(offshore operation vessels)

해양에서 수행되는 여러 가지 작업을 위해 다양한 종류의 작업선이 사용된다.

(1) 파이프 부설선(pipe laying vessel)

파이프 부설선을 이용하여 해저에 파이프라인을 부설할 때 파이프에 작용하는 응력은 허용하중보다 작아야 하는데, 이를 위해 파이프라인에 상당한 크기의 축 방향 인장력을 가해야 하며, 만약 인장력이 충분치 않으면 선박으로부터 해저 접촉점까지 연결되어 있는 파이프의 자중에 의한 압축 하중에 의해 파이프는 좌굴, 파괴될 수 있다. 이와 같은 인장력은 파이프 부설선의 앵커 라인에 의하여 지지되며, 선박으로부터 파이프라인이 배출되는 지점에 설치된 파이프라인 인장기에 의해 파이프에 전달된다. 파이프라인 인장기는 파이프 표면의 도장을 손상시키지 않을 정도의 힘으로 파이프를 잡고 있으면서 후방으로 파이프를 배출함과 동시에 선박이 전진할 때 앵커 윈치에 의해 파이프에 인장력을 발생시킨다. 인장기의 전방에서는 추가되는 파이프라인이 기존 라인에 지속적으로 용접되고, 인장기의 후방에는 스팅어(stinger)라고 불리는 장비가 있어 파이프라인 하중의 일부를 지지한다(그림 3.18).

파이프 부설선은 반잠수식 또는 선박의 형태를 가진다. 반잠수식은 파도 중의 운동성능이 좋으므로 부설 작업에 유리한 반면, 선박 형태는 적재 능력이 크고, 선속이 빨라 작업장으로 이동 시 유리하다.

파이프 부설선은 대체로 파이프 부설 작업이 진행됨에 따라서 지속적으로 재배치되는 계선장치에 의해 위치를 제어한다. 최근에는 계선장치 대신 DPS를 사용하여 파이프에 인장력을 발생시키는 방식이 개발되었으며, DPS을 사용하는 경우에는 저속에서 충분한 정확도의 위치 추적 능력이 추가로 요구된다. 해저에 부설된 파이프는 손상 방지를 위해 해저에 묻거나 자갈로 덮는 것이 상례이다.

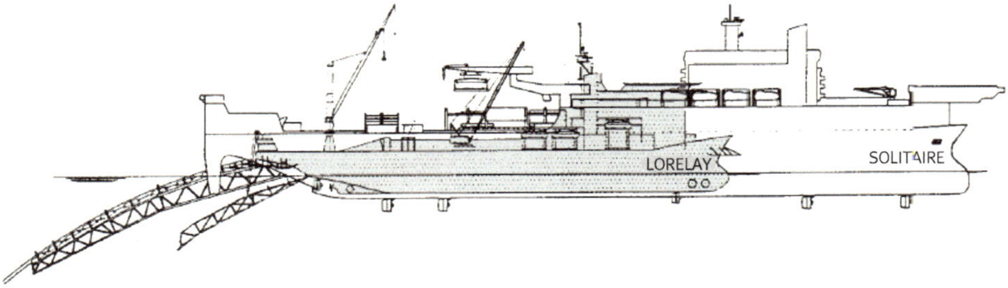

그림 3.18 파이프 부설선 'Lorelay'(1986) 와 'Solitaire'(1998)[Wichers(1992)]

(2) 지진파 탐사선(seismic survey vessel)

어떤 해역의 석유 부존 여부를 확인하기 위한 작업은 해저 지형에 대한 지진파(seismic wave) 및 지질학적 탐사로부터 시작된다. 그림 3.19는 세 가지 형태의 지진파 탐사장치를 보여주며, 최근에는 정확도가 향상된 3차원 지진파 탐사 장비를 이용함으로써 유전 발견 확률도 상당히 개선되었다.

(3) 유정 보수선(well maintenance vessel)

원유 또는 가스 유전에서 생산이 진행되는 동안, 유정에 대한 보수는 매우 중요하며, 소위 '유정 보수팀'이 정기적으로 해저면에 위치한 웰헤드(wellhead)로 잠수하여 필요한 작업을 수행한다. 과거에는 보수 작업에 필요한 설비들을 갖추고 있는 원유 시추선을 사용하였으나, 최근에는 소형의 유정 보수선을 사용하는 추세이며, 반잠수식 선형과 DPS를 가진 소형선이 효율적이고 경제적인 것으로 알려져 있다.

(4) 크레인선(crane vessel)

고정식 해양구조물을 설치하는 경우, 소위 '모듈(module)'이라고 불리는 다수의 단위 구조물들을 크레인을 이용하여 운송바아지로부터 플랫폼으로 옮겨야 한다(그림 3.20). 전체적인 건설 기간과 그 비용 면에서 각 모듈의 크기를 키워 모듈의 수를 적게 하는 것이 경제적이며, 이에 따라 크레인선의 크레인처리 능력은 지속적으로 증가하고 있다.

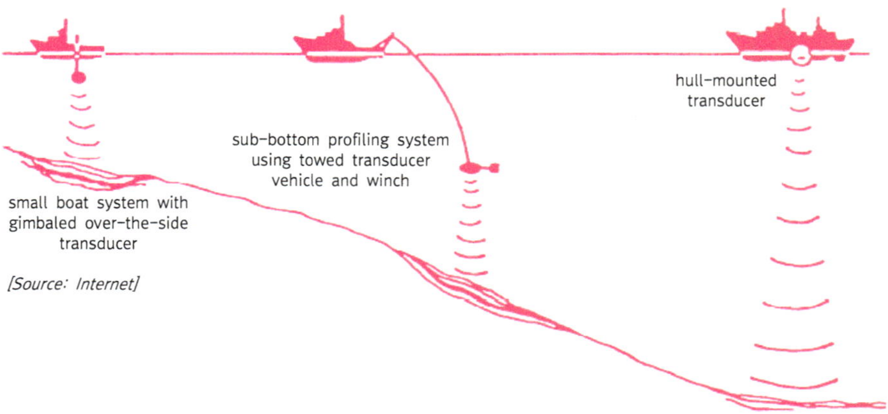

[Source: Internet]

그림 3.19 지진파 탐사선 및 탐사장치

그림 3.20 반잠수식 대형 크레인선(SSCV)

60년대까지만 해도 해상 작업에 사용되는 크레인선은 선수에 회전식 크레인을 가진 개조된 유조선이거나 고정 갠트리(gantry) 형태의 크레인을 가진 전통적인 바아지였다. 70년대 중반 이후에는 반잠수식 크레인선(Semi-Submersible Crane Vessel)을 포함하는 새로운 크레인선들이 등장하였다. 근자에는 두 개의 크레인을 동시에 사용하여 만 톤이 넘는 구조물을 들어 올릴 수 있는 크레인선도 해상에서의 설치 작업을 위하여 사용되고 있다. 반잠수식 선형의 뛰어난 운동성능으로 인하여 크레인선의 작업 성능도 비약적으로 향상 되었다.

크레인 운용에 있어서 가장 중요한 사항은 구조물을 들어 올릴 때 크레인선과 운송 바아지 즉, 두개의 독립된 선박의 상대적 수직운동 속도 때문에 발생할 수 있는 충격하중 문제이지만 이외에도 모듈을 플랫폼에 정확하게 위치시키기 위해서는 크레인선의 수평 방향 운동도 매우 중요하다.

DPS가 사용될 경우에는 스러스터-선체, 스러스터-스러스터 및 스러스터-해류 상호작용과 파도, 바람 및 해류에 의한 표류력의 정확한 사전 추정이 요구된다.

3.2.4 운송선(transportation vessel)

화물과 중량물의 운송을 위해 다양한 형태의 선박들이 이용되고 있다.

(1) 셔틀탱커(shuttle tanker)

원유는 저장시설로부터 육지까지 파이프라인 또는 셔틀탱커를 사용하여 수송된다. 셔틀탱커를 저장시설에 계류하기 위해서는 SPM, 탠덤 계류, 병렬(parallel) 계류 또는 DPS 등이 이용된다. 셔틀탱커의 선원들은 FPSO 등 저장설비에 탠덤 계류하는 것을 선호하지 않는데 이는 두 선박이 함께 기후동조를 하면 셔틀탱커는 FPSO에서 배출되는 엔진 배기가스를 뒤집어쓰기 때문이다(그림 3.21).

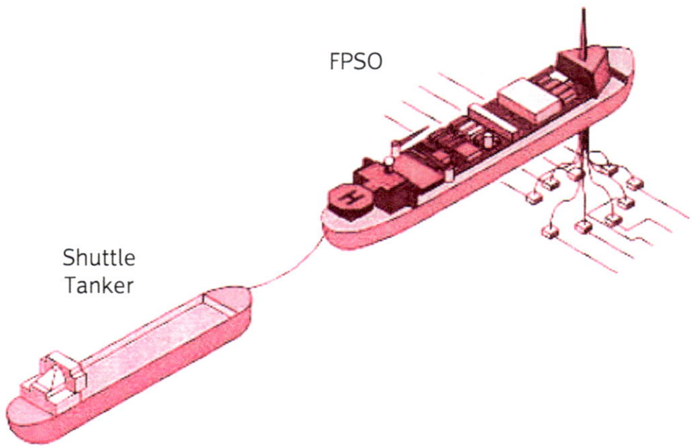

그림 3.21 FPSO에 탠덤 계류된 셔틀탱커

(2) 중량물 운송선(heavy lift transportation vessel)

중량물 운송선은 부피나 무게가 매우 큰 화물이나 구조물 등을 운송하는데 사용하는 대형 선박으로 예인선에 의해 예인되거나 자체 추진력을 가지고 자항한다(그림 3.22). 화물은 육지에서 운송선에 실리기도 하고 또는 밸러스팅(ballasting)을 운용하여 운송선의 갑판을 잠수시킨 후 해상에서 실리기도 한다. 이러한 운송선을 사용하면 반잠수식 시추선이나 잭업리그 같은 대형 해양구조물들을 먼 거리에 떨어져 있는 작업 해역까지 비교적 빠르게 운송할 수 있다. 다른 운송 수단으로는 원양 예인선을 들 수 있으나, 운송 시간이 훨씬 많이 소요된다.

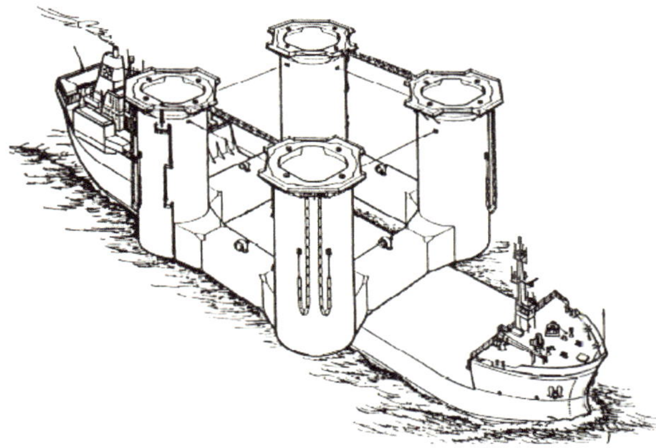

그림 3.22 중량물 운반선

(3) 진수 바아지(launch barge)

진수 바아지는 넓고 평평한 갑판을 가지고 있고 재킷형 플랫폼이나 해상에 설치될 기타 플랫폼의 일부 구조물을 운송하는데 사용되며(그림 3.23), 자체 추진력이 없으므로 해당 설치 해역까지 예인된다. 설치 해역에 도착하면, 진수 바아지는 정지된 채로 재킷형 플랫폼을 바다로 진수한다. 밸러스팅을 이용하여 정해진 트림 상태를 유지한 채, 윈치를 사용하여 재킷형 플랫폼은 바아지 갑판 위에 설치된 진수대를 따라 미끄러지면서 진수된다. 진수 시 바아지는 상대적으로 반작용에 의해 꽤 먼 거리까지 밀릴 수 있으므로 예인선을 사용하여 과도하게 구속하는 것은 곤란하다.

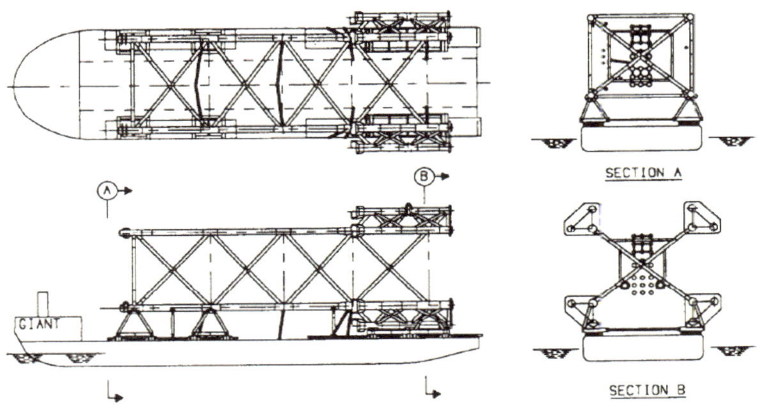

그림 3.23 진수 바아지를 이용한 재킷 수송

(4) 예인선(tugboat)

예인선은 여러 종류의 해양 장비 및 구조물을 작업 해역까지 운반하는데 이용된다. 대형 예인선은 장거리 예인, 소형 예인선은 단거리 예인에 각각 사용된다.

양묘선(anchor handling vessel)은 특별한 종류의 예인선으로, 시추선의 앵커 설치 및 재배치에 사용되기도 하고 파이프 부설선의 파이프 설치 시, 전진과정에서 앵커를 배치할 때 사용되기도 한다(그림 3.24).

그림 3.24 예인선

Chapter 4

선박설계

4.1 선박설계 개요

선박설계는 "선종, 톤수, 속력 및 등록 국적 등 선주의 기본적 요구조건과 선주와 조선소 사이에 합의된 여러 가지 기술적인 사양(specifications)을 만족하는 선박을 건조하는데 필요한 다양한 정보를 구체화하는 일련의 과정"이라고 정의할 수 있다.

선박설계는 과거에는 견적설계(estimate design), 기본설계(basic design), 상세설계(detail design) 및 생산설계(production design)의 단계를 따라 진행되었으나 전산기술의 발전에 따른 표준화, 전산화 및 자동화로 인하여 근래에는 기본설계(견적설계 포함), 상세설계, 생산설계의 단계로 단순화되고 있는 추세이다. 또한, 1990년대 이후에는 조선소 별로 선주의 보편적인 요구사항들과 각 조선소가 보유하고 있는 우수한 기술력을 반영한 다양한 표준선을 개발하여 시장에 출시하고 선주의 특별한 요구사항을 반영하는 여러 가지 옵션 사항들을 제시하여 선주가 선택하게 함으로써 획기적으로 설계 및 건조기간을 단축할 수 있게 되었다.

기본설계는 크게 선체설계와 의장설계로 구성되어 있으며 선체설계에서는 선도(lines), 중앙단면도, 강재배치도, 외판전개도 등 선형과 선체구조를 결정하는 기본적인 도면을 작성한 후 이를 기본으로 하여 선수 및 선미 구조도, 중앙부 구조도 및 기관실 구조도 등의 작성을 통하여 선체의 구조를 확정한다. 의장설계에서는 선체의장, 선실의장, 전기의장 및 기관실의장 등 주요 의장설비의 성능(또는 제원) 및 배치도를 작성한다. 선체의장 설비는 하역장치, 조선장치, 계선계류장치, 소화장치, 통풍장치 등으로, 선실의장 설비는 거주구설비, 오락설비 등으로, 전기의장 설비는 항해통신장치, 전원장치, 배전장치 등으로, 기관실의장 설비는 주기관, 보기류, 추진장치, 배관장치, 통풍장치 등으로 각각 이루어진다.

기본설계를 구성하는 선체설계와 의장설계를 통하여 선체 구조와 의장품 배치가 완료되면 선박 건조를 위한 현장 작업용 도면을 작성하는 상세설계 및 생산설계 단계로 들어간다. 기본설계도와 의장생산설계도를 기본으로 하여 부재 가공을 의한 제작도와 설치도 등이 작성된다.

선박설계 과정은 조선소마다 그리고 선박의 종류에 따라 다르지만 대형 상선의 기본설계와 상세설계 과정은 대체로 그림 4.1에 보인 바와 같다.

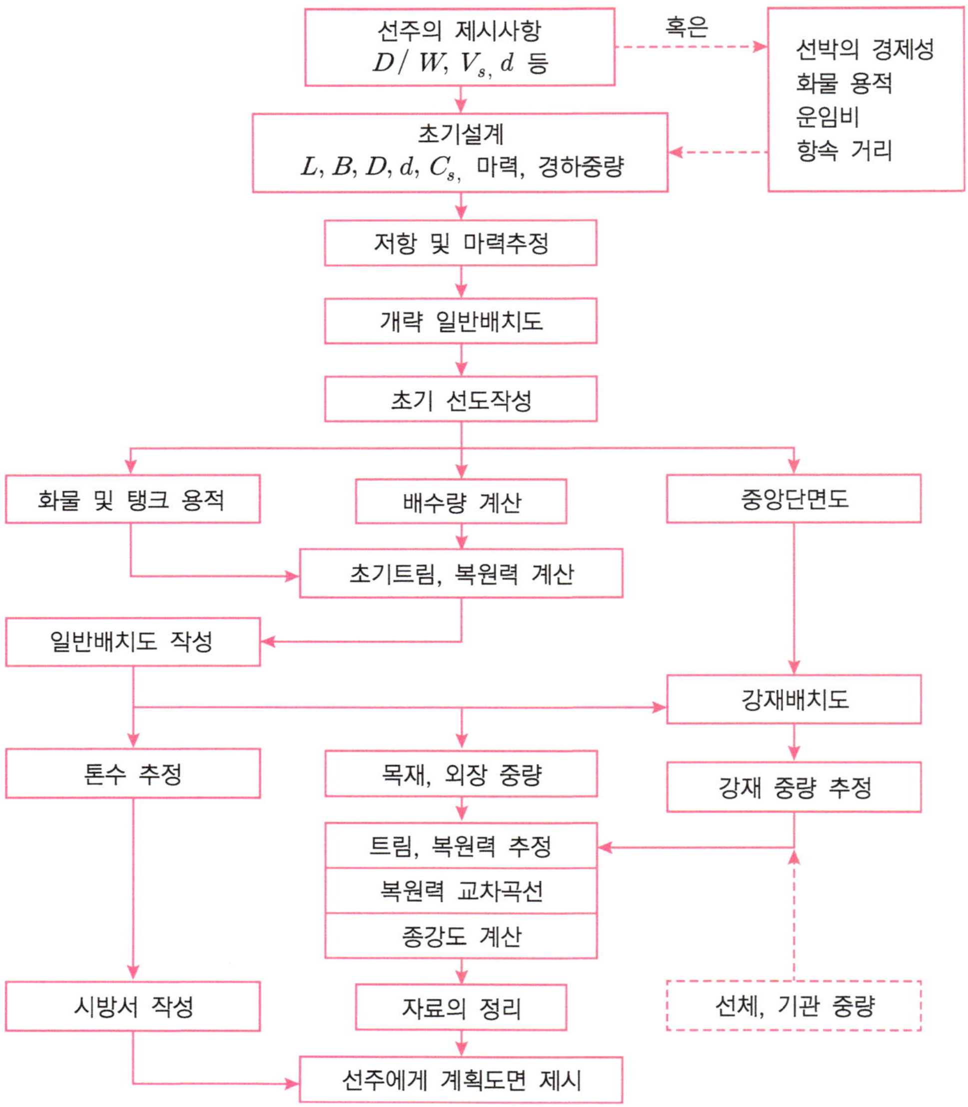
선주의 제시사항
D/ W, Vs, d 등
혹은
선박의 경제성
화물 용적
운임비
항속 거리
초기설계
L, B, D, d, Cs, 마력, 경하중량
저항 및 마력추정
개략 일반배치도
초기 선도작성
화물 및 탱크 용적
배수량 계산
중앙단면도
초기트림, 복원력 계산
일반배치도 작성
강재배치도
톤수 추정
목재, 외장 중량
강재 중량 추정
트림, 복원력 추정
복원력 교차곡선
종강도 계산
시방서 작성
자료의 정리
선체, 기관 중량
선주에게 계획도면 제시

(a) 기본설계

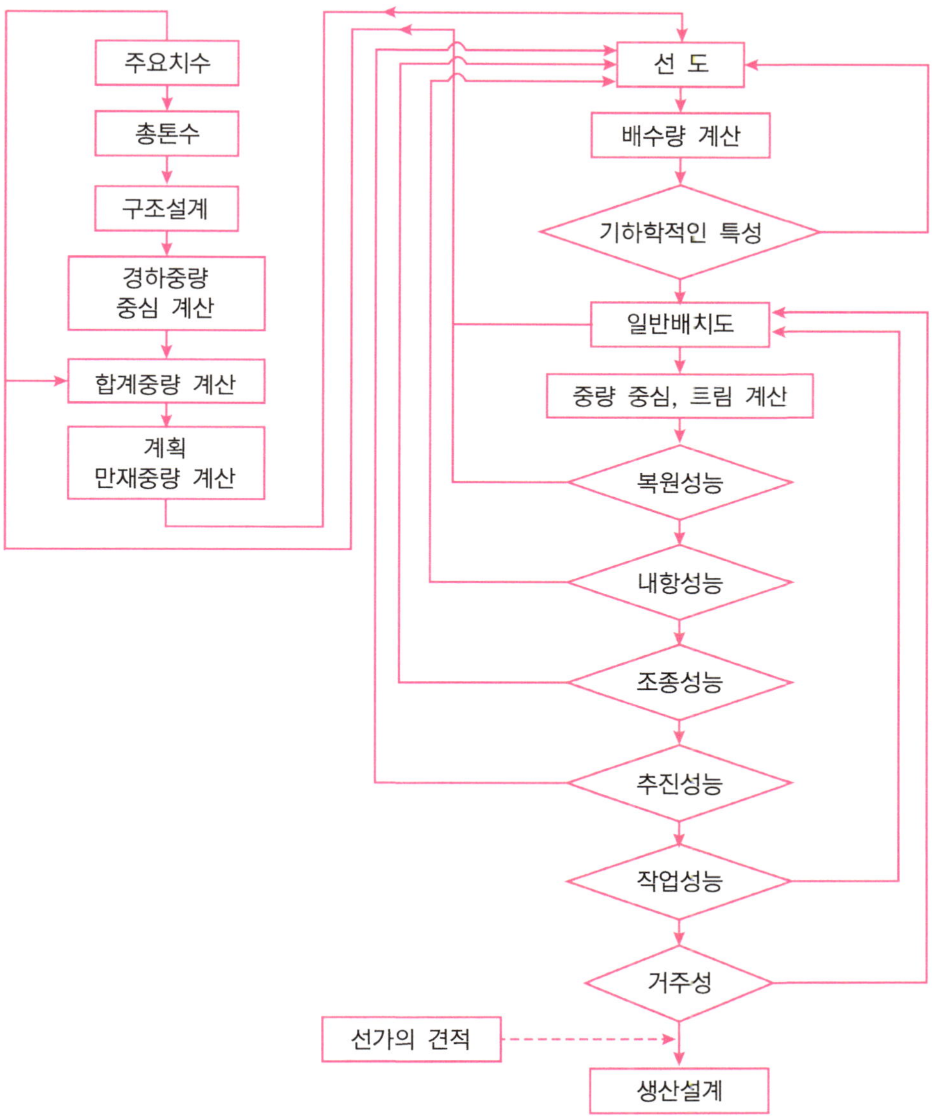

(b) 상세설계

그림 4.1 설계 흐름도[대한조선학회(1993)]

4.2 주요요목의 결정

4.2.1 주요요목

선박의 주요요목(principal particulars)은 선박의 크기, 성능 및 화물적재 능력을 결정하는 기본적인 수치이다. 기본설계 단계에서 가장 먼저 결정되며 다음과 같은 항목들을 포함한다. 각 항목들에 대한 정의 및 자세한 설명은 2장에 기술되어 있다.

1) 길이: 전장(LOA), 수선간길이(LBP)
2) 형폭(B)
3) 형깊이(D)
4) 형흘수(d)
5) 선형계수: C_B, C_M, C_P, C_W, C_{VP}.
6) 주요치수 비 및 무차원수: L/B, B/d, L/D, LCB/L, Fn.
7) 톤수: 경하중량(LWT), 재화중량(DWT), 만재배수량, 총톤수(GT), 순톤수(NT).
8) 화물창 용적: 화물창 용적, 화물 유조용적.
9) 주기관 출력: 연속최대출력(MCR), 상용출력(NCR).
10) 속력
   가) 항해속력: 계획만재흘수 상태에서 상용출력의 15% 내외의 해상여유(sea margin)를 뺀 출력에서의 속력.
   나) 시운전속력: 계획만재흘수 상태에서 연속최대출력으로 운항할 때의 속력으로 시운전 시 검증하는 속력.

주요요목 중에서 LBP, B, D는 선박의 외형 크기를 결정하며, LBP, B, d와 C_B를 사용하여 선박의 배수량, LWT 및 DWT를 결정할 수 있다. B는 선박의 손상시 및 비손상시 복원성능과 밀접한 연관이 있고, D는 화물창의 용적과 적정한 건현(freeboard)의 확보 등을 고려하여 결정한다.

표 4.1 선속에 따른 배의 선형계수와 주요치수

	Fn	C_B	LCB	L/B
고속선	0.25 이상	0.5~0.6	선미 2~3%	7.0 이상
중속선	0.25~0.20	0.65~0.75	중앙 부근	6.0~7.0
저속선	0.20~0.15	0.78~0.85	선수 2~3%	5.5~6.0

선박의 저항 및 추진, 복원성, 내항성 및 조종성 등 선박의 기본 성능은 선형계수와 주요치수의 비 및 무차원수의 함수이므로, 이들의 결정은 신중하게 수행되어야 한다. 실적선을 기준으로 선속에 따라 구분한 선박 별 선형계수와 주요치수의 값은 표 4.1에 보인 바와 같다.

주요요목은 선주의 기본적인 요구 사항인 선종, 톤수, 선속, 등록 국적 등을 고려하고 표준선 또는 실적선 데이터베이스를 기준으로 잡아 선정하며, 설계가 진행됨에 따라 기존선보다 우수한 즉, 경하중량이 작고 선속이 빠르며 건조비가 낮은 선박을 목표로 하여 지속적으로 조정된다.

주요요목의 결정 과정은 조선소마다 또한 설계자에 따라 여러 가지 방법이 사용되고 있으나 본질적으로는 그림 4.2에 보인 것과 같은 설계 나선(design spiral)을 사용하여 진행된다. 설계 나선은 표준선 또는 실적선 데이터베이스로부터 주요요목의 초기치를 설정하고 새로 건조하고자 하는 선박의 요구사항을 만족시키기 위하여 나선을 따라 주요요목을 수정하면서 순차적으로 요구되는 성능을 만족하는 선박설계 과정을 뜻한다.

4.2.2 경하중량 및 재화중량 추정

선박설계의 성공 여부를 결정하는 중요 인자 중의 하나는 LWT와 DWT의 정확한 추정 및 화물 적재에 필요한 공간의 확보 여부이다. LWT는 선박 건조 완료 후에 수행되는 경사시험(2.5.3절)을 통하여 최종적으로 결정되지만 설계의 모든 단계에서 항상 정확하게 추정해야 하고, 선체강재, 페인트, 용접재, 주기관, 발전기, 기관실 내 펌프류, 배기관 및 배관을 포함하는 기관실 장비, 선체의장, 항해장비 및 전선 등의 중량으로 구성되며 이렇게 얻어진 값에 1%~2% 여유치를 추가하여 산출한다. 통상적으로 LWT는 장비의 시험 및 운용에 필요한 최소한의 연료유와 윤활유를 포함한다.

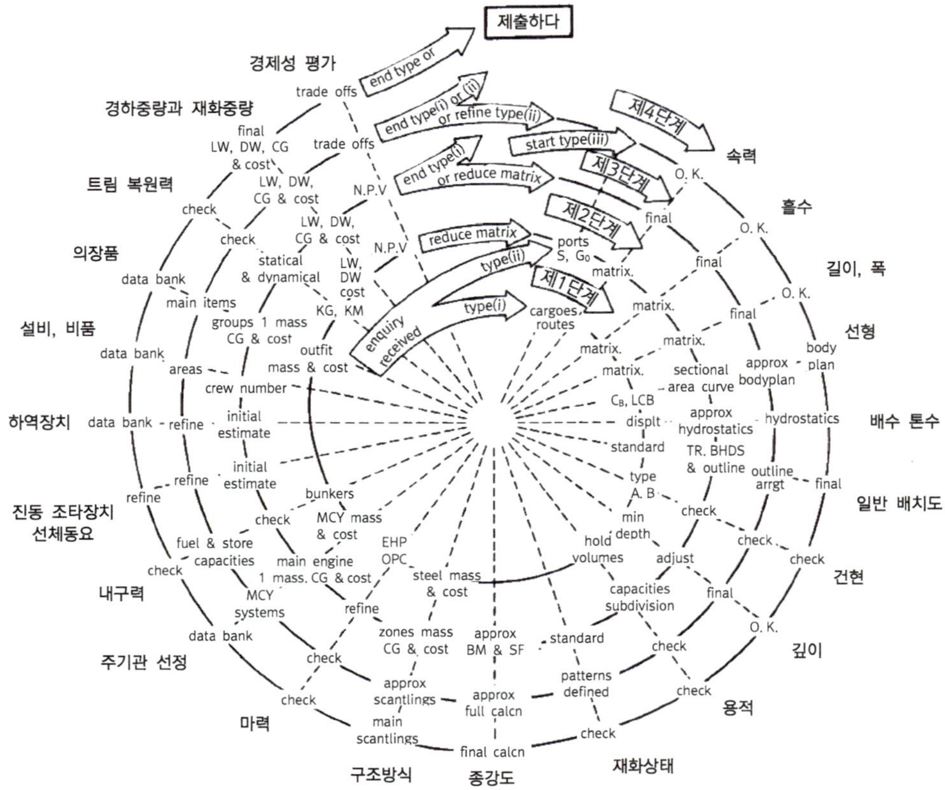

그림 4.2 설계 나선(design spiral)

LWT에서 선체강재가 차지하는 비율은 여객선 50%~60%, 컨테이너선 70% 내외, LNG선 75% 내외, 원유탱커 80% 내외, 산적화물선 85% 내외이다. 선체강재중량은 최근의 실적선을 기준으로 하고 주요요목의 변화를 고려하여 보정하는 방법이 사용되며 대표적으로 사용되는 두 가지 방법을 아래에 보였다.

(1) Munro-Smith 공식

기준선과 신조선에서의 선박의 L, B, D 및 C_B의 변화에 따른 선체강재중량의 변화 ΔW_L, ΔW_B, ΔW_D 및 ΔW_C는 다음 식을 이용하여 얻는다.

$$\Delta W_L = W_m \left(\frac{L_p}{L_m} - 1 \right) \times 0.85 \times \frac{4}{3}, \tag{4.1}$$

$$\Delta W_B = W_m \left(\frac{B_p}{B_m} - 1 \right) \times 0.55 \times \frac{5}{4}, \tag{4.2}$$

$$\Delta W_D = W_m \left(\frac{D_p}{D_m} - 1 \right) \times 0.3 \times \frac{3}{2}, \tag{4.3}$$

$$\Delta W_C = W_m (\Delta L + \Delta B + \Delta D)(C_{Bp} - C_{Bm}) \times 0.5. \tag{4.4}$$

여기서 하첨자 m은 기준선, 하첨자 p는 신조선을 각각 뜻하며, 위 식에서 사용되는 주요요목은 만재흘수 시의 값을 사용한다. 위에서 구한 값들을 이용하여 신조선 선체강재중량 W_p는 다음 식으로부터 얻는다.

$$W_p = W_m + (\Delta W_L + \Delta W_B + \Delta W_D + \Delta W_C). \tag{4.5}$$

(2) LR의 경험식

영국 선급협회 LR의 경험식은 다음과 같다.

$$W_p = \left(\frac{L_p}{L_m} \right)^{1.67} \left(\frac{B_p}{B_m} \right)^{0.67} \left(\frac{D_p}{D_m} \right)^{0.50} \left(\frac{d_p C_{Bp}}{d_m C_{Bm}} \right)^{0.17}. \tag{4.6}$$

여기서 d는 만재흘수를 나타낸다.

상기 식들로부터 주요요목이 선체강재중량에 미치는 영향은 L, B, D, C_B, d의 순서임을 알 수 있으며, 선박 제조원가에 미치는 영향도 동일하다. 실적선을 기준선으로 택하므로, 기준선의 선정 시 선주의 요구사항, 선박 사양, 선형, 선급 규정 등이 가급적 유사한 선박을 선정해야 할 것이다.

화물창 용적은 화물의 재화계수(stowage factor, SF)나 비중을 알면 DWT로부터 쉽게 계산된다. 주요요목이 결정되면 화물창의 길이와 중앙횡단면의 화물창에 해당하는 부분의 면적으로부터 화물창 용적을 추정한다.

화물창 용적 결정은 선박의 건현 계산과 밀접한 관련이 있다. 국제해사기구(International Maritime Organization, IMO)는 국제만재흘수선규정(ICLL)에 의해 선박의 안전을 위하여 충분한 건현을 확보하도록 하고 있으며, 각종 선박을 A형, B형으로 구분하여 각각에 대한 최소건현을 지정하고 있다.

A형 선박은 배수량형(displacement type) 선박이며, 유조선이나 LNG선과 같이 액체화물을 운송하는 선박이다. A형 선박은 노출갑판에 있는 창구입구의 면적이 작아서 해수 유입으로부터 비교적 안전하고 손상 시 해수가 화물탱크 구획에 침수해도 액체화물이 해수와 바꾸어질 뿐 침수에 따른 흘수의 증가가 적어 비교적 작은 건현이 허용된다. 손상시 복원성 판정은 결정적 해석(deterministic approach)을 적용한다.

B형 선박은 용적형(volumetric type) 선박이며 산적화물선, 컨테이너선, 여객선 등 A형 선박을 제외한 대부분의 상선이 포함한다. B형 선박은 노출갑판 창구를 통한 대규모 해수 유입 위험이 크고 손상시 침수부분의 해수가 선박의 흘수를 크게 증가시키는 선박의 특성 상 A형 선박보다 큰 건현이 요구된다. 특히 컨테이너선과 여객선은 손상시 복원성(damaged stability) 판정에 확률적 해석(probabilistic approach)을 적용한다.

만재배수량은 LWT, DWT, 연료유 및 윤활유, 약 50% 내외의 각종 빌지탱크의 중량과 재화중량 상수(선원, 각종 비품 등)의 합으로 얻어지며 만재배수량에 따라 만재흘수가 결정된다.

4.3 기본도면

기본설계 과정을 통하여 만들어지며 선박 건조 과정에서 가장 기본이 되는 도면에는 선도(lines), 일반배치도(General Arrangement, G/A), 중앙단면도(Midship Section Arrangement, M/A), 기관실배치도(Engine Room Arrangement, E/A) 및 외판전개도(Shell Expansion, S/E) 등이 있다. 이하에서는 2.4.1절에서 다루었던 선도를 제외한 나머지 기본도면들에 대하여 간략히 알아본다.

4.3.1 일반배치도(General Arrangement, G/A)

일반배치도는 보통 개략 일반배치도(sketch G/A)와 상세 일반배치도(full G/A)로 구분한다.

개략 일반배치도는 선수부, 선미부, 기관실, 화물 구역으로 구분하고 구획수, 구획길이, 해치 크기, 연료탱크, 밸러스트탱크 및 청수탱크의 배치를 쉽게 알 수 있도록 나타낸 도면으로 보통 A4 또는 A3 크기로 작성한다. 설계 초기 단계에서 화물창 용적, 종강도, 트림 등의 기본 성능을 검토하기 위해 작성되며 선주와의 초기 상담용으로 이용되기도 한다. 그림 4.3에는 산적화물선의 개략 일반배치도를 보였다.

상세 일반배치도는 개략 일반배치도에 포함되어 있는 정보에 추가하여 선실, 선실의장, 선체의장, 기장의장과 관련된 제반 장치의 상세 배치를 포함하는 도면으로 선박의 크기에 따라 축척비 1/100 ~ 1/400의 크기로 작성된다. 상세 일반배치도를 작성할 때는 주어진 공간과 여건 내에서 화물창 또는 탱크 용적을 극대화하고 선박의 각종 기능이 최대한 효율적으로 수행될 수 있도록 노력하여야 하며 관련 선급 규정과 SOLAS, MARPOL, ICLL 등 국제기구의 협약을 준수해야 한다. 그림 4.4에는 정제유탱커의 상세 일반배치도를 보였다.

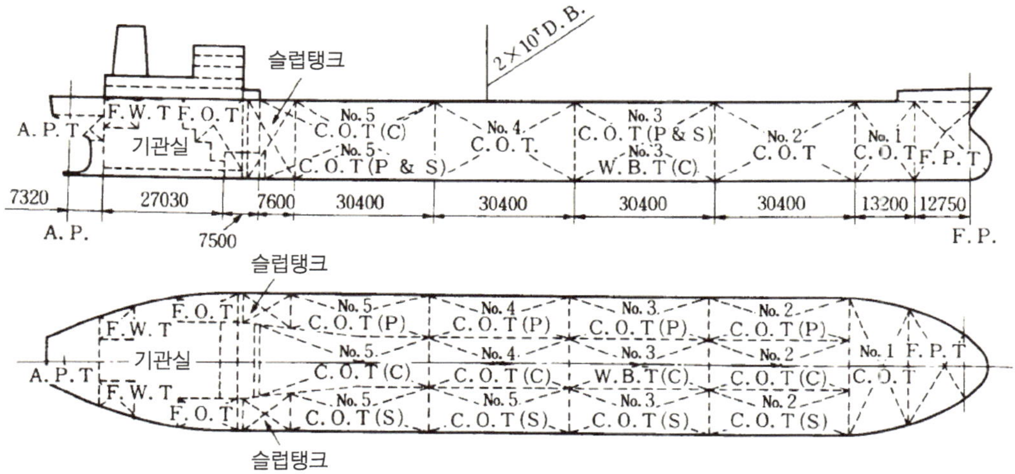

그림 4.3 산적화물선의 개략 일반배치도[대한조선학회(1993)]

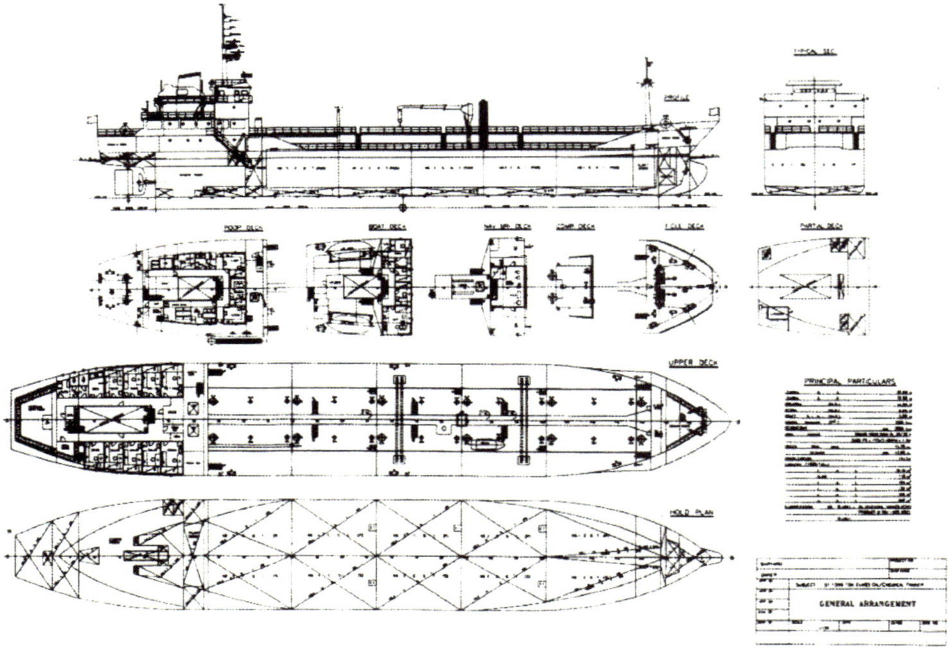

그림 4.4 정제유탱커의 상세 일반배치도[양현수 외(2010)]

4.3.2 중앙단면도(Midship Section Arrangement, M/A)

중앙단면도는 선체중앙부(midship)의 구조 배치 방식, 부재의 치수 및 간격과 부재들의 고착방식 등을 나타낸 도면을 말한다. 선박은 가늘고 긴 형태의 구조물로 그림 4.5에 나타난 바와 같이 중앙단면에 가장 큰 굽힘모멘트(bending moment)가 작용하므로 중앙부의 구조 강도가 매우 중요하다. 따라서 선체중앙부 $0.4L$ 정도의 구간은 구조부재의 치수가 일정하게 유지되며 선수미 방향으로는 구조 강도가 허용하는 한도 내에서 부재 치수를 감소시키는 방식으로 설계된다.

중앙단면 설계는 각 구조부재의 치수를 고려하여 중앙단면계수(midship section modulus)를 먼저 구한 뒤, 그 값이 선급 규정에서 요구하는 값보다 작을 때는 부재치수를 증가시켜 규정을 만족하는 값이 얻어질 수 있도록 한다. 그림 4.6에는 화물의 종류를 고려한 선종 별 중앙단면의 형상을 보였다.

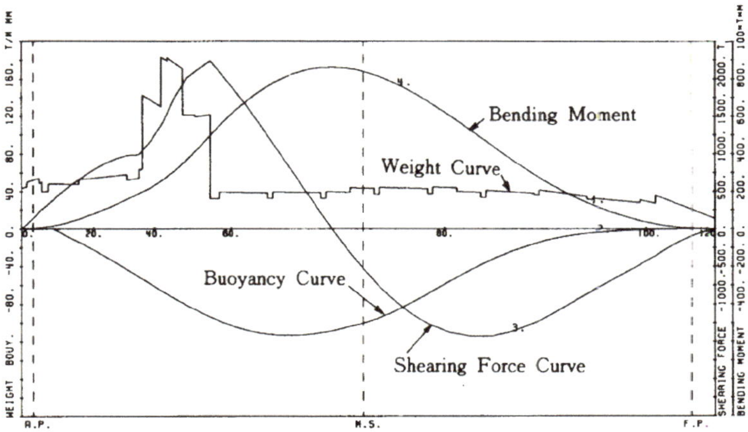

그림 4.5 선체 길이 방향 전단력 및 모멘트 분포도

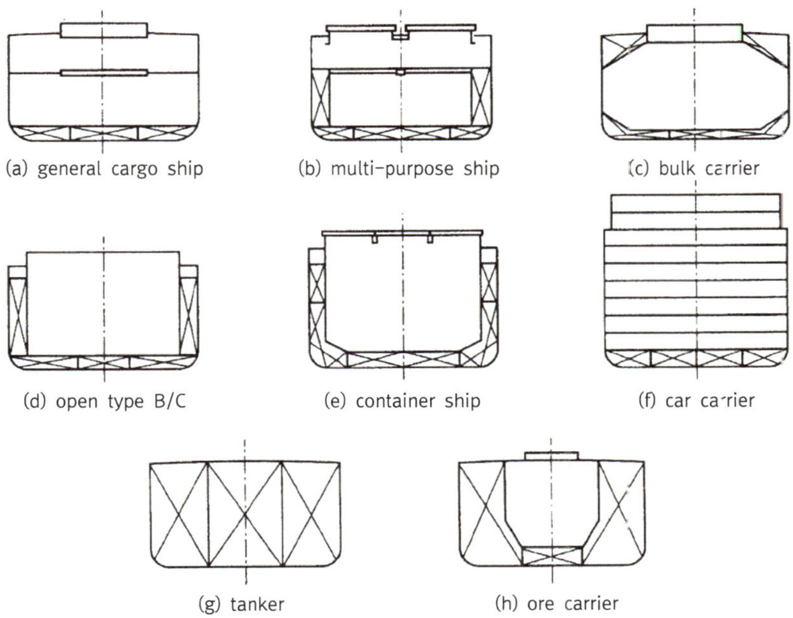

그림 4.6 각 선종 별 중앙단면 형상

4.3.3 기관실배치도(Engine Room Arrangement, E/A)

기관실 크기와 격벽의 배치는 주기관(main engine)과 보기류(auxiliary machineries)의 크기, 개수, 또 축의 수 및 주요 대형 배관의 크기 등에 따라 결정된다. 기관실의 크기를 증가시키면 화물창 길이와 용적이 감소하며 주기관이 위치하는 기관실은 그림 4.7에 보인 바와 같이 길이가 긴 이등변삼각형의 형태를 가지므로 기관실 내의 기기들의 배치는 3차원 공간을 최적화하는 방식으로 수행되어야 한다. 그림 4.8과 그림 4.9에는 기관실 평면도와 측면도를 각각 보였다.

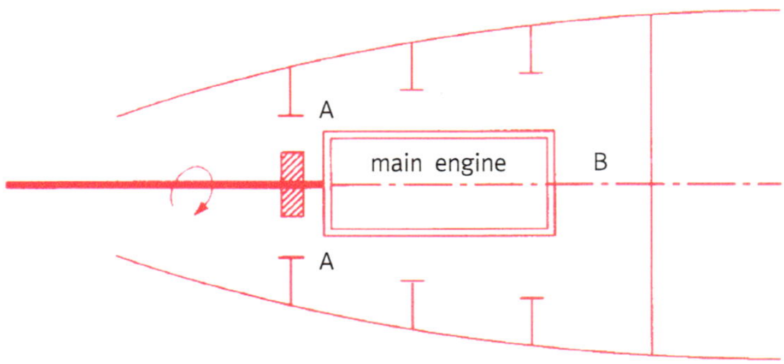

그림 4.7 기관실의 형태[박승균(1998)]

4.3.4 외판전개도(Shell Expansion, S/E)

외판전개도는 배 길이에 걸쳐 외판의 우측 횡단면의 거스(girth)의 크기를 기선을 기준으로 수직방향으로 보인 도면이다. 이 도면은 외판의 두께, 세로 및 가로 이음새, 블록이음, 늑골의 위치와 치수 등의 정보를 포함한다. 외판전개도는 거스의 길이를 횡단면별로 보여주므로, 외판 가공용 전개 형상을 나타내지는 않으며, 그림 4.10에 외판전개도를 보였다.

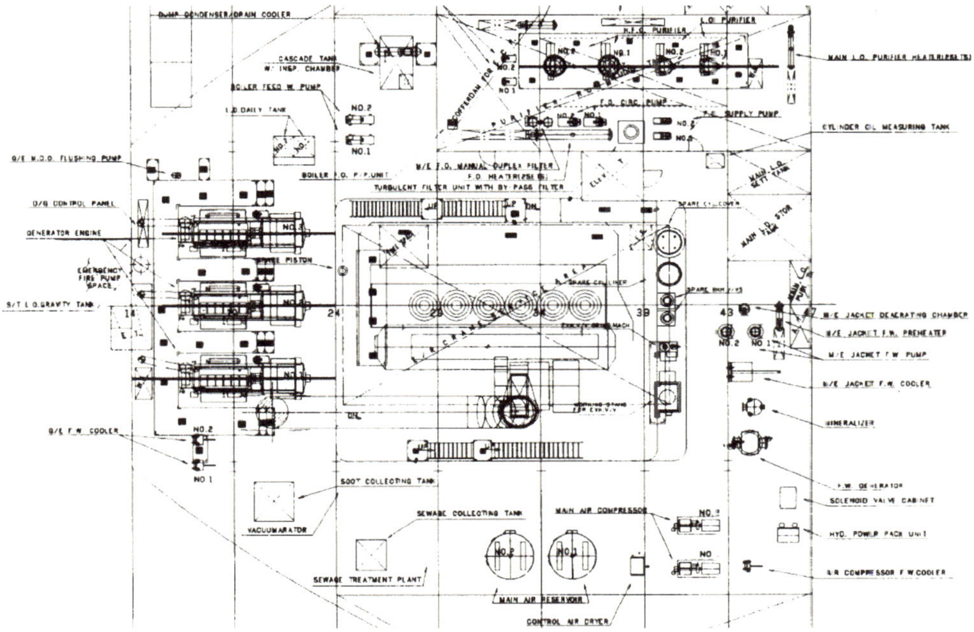

그림 4.8 기관실 평면도

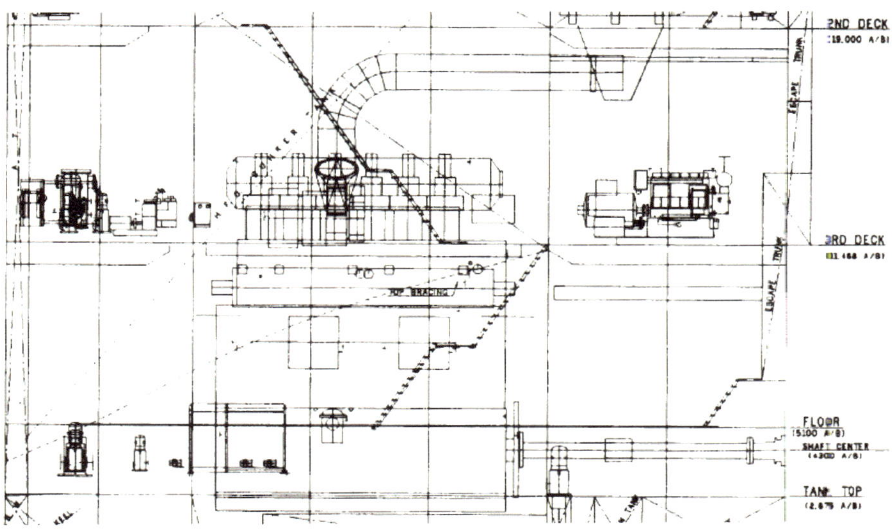

그림 4.9 기관실 측면도

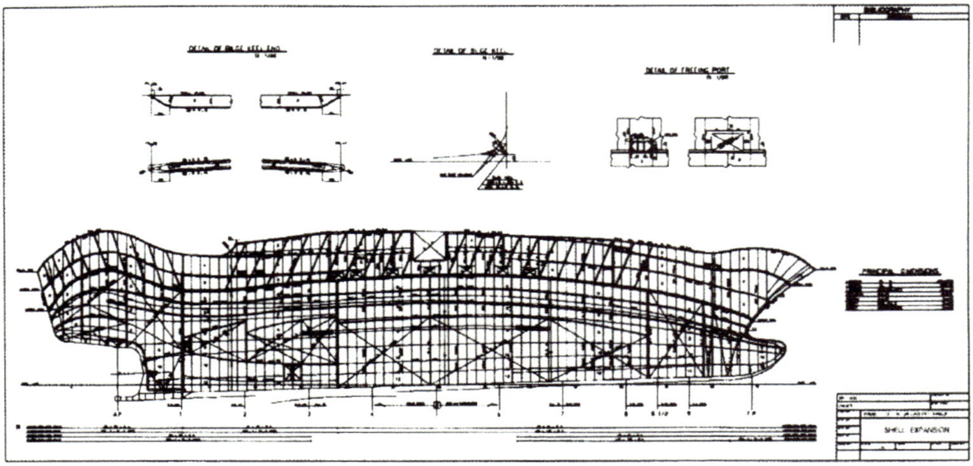

그림 4.10 외판전개도[양현수 외(2010)]

4.4 각종 법규와 선급 규정

선박은 사람과 화물을 싣고 바다에서 긴 시간을 외부의 직접적인 도움 없이 항해하는 해상 구조물로 여객, 승무원, 화물과 선박 자체의 안전이 보장될 수 있도록 법규와 기준에 맞게 설계 및 건조되어야 한다. 선박 설계 및 건조 과정에서 필수적으로 고려되어야 할 법규로는 국내 법규, 국제 법규, 선급 규정, 각 관련기관(authority)의 규정이 있다.

4.4.1 국내 법규

국내 선박관련법에는 표 4.2에 보인 바와 같이 선박법, 안전법, 선원·직원법, 항해 및 항만 관련법 등이 있다.

표 4.2 선박관련법의 종류와 내용

	법규명	중요한 내용
선박법	선박법	우리나라 선박의 특권 및 의무에 대한 법
	선박적량측도법	용적 측정의 방법을 정한 법
안전법	선박안전법	선체, 기관, 설비의 일반적 안전에 대한 법
	동 시행령규칙	선박안전법의 구체적 시행규칙
	선박복원성규칙	선박 복원성의 기준에 대한 규칙
	선박만재흘수선규정	만재흘수선의 표시를 필요로 하는 선박의 구조 및 설비와 그 결정에 대한 규정
	선박구획규정	구획 설치와 관련된 선박 구조 및 설비에 대한 규정
	선박방화구조규정	선박 방화구조, 설비에 관한 기준을 정한 규정
	어선특수규정	어선의 설비, 구조를 규정
	선박설비규정	선박이 갖추어야 할 구명, 소방, 거주, 위생, 항해, 특수화물, 전기 등 제반설비, 부속에 대한 규정
	강선구조규정	강선의 선체구조에 대한 규정
	목선구조규정	목선의 선체구조에 대한 규정
	소형선박 등 안전규칙	소형선 내항성 및 안전을 위한 제반 설비 구칙
	선박기관 규칙	선박의 기관에 대한 규칙
선원•직원법	선원법	선박의 승무원 조업기준을 정한 법
	선박직원법	선박에 승선할 수 있는 자격에 대한 법
	해난심판법	해난의 원인을 밝히기 위한 심판에 대한 법
항해	해상충돌예방법	
	항로표지법	
	수난구조법	
	수로안내법	
	해상오염방지법	해상오염방지를 위한 기름 배출 기준과 관련 조치에 대한 법
항만	항만법	항내에서 선박 교통안전과 정돈에 대한 법
	관세법	관세 부과 및 징수 또는 화물 수출입 수속, 출입항 수속에 필요한 사항에 대한 법
	톤세법	국제무역에 종사하는 선박의 입항 시 부과, 징수하는 톤세에 대한 법
	검역법	전염병, 병원체의 국내 침입을 방지하기 위한 조치에 대한 법

4.4.2 국제 법규

(1) 국제해사기구(International Maritime Organization, IMO)

IMO는 국제연합(UN)의 경제사회이사회 내 전문 자치기구 중의 하나로 국제해사 문제를 취급하며 각국의 정부만이 회원이 될 수 있는 정부 간 기구이다. 1948년에 설립된 정부간해사자문기구(IMCO)의 자문적인 기능을 강제적인 기능으로 전환하며 1982년 국제해사기구(IMO)로 개칭하였다.

IMO는 '깨끗한 해상에서 안전하고 효율적인 해운(safe, secure and efficient shipping on clean ocean)'이라는 기치 아래 해운에 영향을 미치는 정부규칙 및 실무 분야에 있어서의 제반 기술사항에 대한 정부 간 협력을 도모하고 해사안전 및 해양오염 방지를 위한 국제기준을 채택 및 시행하며 협약에서 언급된 범주의 법률 사항을 다룬다. 해운에 의한 국제무역을 촉진하고, 해운 서비스의 이용도를 향상시킬 수 있도록 해운업의 차별 조치와 불필요한 제한을 철폐토록 권장하고, 국제해사 업무의 모든 문제를 심의하며 관련 사항에 대한 정보를 상호 교환하도록 하고 있다.

IMO 법규에는 조약 및 협약(convention), 의정서(protocol), 결의(resolution)가 있으며 이들 간의 우선순위는 조약 및 협약, 의정서, 결의의 순서이다. 조약 및 협약은 여러 나라가 협정한 사항으로 강제 구속력이 있으며, 각국 정부가 자국 내에서 정식 비준함으로써 효력을 발생하게 되지만 가맹국의 수가 많아 모든 국가의 승인이 날 때 까지는 오랜 시간이 걸리므로 정해진 숫자의 나라에서 비준이 확인되면 그 효력이 발생한다. 의정서는 관계국 대표자가 IMO 회의 시 의사 또는 사실을 협의/기록하고 이에 기명 조인한 국제 공문서로 그 효력은 협약보다 약하지만 구속력이 있다. 결의는 어떤 국가나 단체가 국제적으로 통일시키거나 규제해야 할 필요가 있는 사항을 제의하고 이를 IMO에서 논의하여 그 결과를 채택하는 것으로 강제 구속력은 없다.

(2) 주요 IMO 협약

IMO는 현재까지 60여 개의 협약(convention)을 체결하여 시행하고 있으며, 이들 중 중요한 것을 정리하면 아래와 같다.

가) 국제해상안전협약(International Convention for the Safety Of Life At Sea, SOLAS, 1960, 1974)

SOLAS는 상선의 안전에 관한 모든 국제적인 조약들 중에서 가장 중요한 것으로 인

식되고 있으며, Titanic호 사고에 대한 대책으로 1914년 처음 제정되었고, 1928년, 1948년 그리고 1960년 각각 개정되었다. 1974년에는 이전 조약에 대한 개정 내용과 단순화된 개정 절차를 포함한 새로운 조약이 채택되었다. 1974년 조약은 이후 많은 개정을 거쳐 현재 유효한 조약은 SOLAS, 1974, as amended라고 부른다.

나) 국제만재흘수선협약(International Convention on Load Lines, ICLL, 1966, 1988)

ICLL은 선박의 안전에 매우 중요한 적재량 관리를 위한 협약으로 선종에 따라 허용되는 최소 건현을 지정하여 화물 적재량을 제한하고 있다. 1930년 채택된 만재흘수선협약은 예비부력의 확보에 기초를 두었으며, 선박의 복원성 및 과적에 의한 과도한 선체응력을 방지하기 위해 충분한 건현을 갖도록 하였다. ICLL 1966에서는 구획에 따른 원유탱커의 건현지정과 손상시 복원성(damaged stability) 계산에 대하여 규정하였다.

지정된 만재흘수선은 선체중앙부 양 현측에 갑판선과 함께 표시되어야 하며 이를 만재흘수선표시(load line mark)라고 한다(그림 2.3 참조).

다) 국제해상충돌방지협약(Convention on the International Regulations for Preventing Collisions at Sea, COLREGs, 1972)

COLlisions REGulations의 약자인 COLREGs는 통항분리수역 및 부근에서의 안전속도, 충돌위험과 운항요령 등을 규정하고 있다. 통항분리요령(traffic separation schemes)은 1967년 도버해협에서 처음 제정되었고 처음에는 자발적인 참여형태로 운영되었으나, 1971년 IMO에서 모든 통항분리요령을 필수적으로 준수할 것을 결의하였으며 COLREGs에 이러한 의무를 명시하였다.

라) 국제선박해양오염방지협약(International Convention for the Prevention of Pollution from Ships, 1973; 의정서(protocol) 1978에 의해 개정, MARPOL 73/78)

MARine POLlution의 약자인 MARPOL은 선박에 의한 해양오염을 방지하기 위한 국제협약으로 1973년과 1978년의 조약을 근간으로 지속적으로 개정되어 왔다. 1973년 MARPOL은 오일, 화공품, 포장된 상태의 유해물질, 쓰레기와 오수에 의한 오염에 대해 규정하였다. 1978년 MARPOL에서는 원유탱커의 안전과 오염방지를 위해 분리밸러스트(segregated ballast)에 대한 요건을 강화하는 내용을 채택하였다. 1973년 조약이 아직 발효되기 전에 1978년 조약이 채택되었으므로, 이 두 조약은 하나로 통합되어 MARPOL 73/78로 불린다.

마) TONNAGE(International Convention on TONNAGE Measurement of Ships, 1969)

TONNAGE는 전 세계적으로 통용되는 톤수측정방식 도입을 위한 최초의 성공적인 시도였다. 이전에는 영국과 그 연방을 중심으로 1854년 영국에서 고안된 Moorsom 체계가 사용되고 있었으나 국제적인 단일체계의 필요성이 상존하였다. 1969년 협약은 각각 독립적으로 계산되는 총톤수(GT)와 순톤수(NT)를 규정하고 있다(2.2.2절 참조). 규정은 협약이 발효되는 1982년 7월 18일 이후에 건조되는 모든 선박에 적용되며 그 이전에 건조된 선박에 대하여는 조약 발효 후 12 년 동안 또는 1994년 7월 18일까지 기존톤수의 사용을 허용하였다.

4.4.3 선급 규정

고대 로마 그리스 시대부터 선박 관련 보험이 있었으나 근대적인 의미의 보험 및 선박의 등급을 정하기 위한 제도는 17세기 이후 해운업 및 보험업자들을 중심으로 영국에서 발달하였다. 영국선급인 LR(Lloyd's Register)은 1760년 런던에 설립되었으며, 현재까지도 고유의 업무, 즉 자국선과 타국선의 검사 및 감독 업무를 수행하고 있다.

한국선급(KR, Korean Register of Shipping)은 1960년 설립되었고, 선박안전시행규칙에 따라 인가된 재단법인이다. 한국선급은 선박의 등급을 정하고 관리하는 전문기술용역단체라고 말할 수 있으나 정부(해양수산부)의 업무를 일부 위임받아 대행하고 건조과정의 감리역할과 연구개발 등을 수행하고 있다. 한국선급은 1968년 설립되었으며 현재 12개 회원으로 이루어진 국제선급연합(International Association of Classification Society, IACS)의 회원이다.

국제선급연합의 나머지 11개 회원 선급은 다음과 같다.

ABS (American Bureau of Shipping, 미국)

BV (Bureau Veritas, 프랑스)

CCS (China Classification Society, 중국)

CRS (Croatian Register of Shipping, 크로아티아)

DNV-GL (Det Norske Veritas-Germanishe Lloyd, 노르웨이-독일)

IRS (Indian Register of Shipping, 인도)

LR (Lloyd's Register, 영국)

NK (Nippon Kaiji Kyokai, 일본)
PRS (Polish Register of Shipping, 폴란드)
RINA (Registro Italiano Navale, 이탈리아)
RS (Russian Maitime Register of Shipping, 러시아)

선급의 주요 업무를 요약하면 다음과 같다.

1) 새로 입급하는 선박의 건조 과정을 감리한다.
2) 기존 입급 선박의 상황을 조사하여 선급증서를 발행한다.
3) 검사가 끝난 선박에 대하여 선명록을 발행한다.
4) 선박의 구조, 설비에 관한 규칙을 발행하다.
5) 만재흘수선에 관한 정부 검사를 대행한다.
6) 입급 선박에 대한 각종 검사 업무를 수행한다.

4.4.4 상선 설계 의무 조항

모든 상선에 적용되는 의무 조항으로서 초기계획 시 고려되어야 할 사항은 다음과 같다.

(1) 연료유탱크의 이중구조화(MARPOL Annex I Reg. 12A)

사고 시 연료유탱크의 기름 유출을 방지하고자 이중구조를 택하도록 하였으며, 적용 대상은 총 연료유 600 m^3 이상의 모든 선박으로 각 탱크 용량이 30 m^3을 초과하는 모든 연료유탱크이고, 각각의 연료유탱크 용량은 2500 m^3보다 작아야 한다. 상기 규정은 탱크의 외벽이 선측과 선저 외판으로부터 일정거리 이상의 간격을 두고 설치되어야 함을 정하고 있다.

(2) 시정에 대한 요구사항(visibility requirement)(SOLAS Chapter V Reg. 22)

선미 거주구를 가진 모든 선박의 거주구 위치 선정 및 높이 결정의 기준이 된다. 요구사항은 표 4.3에 보였으며 그림 4.11에 보인 바와 같이 컨테이너선에서는 화물의 적재량 및 경제성에 직접적인 영향을 주는 규정이다.

표 4.3 시정에 대한 요구사항

구분	규정 요구사항
적용 선박	LOA 55 m 이상, 용골 거치일(keel laying date) 기준으로 1998년 7월 1일 이후 건조 선박
시정거리 (visibility length)	모든 흘수에서 LOA의 2배 거리 또는 500 m 중 작은 쪽의 시정거리가 확보되어야 함
조타 지시 위치 (conning position)	높이: 조타실 갑판(wheelhouse deck) 상부 1.8 m 위치 길이: 작업실(work station) 위치

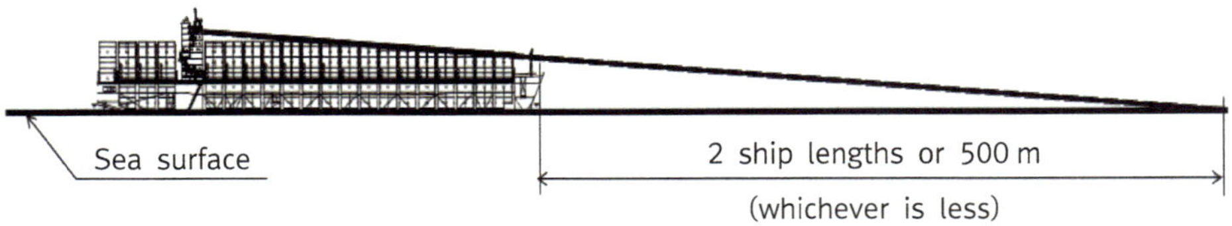

그림 4.11 컨테이너선의 시정

(3) 밸러스트수 교환(ballast water exchange)

항만에 들어오는 선박이 입항국의 수역에서 밸러스트수를 아무런 조치 없이 배출하여 항만수역을 오염시키거나 또는 생태계를 파괴하는 것을 방지하기 위한 규정이다. 밸러스트수 교환은 다음과 같은 방법에 의하여 수행된다.

1) 순차법(sequential method): 탱크 내의 밸러스트수를 완전히 배출한 후 밸러스트 펌프를 사용하여 교환수를 주수한다.
2) 유동법(flow-through method): 탱크 내에 있는 기존 밸러스트수에 추가하여 교환수를 지속적으로 주수하여 혼합된 밸러스트수가 배출되도록 하며, 기존 밸러스트수 대비 약 3 배 정도의 교환수를 주수한다.
3) 희석법(dilution method): 별도의 밸러스트 배관을 이용하여 배출과 주수를 동시에 수행한다.
4) 처리법(treatment method): 화학/기계적인 방법으로 밸러스트수에 포함된 미생물을 강제로 제거하며, 2012년 건조되는 선박부터는 반드시 이 방법을 적용해야 한다.

4.5 선박의 원가

4.5.1 선가의 결정

선박의 가격은 선박 수주 당시의 시장가격과 각 조선사 별도 독자적인 자체원가 계산에 의해 산정되는 가격을 상호보완적으로 고려하여 결정된다. 시장가격은 Clarkson 등 선박 거래 및 금융 등을 전문으로 하는 회사들이 제공하는 세계 시장에서 최근에 계약된 선박의 가격 정보를 기준으로 건조 조선사의 인지도, 품질 수준, 인도 시기 및 특수 사양의 채택 정도에 따라 추가적으로 가감되는 금액을 고려하여 산출되는 선가이다. 그러나 미래의 경영 상황 예측이나 조선사별 특수성을 고려한 조선사별 자체원가 계산도 계약선가의 결정에 필수적인 항목이며, 조선사로서는 자체원가 계산이 필수적이다.

일반 상선은 계약 후 짧게는 2 년 길게는 3~4 년 후에 인도되며 석유/가스 생산용 해양구조물, 함정 등 특수선은 상선의 2배 이상의 기간이 소요되는 제품이므로 선가는 재료비, 가공비, 직접경비 등 직접 건조에 사용되는 원가 외에도 미래에 발생할 수 있는 다양한 경제적 요인들을 감안하여 결정된다.

계약 시점에서 인도 시점의 장기화에 따른 자재비, 인건비 등의 상승, 환율의 변동 등이 선가에 영향을 미치는 결정적 요인이 될 수 있다. 특히 국내 조선사의 경우에 달러화 표기 계약이 대부분인 점을 고려하면 달러 환율의 변동은 조선사의 손익에 지대한 영향을 미치게 된다. 한편 선박 건조대금의 수금 방식 또한 선가에 큰 영향을 미친다. 통상 선박의 대금은 선가의 20%씩을 5회 분할 수금하는 것을 표준으로 하고 있다. 즉, 계약 또는 RG(Refund Guarantee) 발급, 강재절단, 탑재, 진수 및 인도 시에 분할 지급한다. 그러나 조선해양시장 불황기에는 선주의 요구에 의하여 10-10-10-10-60과 같이 분할하여 지급하는 방식 즉 대금 지급을 선박 건조 후반기로 늦추는 헤비테일(heavy tail) 방식이 적용되기도 한다. 선가의 지불방식이 표준과 다를 때는 회사의 장기적인 자금 흐름에 유의하여 선가를 결정해야 한다.

4.5.2 선박 제조원가의 구성

제조원가의 구성은 재료비, 가공비 및 직접경비로 이루어진다.

재료비는 직접자재비, 운송비, 간접재료비, 예비비로 구성되며, 직접자재비는 강재, 도료, 주기관 및 각종 보조기기, 배관, 통신 및 항해장비 등 사양서에 기술된 모든 장비에 소요되는 비용을 포함한다. 운송비는 자재의 운송에 소요되는 비용을 의미하는데 FOB (Free On Board)인가 또는 CIF(Cost, Insurance and Freight, 운임보험료포함가격)인가 등의 계약 조건에 따라 달라진다. 간접재료비는 선박 건조 시 용접 및 절단에 소요되는 재료비, 가스 사용비 등이 포함된다. 예비비는 전체 재료비 중에서 비중이 가장 큰 직접자재비의 변동에 대비하여 책정하는 비용으로 직접자재비의 일정 비율을 고려하는 방식으로 책정된다. 실질적인 재료비의 구성이나 책정 방식은 조선소마다 달라질 수 있다.

가공비는 설계가공비와 생산가공비로 구성되며, 각각의 가공비는 설계 및 생산에 소요되는 MH(manhour)당 인건비를 고려하여 결정되는데 각 조선사 별로 건조 기간, 건조 선박의 난이도, 시리즈선 건조 여부, 건조 시의 생산성 향상 효과 등을 고려하여 책정한다.

직접경비는 검사비, 보험료, 시운전비용, 기술료, 행사비, 보증수리비, 기타 비용으로 구성된다.

상기의 비용 이외에도 선박을 건조하여 인도한 후 최종적인 손익을 평가하기 위하여 직접판매비, 운전자금에 대한 이자 및 설비투자에 대한 감가상각 등을 고려해야 한다.

Chapter 5

선박의 저항과 추진

이 장에서는 1절에서 선박의 저항에 대해 먼저 알아보고, 2절에서 선박의 추진에 대해 살펴보기로 한다.

5.1 선박의 저항

일정한 속도로 진행하는 선박에는 진행방향과 반대방향으로 힘이 작용하며 이 힘을 선박에 작용하는 저항(resistance)이라고 한다. 뉴턴의 작용과 반작용 법칙에 따르면 이 힘은 선박을 그 속도로 추진하는데 필요한 힘인 추력(thrust)과 같아야 한다.

선박의 속도 성능을 정확히 알기 위해서는 선박에 작용하는 저항을 정확하게 추정할 수 있어야 한다. 선박의 저항을 추정하는 방법은 19세기 말 윌리엄 프루드(William Froude, 1810-1879, UK)가 예인수조(towing tank)에서 수행된 모형시험 결과를 이용하는 방법을 제안한 이래 현재까지 수많은 학자들에 의해 연구, 발전되어 왔다.

물 위에 떠서 운항하는 선박의 경우 그 주위의 물과 공기로부터 저항을 받으며, 전체저항 R_T는 크게 수면 아래 선체에 작용하는 물에 의한 저항과 수면 위 선체에 작용하는 공기에 의한 저항(air resistance) R_A의 합으로 이루어지지만, 물에 의한 저항이 전체저항의 대부분을 차지한다.

물에 의한 저항은 크게 두 가지 성분으로 구성된다. 수상선이 물로부터 받는 저항을 고려하기 위해 먼저 잠수함의 저항을 생각해 보자. 물 속 깊이 잠수해 있는 잠수함의 경우에는 전진함에 따라 수면 상에 어떠한 파도도 만들어지지 않으며, 비행기가 공기의 점성 때문에 저항을 받는 것과 마찬가지로, 물의 점성에 기인하는 점성저항(viscous resistance)을 받는다. 반면 잠수함이 수면과 가까운 곳에서 움직이면 잠수함의 전진에 따라 수면에 파도가 만들어지며 완전히 부상하게 되면 수상선과 같은 경우가 되므로 수상선의 경우에는 따라서 점성에 기인하는 저항뿐만 아니라 파도의 생성에 기인하는 저항을 받음을 알 수 있다. 배가 전진하면서 만들어지는 파도는 그 배가 물에 공급한 에너지에 의해 만들어지며, 이 에너지는 배가 전진하면서 물에 가한 힘의 일부에 의해 공급된다. 이 힘을 조파에 기인하여 선박이 받는 조파저항(wave resistance)이라고 부른다.

위에서 설명한 바와 같이 수상선이 물로부터 받는 저항은 물의 점성에 기인하는 점성저항과 조파에 기인하는 조파저항으로 나눌 수 있는데, 실선의 전체저항을 모형시험을 통해 추정하려고 하는 경우, 이들 성분을 개별적으로 정확하게 추정하는 것이 매우 힘들므로 어쩔 수 없이 근사적인 방법을 사용한다.

이와 관련하여 아래에서는 먼저 프루드의 가정에 대해 살펴보고 저항의 각종 성분에 대해 보다 자세히 알아보기로 한다[대한조선학회(2009)].

5.1.1 모형시험과 상사법칙

19세기 중엽 이래로 바람을 동력원으로 하던 목선이 기관을 동력원으로 하는 철선으로 바뀌기 시작하였는데, 이와 같이 새로운 형태의 배를 설계할 때 가장 중요한 문제로 대두된 것은 실선의 저항을 정확하게 추정하여 얻고자 하는 속도를 구현할 수 있는 추진장치를 제공하는 것이었다.

(1) 모형시험

윌리엄 프루드는 실제보다 작은 크기의 모형선을 제작, 예인하여 모형선에 작용하는 저항을 계측하고 이를 실선의 저항을 추정하는데 사용하고자 시도하였다. 그는 매우 긴 물탱크라고 볼 수 있는 수조를 만들고, 정수 중에서 모형선을 일정 속도로 끌며 이때 모형선에 작용하는 저항을 계측하는 예인수조 시험법의 기초를 확립하였다. 1872년 영국 해군의 지원을 받아 최초의 근대식 예인수조를 건설하였고(그림 5.1), 그의 아들인 R. E. Froude(1846~1924, UK)에 의해 정립된 모형시험(model test)을 이용한 실선의 저항추정법은 오늘날 대부분의 예인수조에서 사용하는 저항추정법의 근간을 이루고 있다.

모형시험의 결과로부터 실선에 작용하는 저항을 추정하는 방법에 대해 살펴보기에 앞서, 이를 이해하는데 필요한 모형시험과 관련하여 상사법칙에 대해 알아보기로 한다. 모형시험은 모형선 주의의 유동장이 실선 주위의 유동장과 물리적으로 동일한 특성을 가지도록 수행되어야 하며, 두 유동장이 동일한 물리적 특성을 가질 때, 두 유동장은 서로 역학적으로 상사하다(mechanically similar)고 하는데, 이를 위해서는 세 가지 조건이 만족되어야 한다.

그림 5.1 최초의 근대식 예인수조(1872, Torquay, UK)

첫째로 모형선과 실선은 기하학적으로(geometrically) 상사해야 한다. 둘째는 두 유동장의 대응되는 점들에서 유체입자의 속도가 같은 방향이어야 하고, 또 그 크기의 비가 모든 점에서 같아야 한다. 이와 같은 조건이 만족되면 두 유동장은 운동학적으로(kinematically) 상사하다고 한다. 셋째로 모형선과 실선 표면 위의 대응되는 점들에 작용하는 단위면적당 힘, 즉 응력벡터(stress vector 또는 traction)의 방향이 같고, 또 그 크기의 비도 모든 점에서 같아야 한다. 이와 같은 조건이 만족되면 두 유동장은 동역학적으로(dynamically) 상사하다고 한다. 실선과 기하학적으로 상사한 모형선을 어떤 크기의 속도로 끌어야 실선의 유동장과 운동학적 및 동역학적으로 상사한 유동장을 얻을 수 있고, 또한 모형선을 일정한 속도로 끌어서 계측한 모형선의 저항이 실선의 저항과 어떤 관계에 있는지에 대한 문제는 간단히 대답할 수 있는 문제가 아니다. 아래에서는 이들 문제에 대해 좀 더 자세히 생각하기로 한다.

가) 기하학적 상사(geometric similitude)

실선과 기하학적으로 상사한 모형선의 크기(축척비, $\lambda = L_M / L_S$)는 예인수조의 크기를 고려하여 결정되며(그림 5.2), 일반적으로 축척비가 크면 모형시험을 통해 계측되는 물리량이 커지기 때문에 시험의 정확도를 높일 수 있다. 여기서 하첨자 M과 S는 각각 모형선과 실선에 대한 값을 뜻한다.

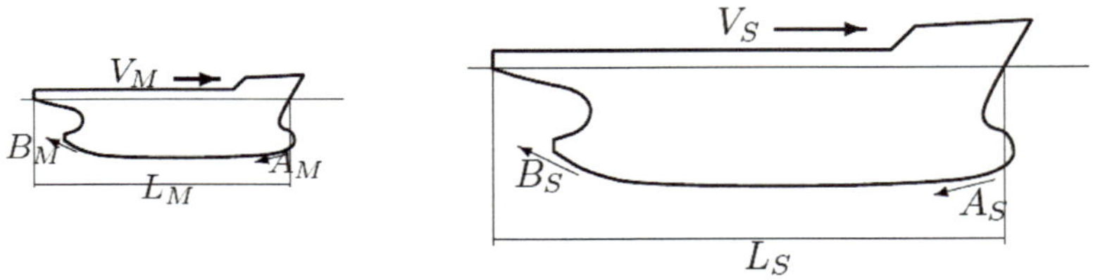

그림 5.2 모형선과 실선의 기하학적 상사

나) 운동학적 상사(kinematic similitude)

모형선과 실선의 유동이 운동학적 상사를 이룬다면, 상응하는 모든 점에서 속도 벡터의 방향이 같고, 그 크기의 비는 동일해야 하므로 두 점 A, B에서의 속도의 크기 V_A, V_B에 대해 다음 식이 성립해야 한다.

$$\left(\frac{V_A}{V_B}\right)_M = \left(\frac{V_A}{V_B}\right)_S. \tag{5.1}$$

또한 운동학적 상사가 만족된다면 프로펠러를 회전시켜 모형선을 추진하는 자항시험(self propulsion test)의 경우, 배의 속도 V와 프로펠러의 회전속도의 비는 모형선과 실선에 있어 동일한 값을 가져야 하므로, n을 프로펠러의 초당회전수, D를 프로펠러의 직경이라고 하면 다음 식이 성립해야 한다.

$$\left(\frac{V}{\pi n D}\right)_M = \left(\frac{V}{\pi n D}\right)_S. \tag{5.2}$$

전진비(advance ratio) J를 다음과 같이 정의하면,

$$J \equiv \frac{V}{nD}, \tag{5.3}$$

식 (5.3)을 식 (5.2)에 대입하여 다음 결과를 얻는다.

$$J_M = J_S. \tag{5.4}$$

이 식에 따르면 자항시험에 대해 운동학적 상사가 이루어지기 위해서는, 모형선과 실선에 대한 전진비가 같아야 한다.

다) 동역학적 상사(dynamic similitude)

동역학적 상사가 만족되면 상응하는 모든 점에서 응력벡터의 방향이 같아야 하므로, 그림 5.3에 보인 바와 같이 응력벡터의 접선방향 성분을 F_t, 법선방향 성분을 F_n 이라고 하면 다음 식이 성립해야 한다.

$$\left(\frac{F_t}{F_n}\right)_M = \left(\frac{F_t}{F_n}\right)_S. \tag{5.5}$$

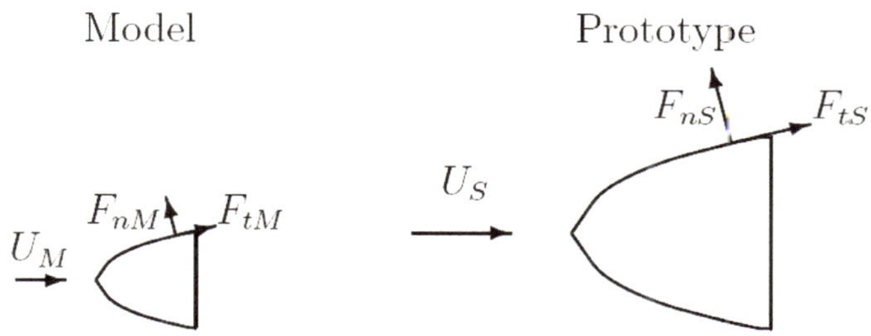

그림 5.3 모형선과 실선의 동역학적 상사

(2) 프루드의 가정

차원(dimension)은 각종 물리량의 성질이 다름을 나타내는 척도이며 단위(unit)는 물리량의 크기를 나타내기 위해, 즉 물리량을 수(number)로 나타내기 위해 필요한 체계이다. 국제단위계(SI)에 따르면 모든 물리량은 길이(m), 질량(kg), 시간(s), 온도(K), 전류(A), 빛의 양(cd), 물질의 양(mol) 등 일곱 개의 기본차원을 사용하여 나타낼 수 있다. 모형시험을 수행하고 그 결과를 실선으로 확장하는 경우 관련된 물리량들은 무차원량으로 표현하는 것이 일반적인데 이는 물리량에 관한 방정식은 양변에 위치한 양의 크기뿐만 아니라 차원도 같아야 하며, 특히 양변을 적절한 크기의 무차원량으로 나타내어 비교하는 것이 쉽기 때문이다. 아래에서는 먼저 선박의 모형시험과 관련하여 매우 중요한 두 가지 무차원수(dimensionless number)와 자주 사용되는 무차원계수(dimensionless coefficient)들에 대해서 알아보기로 한다.

가) 프루드수(Froude Number, Fn)

수상선과 같이 수표면에서 이동하면서 파도를 발생시키는 물체를 시험하는 경우, 파도를 생성하는데 가장 주요한 역할을 하는 관성력과 중력의 비를 같게 해주면 위에서 설명한 동역학적 상사가 만족된다. 관성력과 중력의 비를 나타내는 무차원 수는 프루드수 Fn라고 부르며, 다음과 같이 정의된다.

$$Fn = \frac{V}{\sqrt{gL}}. \tag{5.6}$$

여기서 g는 중력가속도, L은 배의 길이이다. 따라서 모형선과 실선의 Fn가 동일하면, 배에 의해 만들어지는 파도의 물리적 특성이 모형시험에서도 동일하게 구현된다.

모형시험 시 모형선의 속도는 실선과 모형선의 Fn가 같도록 결정되므로 다음을 얻는다.

$$\left(\frac{V}{\sqrt{gL}}\right)_M = \left(\frac{V}{\sqrt{gL}}\right)_S \rightarrow V_M = V_S\sqrt{\frac{L_M}{L_S}} = V_S\sqrt{\lambda}\,. \tag{5.7}$$

프루드는 위 식에 따라 결정되는 모형선의 속도를 대응속도(corresponding speed)라고 불렀다. 예를 들어 $\lambda = 1/16$, $V_S = 10\ m/s$ 라고 하면, 모형선의 속도는 실선 속도의 $1/4$, 즉 $V_M = 2.5\ m/s$ 가 된다.

나) 레이놀즈수(Reynolds Number, Rn)

선박의 저항은 상당 부분이 점성에 기인하며, 이와 같이 점성이 주요한 역할을 하는 현상을 다룰 때는 관성력과 점성력의 비를 같게 해주어야 동역학적 상사가 만족된다. 관성력과 점성력의 비를 나타내는 무차원수는 레이놀즈수 Rn라고 부르며 다음과 같이 정의된다.

$$Rn = \frac{VL}{\nu}. \tag{5.8}$$

여기서 ν는 유체의 운동학적 점성계수(kinematic viscosity)이며, 점성계수(dynamic viscosity) μ와 밀도 ρ의 비 μ/ρ로 정의된다. 만약 모형시험을 해수 중에서 모형선과 실선의 Rn가 같도록 수행한다면 운동학적 점성계수는 모형선과 실선에 대해 같으므로 모형선의 속도를 다음과 같이 얻는다.

$$\left(\frac{VL}{\nu}\right)_M = \left(\frac{VL}{\nu}\right)_S \rightarrow V_M = V_S\frac{L_S}{L_M} = \frac{V_S}{\lambda}\,. \tag{5.9}$$

예를 들어 $\lambda = 1/16$, $V_S = 10\ m/s$ 라고 하면, 모형선의 속도는 실선 속도의 16배, 즉 $V_M = 160\ m/s$ 가 된다. 다시 말하면 모형선과 실선의 Rn가 같아지기 위해서는 모형선의 속도를 실선보다 훨씬 빠르게 해 주어야 하며, 이는 실제로 $\lambda^{-1} > 30$, $V_S > 5\ m/s$인 점을 감안하면 현실적으로 거의 불가능하다고 생각할 수 있다.

다) 저항계수

모형시험에서 계측된 모형선의 저항을 사용하여 실선의 저항을 추정하고자 할 때, 저항 및 그 성분들을 무차원화하여 저항계수(resistance coefficient)로 표현하는 것이 일반적이다. 전체저항계수 C_T는 배의 전체저항 R_T를 무차원화하여 다음과 같이 정의한다.

$$C_T = \frac{R_T}{(\rho V^2/2)S}. \tag{5.10}$$

여기서 S는 배의 침수표면적(wetted surface area)이고, $\rho V^2/2$은 유체역학에서 배우게 될 정체압(stagnation pressure)이라고 불리는 양이며, 힘이나 압력을 무차원화하는데 자주 사용된다.

실선의 저항을 추정하기 위한 모형시험은 대부분 담수(fresh water, 또는 청수)에서 이루어지므로 운동학적 점성계수의 값은 실선과 모형선에 대해 약간의 차이가 있다. 15℃에서 운동학적 점성계수는 담수가 $1.1394 \times 10^{-6}\ m^2/s$, 해수는 $1.1873 \times 10^{-6}\ m^2/s$이다. 해수에 대한 값이 약 4% 밖에 크지 않으므로 위의 식 (5.7)과 (5.9)에서 보는 바와 같이 모형선과 실선의 프루드수와 레이놀즈수를 동시에 같게 해주는 것은 불가능하다.

실제 모형시험에서는 실선과 모형선의 Fn를 같게 하여 모형선을 대응속도에서 실험한다. 차원해석을 이용하면 전체저항계수는 Fn와 Rn만의 함수, 즉 $C_T = C_T(Rn, Fn)$인 것을 보일 수 있으며, 따라서 Fn가 같게 수행된 모형시험에서 얻어진 전체저항계수로부터 어떻게 실선의 전체저항계수를 얻을 것인가 하는 것이 중요한 문제가 되었는데 프루드는 바로 이 문제와 관련하여 지대한 공헌을 하였다.

프루드는 전체저항계수 C_T를 두 성분으로 나누어 마찰저항계수 C_F와 잉여저항계수 C_R의 합으로 보았으며, 나아가 C_F는 Rn만의 함수이고, C_R은 Fn만의 함수로 보아 다음과 같이 가정하였다.

$$C_T(Rn, Fn) \simeq C_F(Rn) + C_R(Fn). \tag{5.11}$$

이와 같은 프루드의 가정은 만약 모형선과 실선의 Fn가 같도록 모형시험을 수행한다면 모형선과 실선의 잉여저항계수 C_R이 같아야 함을 뜻한다.

따라서 모형선과 실선의 마찰저항계수 $C_F(Rn)$를 적절한 방법에 의해 구할 수 있다면 모형시험에서 계측된 전체저항으로 얻은 모형선의 전체저항계수 C_T로부터 실선의 전체저항계수를 얻을 수 있을 것이다. 프루드는 모형선과 실선에 대한 $C_F(Rn)$는 배와 길이 및 침수표면적이 같은 평판, 즉 등가평판(equivalent flat plate)의 마찰저항계수를 사용할 것을 제안하였으며 다양한 크기의 평판에 대한 실험을 수행하여 실선과 모형선의 마찰저항계수를 구하는데 어려움이 없도록 하였다.

표 5.1에 대표적인 6 가지 종류의 선박에 대해 그 저항계수를 비교하여 보였다[대한조선학회(2009)]. 우선적으로 마찰저항계수 C_F와 잉여저항계수 C_R의 합은 전체저항계수 C_T와 같고, 조파저항계수 C_W는 C_R보다 작으며, C_F가 C_T의 60-70% 정도를 차지함을 알 수 있다. 또 Fn 증가에 따른 마찰저항계수 C_F의 변화는 거의 없으며, 한편, 잉여저항계수 C_R은 Fn의 증가에 따라 크게 증가하고, C_R/C_T가 유조선은 33%, 구축함은 45%로 C_R의 크기도 증가하지만 전체저항 C_T에서 차지하는 비율도 증가함을 알 수 있다.

표 5.1 대표적인 선종별 저항계수

선 종	전체저항 계수 $C_T \times 10^3$	마찰저항 계수 $C_F \times 10^3$	조파저항 계수 $C_W \times 10^3$	잉여저항 계수 $C_R \times 10^3$	프루드수 $V/\sqrt{gL}$
유조선 (300K VLCC)	2.08	1.40	0.288	0.68	0.14
산적화물선 (75K Panamax)	2.28	1.46	0.543	0.82	0.17
정제유탱커 (35K PT)	2.78	1.51	0.877	1.27	0.19
컨테이너선 (9,000 TEU)	1.99	1.33	0.474	0.66	0.23
자동차선 (3,000 unit PCC)	2.60	1.49	0.931	1.11	0.24
구축함	2.60	1.42	0.825	1.18	0.28

프루드의 선구적인 연구 이래로 실선의 C_T 및 각종 저항계수를 보다 합리적인 방법으로 추정하기 위한 연구들이 다양한 방법 및 개념들을 사용하여 이루어져 왔으며 다음 절들에서는 이에 대해 알아보기로 한다.

5.1.2 실선의 저항 추정

모형시험의 결과를 이용하여 실선의 저항을 추정하는 식 (5.11)에 근거한 방법이 프루드에 의해 제안된 이래 세계 각국의 시험수조에서는 각자 나름대로의 방법을 개발하여 사용하였다. 이에 따라 시험기관이 다른 경우 그 결과를 비교하기 힘들게 되었고, 또한 저항시험 관련 용어와 그 정의의 통일에 대한 필요성이 제기되어 국제예인수조협의회(International Towing Tank Conference, ITTC)는 1957년과 1978년 현재 가장 많이 사용되고 있는 두 가지 저항 추정 방법을 제안하였다.

1957년에 제안된 방법은 프루드가 제안한 다음 식에 근거한 방법으로

$$C_T = C_F + C_R, \tag{5.12}$$

보통 2차원 외삽법(extrapolation)이라고 불린다. 여기서 $C_{RM} = C_{RS}$이고, 모형선과 실선에 대한 C_F는 다음 식을 사용하여 구하며(그림 5.4),

$$C_F = \frac{0.075}{(\log Rn - 2)^2}, \tag{5.13}$$

C_{TS}는 다음 식으로 구한다.

$$C_{TS} = C_{FS} + C_{RS} + C_{AS}. \tag{5.14}$$

여기서 C_{AS}는 모형선-실선 상관수정계수(model-ship correlation allowance)로 실선의 표면거칠기를 고려한 항이다.

1978년에 제안된 방법은 배의 형상이 평판과는 다른 점을 고려하여 형상계수(form factor) k를 도입, 사용하는 방법인데 이 방법에서는 전체저항을 점성에 기인하는 점성저항과 조파에 기인하는 조파저항의 합으로 간주한다. 따라서 다음과 같은 식에 근거하여 C_T를 구하는데,

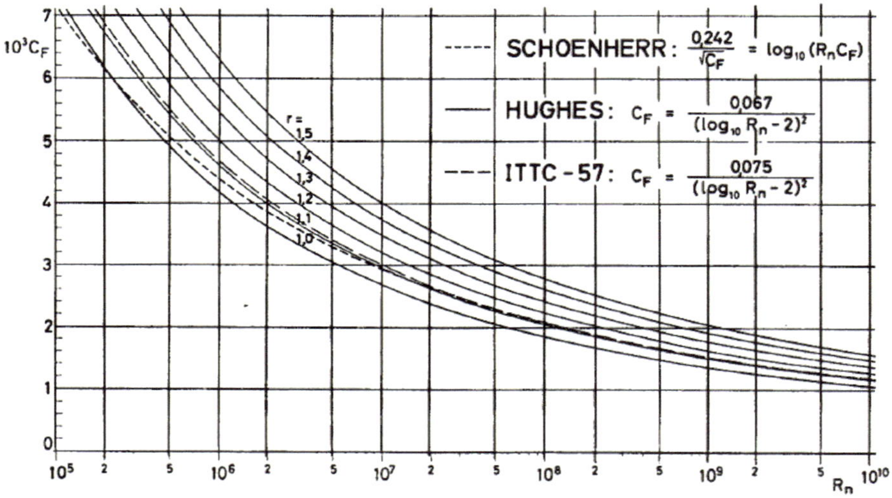

그림 5.4 1957 ITTC 모형선-실선 상관곡선

$$C_T = C_V + C_W = (1+k)C_F + C_W, \tag{5.15}$$

통상 3차원 외삽법이라고 불린다. 여기서 $C_{WM} = C_{WS}$이고, k는 모형선과 실선에 대해 같은 값임을 가정한다. 또한 점성저항계수 C_V, 조파저항계수 C_W는 식 (5.10) 우변 분모와 같은 양으로 무차원화한다.

한편 C_F는 식 (5.13)을 사용하여 구하므로 식 (5.12)와 식 (5.15)로부터 다음 결과를 얻는다.

$$C_R = kC_F + C_W. \tag{5.16}$$

이 식에 따르면 3차원 외삽법에서는 잉여저항을 형상계수에 기인하는 저항, 즉 형상저항(form resistance)과 조파저항의 합으로 간주하며, 실제로 잉여저항의 구성 성분 중 Fn에 따라 결정되는 양은 조파저항뿐이므로 이 방법은 2차원 방법보다 합리적인 것으로 생각할 수 있다. 단 3차원 외삽법에서 사용되는 형상계수 k의 값을 정확하게 구하는 것이 쉽지 않으므로 아직도 상당수의 시험수조에서는 2차원 외삽법을 사용하고 있다.

1978년에 제안된 방법에서는 만곡부 용골(bilge keel)이 없는 단일프로펠러(single propeller) 선박에 대해 다음 식으로 C_{TS}를 구하도록 하고 있다.

$$C_{TS} = (1+k)C_{FS} + C_{WS} + C_{AS} + C_{AAS}. \tag{5.17}$$

여기서 C_{AAS}는 공기저항계수이다.

표 5.2에 ITTC 1957 방법과 ITTC 1978 방법을 비교하여 실선의 전체저항을 추정하는 방법을 보였다.

표 5.2 ITTC 1957 방법과 ITTC 1978 방법

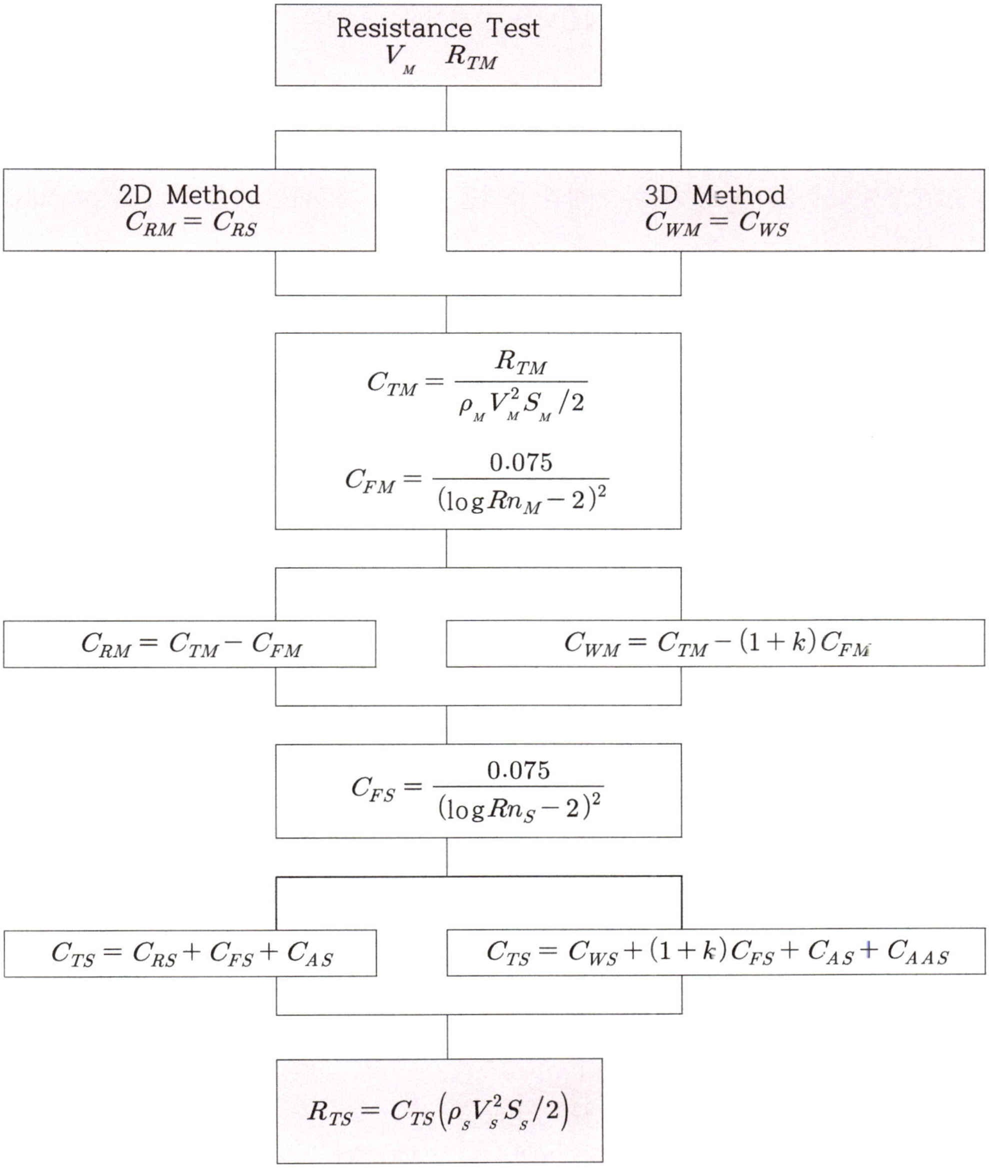

5.1.3 저항시험

선박의 속도 및 저항추진 성능을 예측하기 위해서는 대개 다음과 같은 네 종류의 모형시험을 수행한다.

1) 정수 중에서 일정한 속도로 예인되는 모형선에 작용하는 저항을 계측하는 저항시험(resistance test),
2) 추진기를 단독으로 시험하여 그 추진력을 계측하는 프로펠러 단독시험(Propeller Open Water test, POW test),
3) 모형선에 추진기를 장착하여 저항과 추력을 동시에 계측하는 자항시험(self propulsion test),
4) 프로펠러를 공동수조(cavitation tunnel)에서 시험하는 공동시험(propeller cavitation test).

1872년 프루드가 최초로 예인수조를 건설한 이래 현재 전 세계적으로 약 100여 개의 예인수조가 운용되고 있으며(그림 5.5), 표 5.3에 국내외 주요 국가들의 예인수조 시설 특성을 보였다.

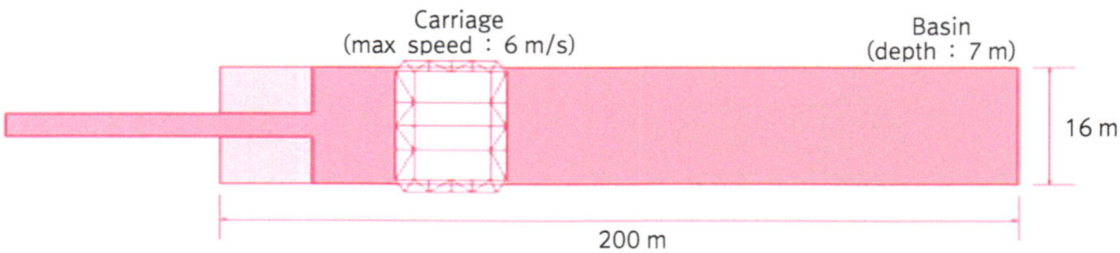

그림 5.5 예인수조 시설(KRISO)

표 5.3 세계 각국의 주요 예인수조

국가	기관	수조크기 (길이x폭x수심) (m)	최고 예인속도 (m/s)
대한민국	KRISO	203×16×7	6
	현대중공업	188×14×6	7
	삼성중공업	400×14×7	5.18
미국	NSWCCD	575×15.5×6.7(심해용)	10.3
중국	CSSRC	474×14×7	15
이탈리아	INSEAN	470×13.5×6.5	15
일본	NMRI	400×18×8	15
스페인	CEHIPAR	320×12.5×6.5	10
독일	HSVA	300×18×6	8
스웨덴	SSPA	260×10×5	10
네덜란드	MARIN	250×10.5×5.5	9

앞에서 언급한 네 종류의 모형시험 중 저항시험에 대해서만 이 절에서 다루고 나머지 시험에 대해서는 추진과 관련하여 5.2.3절에서 다루기로 한다.

저항시험에서는 모형선을 정수 중에서 일정한 속도로 예인하기 위해 예인전차(towing carriage)를 사용하며, 모형선을 예인하다가 시험 속도에 도달하면 이때부터 배에 작용하는 저항을 동력계(dynamometer)를 이용하여 계측한다. 모형시험의 정확도에 영향을 미치는 요인은 모형 제작의 정밀도, 수조의 환경, 그리고 계측 시스템의 정확도 등을 들 수 있다.

저항계측 시스템은 모형선의 저항을 계측하는 저항동력계, 가속, 감속 기간 동안 모형선을 예인전차에 결속하기 위한 클램프(clamp), 모형선의 각종 동요를 제어하는 트림 가이드(trim guider)로 구성된다(그림 5.6, 5.7).

저항시험에서 계측하는 주된 물리량은 물론 모형선의 전체저항이지만 좋은 선형의 개발, 개발 중인 선형들의 특성 비교, 저항을 감소시키거나 추력을 향상시키는 장치들의 설계를 위해서는 선체 주위의 파형, 선미부에서의 유속 분포 등을 포함하여 국부적인 유동 특성을 가시화하거나 계측하기도 한다.

유동가시화(flow visualization) 기법으로는 페인트나 염료를 사용하여 선체 표면에 매우 가까운 곳에서의 유동을 정성적으로 얻어내거나 또는 매우 작은 압핀에 실을 붙들어 맨 터프트(tuft) 등을 사용하는 방법이 있다. 보다 정량적인 자료를 얻기 위해서는 물에 매우 작은 입자를 뿌리고 이 입자들을 컴퓨터를 사용하여 광학적인 방법으로 추적하는 PIV(Particle Image Velocimetry) 기법이 사용되는데, 이와 같은 방법은 예인수조에서는 사용하기 힘들며 모형선이 정지해 있고 물이 지속적으로 모형선 주위를 흘러가도록 되어 있는 회류수조(circulating water channel)에서 적극적으로 활용되고 있다.

선미부 특히 프로펠러가 놓이게 되는 프로펠러평면에서의 유속 분포, 즉 반류분포(wake distribution)는 프로펠러 설계를 위해 반드시 필요한 자료이며, 원주방향으로

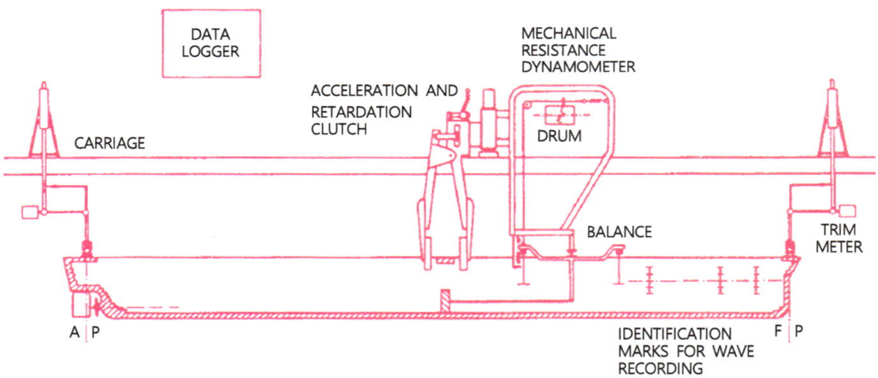

그림 5.6 저항시험을 위한 계측 및 제어 시스템

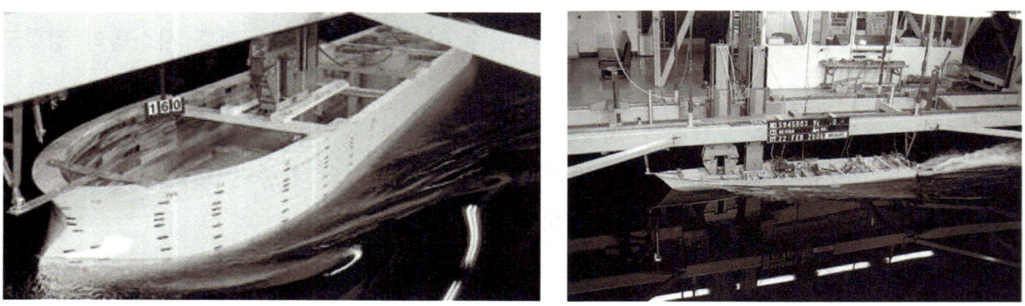

그림 5.7 모형선의 저항시험 전경(KRISO)

균일한 분포를 가지지 않으면 선미부에 발생하는 소음과 진동의 요인이 되므로 설계 초기부터 주의를 요하는 사항이다. 반류분포를 계측하는 데는 특별히 고안된 반류계측체계를 사용하는데 이는 피토관(Pitot tube)과 위치제어를 위한 장치로 구성된다.

5.1.4 선형과 저항성능

선박의 저항은 배의 기하학적 형태, 즉 선형에 따라 크게 달라진다. 따라서 선형을 설계하기에 앞서 선형이 저항성능에 미치는 영향을 분석하고 평가할 수 있어야만 효율적인 선형을 설계할 수 있다. 원유탱커나 산적화물선과 같이 가능한 한 많은 화물을 싣고 느린 속도로 운항하는 선박과, 여객선이나 컨테이너선 같이 상대적으로 빠른 속도로 운항하는 선박의 형상은 저항성능의 관점에서 큰 차이를 가진다.

선박의 형상을 선수부와 선미부로 구분하여 살펴보면, 일반적으로 선수부는 조파저항, 선미부는 점성저항에 각각 큰 영향을 미친다. 잘 설계된 상선의 조파저항은 전체저항의 35%를 넘지 않는 것이 상례이므로 우선 선미부의 형상을 최적화하는 것이 선형 설계의 기본적인 절차이다. 또한 선미부의 형상은 프로펠러에 유입되는 유동에 영향을 미치기 때문에 추진효율에 직접적인 영향을 주며, 선체의 소음과 진동에도 영향을 끼쳐 선박의 성능, 나아가 품질과 직결되므로 최근 그 중요도가 더욱 높아지고 있다. 아래에서는 선수형상과 선미형상에 대해 개괄적으로 살펴보기로 한다.

(1) 선수형상

선수부의 형상을 설계함에 있어서는 단면적곡선(또는 C_p 곡선), 횡단면의 형상, 구상선수(bulbous bow) 및 수선면의 도입각(entrance angle) 등이 주요 인자이다.

단면적곡선의 면적 분포를 보면 선수부와 선미부의 체적 분포 경향을 쉽게 알 수 있으며, 종부심(LCB), 즉 단면적곡선의 길이방향 도심의 위치는 방형계수 C_B 및 프루드수 Fn의 값에 따라 적절히 결정되어야 한다. C_B가 작고 Fn가 큰 배는 조파저항의 중요성이 상대적으로 커서 선수부의 체적이 비교적 작은 경향이 있으므로 종부심은 중앙횡단면으로부터 선미 쪽에 위치하며, C_B가 크고 Fn가 작은 배는 조파저항의 중요성이 작으므로 선수부의 체적이 커지는 경향이 있어 LCB는 중앙횡단면으로부터 선수 쪽에 위치한다.

선수부의 횡단면형상은 그림 5.8에 보인 것과 같이 저속비대선($C_B > 0.8$)의 경우에는 U형을 가지며 고속세장선($C_B < 0.7$)은 V형을 그리고 중속선($0.8 > C_B > 0.7$)은 그 중간 형태인 UV형을 가진다. 저속선의 경우에는 선수만곡부의 곡률반경을 가능한 한 크게 해 주는 것이 저항성능 측면에서는 유리하다.

선수형상의 또 다른 특징인 구상선수(또는 벌브(bulb))는 벌브에 의하여 생성되는 파도가 선수부(forebody)에 기인하여 생성되는 파도와 위상차를 가지도록 설계되어 조파저항을 감소시킬 뿐만 아니라 선수부에서 자주 관찰되는 쇄파(breaking wave)를 감소시키므로 저속, 고속을 막론하고 효과가 있는 것으로 추정되고 있으며, 특히 흘수가 작

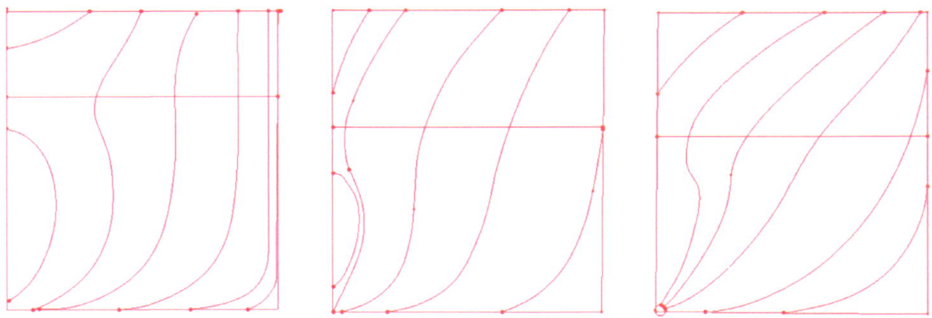

(저속선) (중속선) (고속선)

그림 5.8 선속에 따른 선수부 횡단면형상 비교

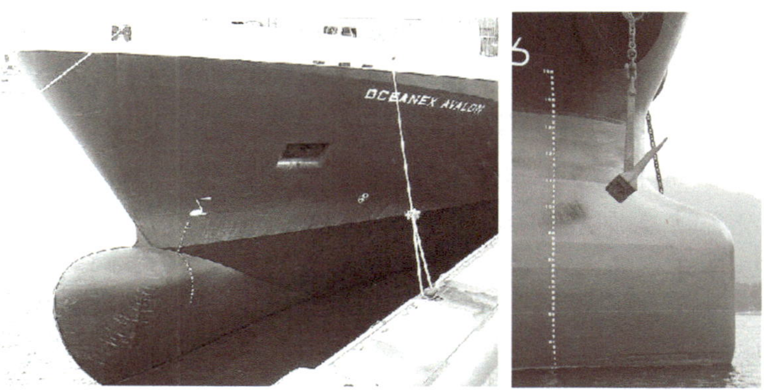

그림 5.9 높은 벌브(좌)와 중간 벌브(우)

그림 5.10 낮은 벌브(좌)와 거위목 벌브(우)

은 밸러스트상태에서도 그 효과가 적지 않은 것으로 알려져 있다. 구상선수는 높은 벌브, 중간 벌브, 낮은 벌브와 거위목(gooseneck) 벌브가 있으며 저속선, 고속선, 크루즈선 등의 여러 가지 선형에 적절히 적용되고 있다(그림 5.9, 5.10).

수선면의 형상, 특히 수선면의 도입각은 조파저항의 크기를 결정하는 주요한 인자이다. 수선면의 도입각은 수선면의 선수 쪽 끝에서 수선의 접선이 중앙종단면과 만드는 각으로 정의되며(그림 5.11), 일반적으로 도입각이 작으면 작을수록 조파저항은 작아진다.

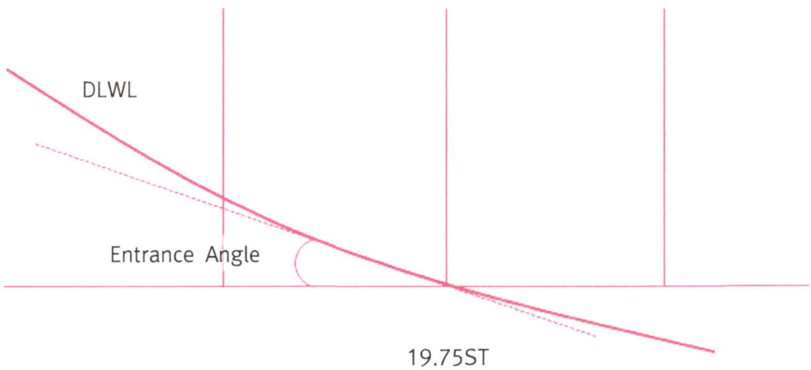

그림 5.11 수선면의 도입각

(2) 선미형상

선미부의 형상을 설계함에 있어서는 단면적곡선, 횡단면의 형상, 측면형상(stern profile) 등이 주요 인자이며, 선미부에는 프로펠러와 타가 위치하므로 이에 대한 고려 역시 필수적이다.

선미부 단면적곡선의 형상은 가급적 완만하게 변화해야 하며 특히 프로펠러가 놓이게 될 평면, 즉 프로펠러평면 부근에서는 유동 박리(separation)와 관련하여 주의를 요한다.

선미부의 횡단면 형상 역시 U형과 V형으로 구분할 수 있는데, V형은 과거 저속비대선의 선미부에 많이 채택되었던 형상으로 점성저항을 줄이는 장점이 있지만, 프로펠러에 유입되는 유동이 불균일하게 되는 단점이 있다. U형은 선미만곡부에서 유동이 선체로부터 떨어져 나가는 경향이 심하여 형상저항을 증가시키지만 프로펠러에 유입되는 유동이 V형에 비하여 훨씬 균일하다는 장점이 있다. 최근에는 U형과 V형의 장점만을 결합한 UV형을 채택하는 경우가 일반적이다(그림 5.12). 선미부의 측면형상은 두 가지 상반되는 요구를 만족시켜야 하는데, 그 하나는 수면 아래의 배의 길이를 길게 하면 할수록 저항의 관점에서는 유리한 선형이 될 수 있다는 점이며, 다른 하나는 프로펠러와 선체 사이의 거리를 가능한 한 멀게 해야 한다는 점이다. 전자의 요구를 만족시키면서 타와 선체 사이에 프로펠러를 위치시키기 위해서는 프로펠러와 선체 사이의 거리를 확보하기가 쉽지 않은 경우가 대부분이므로 적절한 절충이 필요하다. 프로펠러 위쪽의 측면형상은 수선면의 형상을 고려하여 형상저항의 증가가 최소화되도록 결정한다.

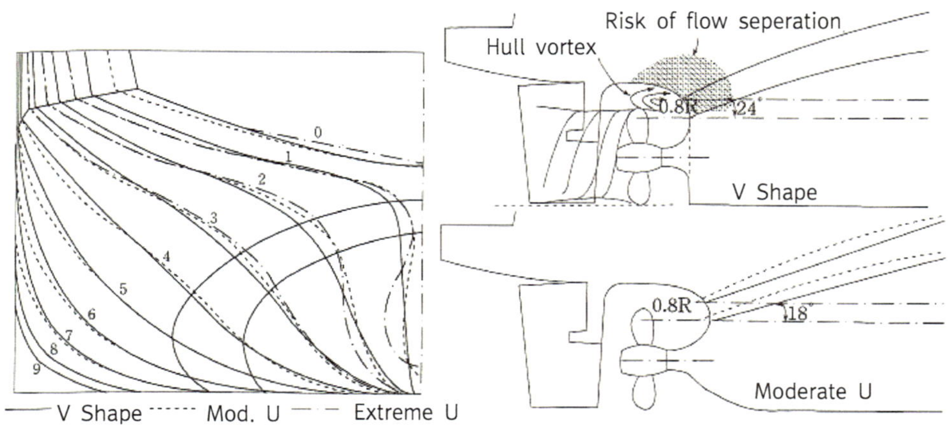

그림 5.12 U형과 V형 선미형상

5.2 선박의 추진

1850년대 초기 영국 해군에서 배의 추진을 위해 프로펠러를 본격적으로 채택하기 시작하면서 나사프로펠러(screw propeller)는 일반 상선에도 활발히 적용되기에 이르렀다. 나사프로펠러는 당시 경쟁자였던 외륜에 비해 운항 중 발생하는 흘수 변화가 추력에 미치는 영향이 적고, 선박의 폭을 크게 하지 않아도 되었으며, 또 상대적으로 무게도 작고 회전수가 높아 효율도 좋았다. 이후 지속적으로 효율과 성능이 개선되어 프로펠러는 오늘날 대부분의 선박에서 추진기(propulsor)로 사용되고 있다(그림 5.13).

5.2.1 나사프로펠러

프로펠러의 기하학적 형상을 기술하는데 필요한 용어의 정의에 대해 살펴본다. 프로펠러는 보통 몇 개의 날개(blade)를 가지며, 각각의 날개는 회전축의 중심선, 즉 축심을 축으로 하는 동심원통과 만나는 곡면이 비행기의 날개단면(airfoil)과 같은 형상을 가지도록 설계, 제작된다.

그림 5.13 선박용 나사프로펠러

(1) 기하학적 형상(그림 5.14, 5.15)

가) 프로펠러 기준선(propeller reference line), 프로펠러평면(propeller plane), 제작 기준선(generator line)

프로펠러 기준선은 축심과 직각을 이루는 직선으로 통상 연직상방으로 취하며, 이 선을 축심에 대해 회전시켜 프로펠러평면을 얻는다. 제작 기준선은 프로펠러 제작의 기준이 되는 선으로 프로펠러 기준선과 축심으로 이루어지는 수직평면 상에 위치한다.

나) 허브(hub 또는 boss), 날개끝(blade tip)

프로펠러 날개의 반경방향 양단은 축심부분을 허브, 바깥부분을 날개끝(blade tip)이라고 부른다.

다) 직경(diameter) D, 프로펠러원판(propeller disk)

프로펠러가 1회전 했을 때 날개끝이 그리는 원의 지름으로, 그 반을 반경(radius) R로 취하며, 프로펠러평면 상에서 축심에 중심을 가지며 직경이 D인 원으로 만들어지는 원판을 프로펠러원판(propeller disk)이라고 한다.

라) 앞날(leading edge), 뒷날(trailing edge), 앞면(face), 뒷면(back)

프로펠러의 날개단면에서 먼저 물을 가르는 끝을 앞날, 그 반대쪽 끝을 뒷날이라고 한다. 앞날과 뒷날을 연결하는 두 곡선 중, 아래 부분은 앞면, 위 부분은 뒷면이라고 한다. 따라서 프로펠러 날개의 선수 쪽 면이 뒷면, 선미 쪽 면이 앞면이 되어 혼동의 소지가 있으나, 이는 날개단면과 관련된 명칭으로 관련 분야에서 널리 쓰이고 있으므로 그대로 사용되고 있다.

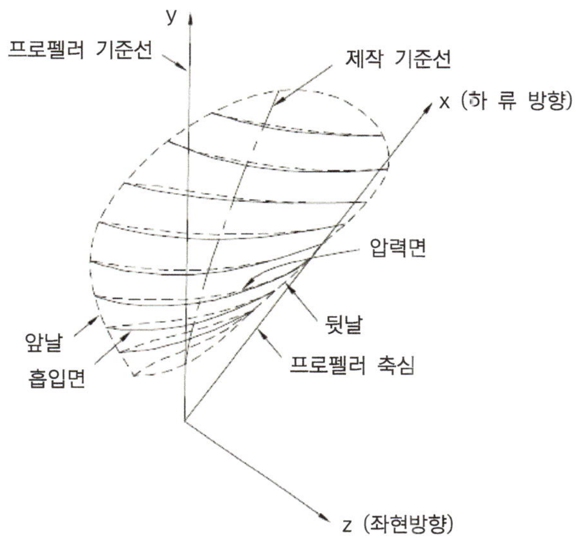

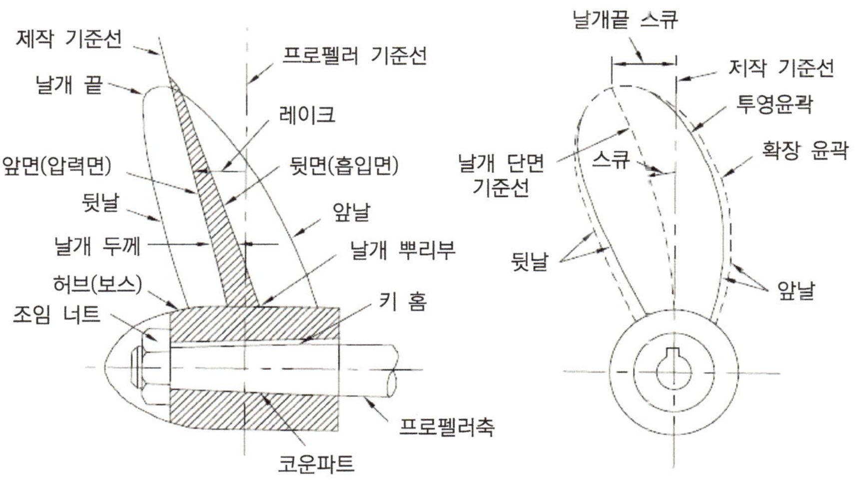

그림 5.14 프로펠러의 형상과 명칭

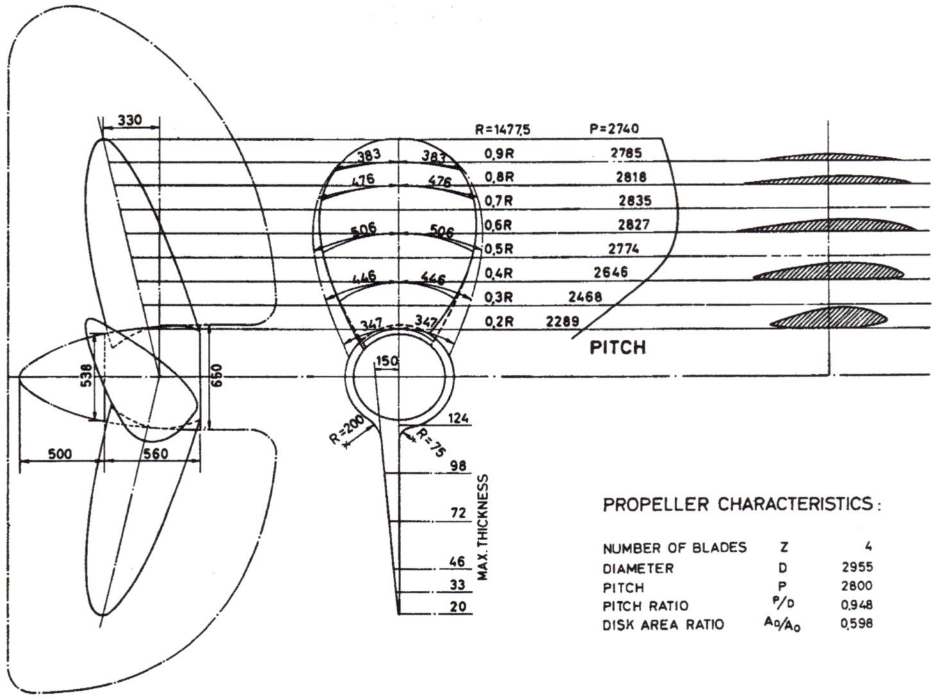

그림 5.15 프로펠러의 날개 및 날개단면의 형상

마) 코드(chord), 날개단면 기준선(blade section reference line)

날개단면의 앞날과 뒷날을 연결한 직선, 또는 그 길이를 코드 c라고 하며, 코드의 중앙점(midchord point)을 날개단면 기준점으로 정하며, 반경방향으로 날개단면 기준점을 연결한 선을 날개단면 기준선이라고 한다.

바) 레이크(rake)

각 반경위치에서 프로펠러 기준선으로부터 제작 기준선까지의 축방향 직선거리를 말한다. 보통 후류방향을 양(+)으로 잡으며, 제작 기준선이 직선인 경우에는 프로펠러 기준선과 제작 기준선 사이의 각을 레이크각이라고 한다.

사) 스큐(skew)

날개단면 기준선이 제작 기준선과 이루는 각을 뜻한다.

아) 피치(pitch) P

프로펠러가 1회전 했을 때 각 반경위치에서의 날개단면이 축방향으로 전진하는 거리를 말한다. 각 반경에서의 피치 값이 일정한 경우를 일정피치(constant pitch), 반경에 따라 변하는 경우를 변동피치(variable pitch)라고 부른다. 피치비($=P/D$, pitch ratio)는 피치를 직경으로 나누어 얻는다.

자) 날개윤곽선(blade outline)

날개윤곽선은 각 날개단면의 앞날과 뒷날을 연결하여 얻어진다. 투영윤곽선(projected outline)은 날개를 축방향으로 프로펠러평면에 투영했을 때 얻어지는 윤곽선을 뜻하며, 확장윤곽선(expanded outline)은 각 날개단면을 평면 위에 펼쳤을 때 얻어지는 도형의 경계선을 뜻한다. 확장면적비(expanded area ratio)는 확장윤곽선으로 이루어지는 면적 A_E 와 직경 D인 원판, 즉 프로펠러원판(propeller disk)의 면적 A_0 $(=\pi D^2/4)$의 비로 정의되며, 프로펠러의 역학적 특성을 나타내는 중요한 인자이다.

(2) 추진 원리

프로펠러의 축심으로부터 반경방향으로 일정한 거리에 있는 단면은 위에서 기술한 바와 같이 양력을 발생하는 날개단면의 형상을 가지도록 제작되며, 각각의 날개단면이 발생하는 양력과 항력을 알면 프로펠러가 발생하는 추력 T와 프로펠러를 회전시키는데 필요한 토크(torque) Q를 얻을 수 있다. 보다 자세한 사항은 유체역학 및 저항추진 과목으로 미루기로 하고 여기서는 날개단면, 즉 2차원 형상을 가진 날개단면이 양력을 발생시키는 메커니즘에 대해 간단히 살펴보기로 한다.

그림 5.16(a)에 보인 바와 같이 날개단면이 속도 U의 균일유동 중에 놓여 있다고 가정하자. 유체에 의해 날개단면에 작용하는 힘은 균일유동 방향의 성분과 그에 수직한 방향의 성분으로 분해할 수 있는데, 전자는 항력(drag) D, 후자는 양력(lift) L이라고 부른다.

항력과 양력은 간단한 실험에 의해 얻을 수 있으며 이와 같은 실험은 라이트(Wright) 형제가 1903년 최초의 비행기를 날리기 위해 무수히 반복했던 것과 같은 실험이다. 유체의 점성을 무시하면 날개단면에는 압력만 작용하는 것으로 생각할 수 있으며, 따라서 날개단면에 작용하는 압력 p를 구할 수 있으면 양력 발생의 메커니즘에 대해 보다 잘 이해할 수 있을 것이다. p는 통상 날개단면으로부터 충분히 멀리 떨어진 상류에서의 압력 p_∞ 와의 차이, 즉 상대압력(relative pressure) $p_r = p - p_\infty$ 을 정체압으로 나누어 얻는 무차원량, 즉 압력계수 C_p로 나타내며,

$$C_p = \frac{p - p_\infty}{\rho U^2/2} = \frac{p_r}{\rho U^2/2}, \tag{5.18}$$

그림 5.16(b)에 실험에서 얻어지는 전형적인 압력분포를 보였다.

그림에서 수직축은 $-C_p$, 수평축은 코드이며, 위의 곡선은 날개단면의 윗부분, 즉 뒷면, 아래의 곡선은 날개단면의 아랫부분, 즉 앞면에 작용하는 압력을 보여준다. 뒷면에 작용하는 p_r은 음의 부호를, 앞면에 작용하는 p_r은 양의 부호를 가지며, 또한 앞면에 작용하는 p_r보다 뒷면에 작용하는 음의 p_r의 크기가 훨씬 크다. 다시 말하면 날개단면에 작용하는 양력은 앞면에 작용하는 압력보다 뒷면에 작용하는 음의 압력이 훨씬 더 큰 영향을 미친다.

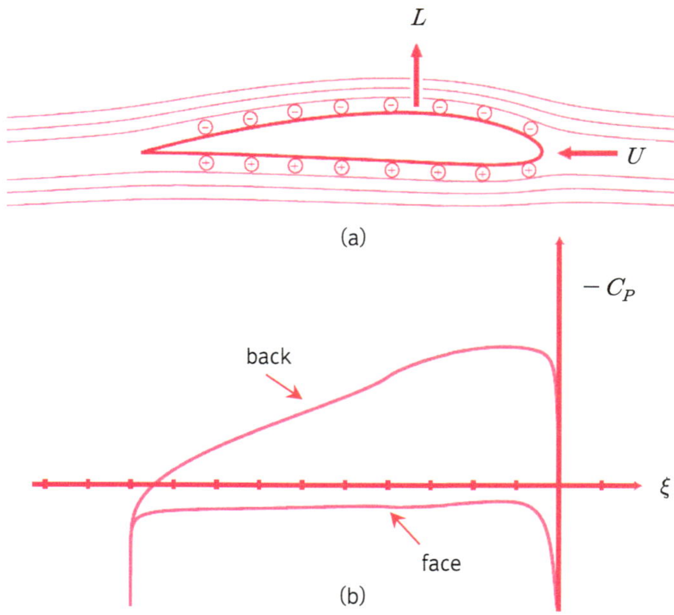

그림 5.16 날개단면에 작용하는 힘과 전형적인 압력분포

날개단면의 두께는 대부분 코드에 비해 대단히 작으므로 앞면과 뒷면에 작용하는 압력은 근사적으로 양력의 방향과 같다고 볼 수 있으며, 따라서 그림에서 위의 곡선과 아래의 곡선으로 이루어지는 도형의 면적은 그대로 날개단면에 작용하는 양력에 비례하는 양이라고 볼 수 있다.

그림 5.16(a)에 보인 균일유동의 방향은 프로펠러에서는 축심에 중심을 가진 원의 원주방향, 그리고 양력의 방향은 배의 전진방향과 근사적으로 일치한다. 보다 정확하게 말하면, 프로펠러는 회전하면서 전진하므로 각 반경위치 r에서 날개단면에 들어오는 유동의 방향은 프로펠러 회전에 기인하는 원주방향의 속도 $r\omega$, 프로펠러의 전진속도, 단위 시간당 날개단면의 전진거리 Pn에 의해 결정된다. 여기서 $\omega = 2\pi n$, n은 초당회전수(rps, revolutions per second), P는 피치이다. 따라서 근사적으로 보면 각 날개단면에 작용하는 양력을 반경방향으로 적분하여 프로펠러에 작용하는 추력 T를 구할 수 있으며, 또한 각 날개단면에 작용하는 항력의 축심에 대한 모멘트를 적분하여 프로펠러를 회전시키기 위해 필요한 토크 Q를 구할 수 있다.

5.2.2 선박의 추진동력과 효율

오늘날 대부분의 배는 기관-프로펠러 계(engine-propeller system)에 의해 추진되고 있다. 기관에 의해 생성된 동력(power)이 축계에 의해 프로펠러로 전달되며, 프로펠러는 회전하는데 필요한 동력을 공급받으면서 배에 필요한 추력을 제공한다. 이와 같은 기관-축계-프로펠러로 구성되는 계를 추진장치(propulsion system)라고 부르는데, 배의 추진효율(propulsive efficiency)을 구하기 위해서는 이러한 추진장치뿐만 아니라 프로펠러가 배 뒤에서 추력을 생성하고 있으므로 선체-프로펠러 상호작용(hull-propeller interaction)에 의한 영향까지 고려해야 한다. 아래에서는 배의 추진효율을 정의하기 위해 필요한 개념, 물리량들에 대해 알아본다.

(1) 여러 가지 동력과 효율

프로펠러를 회전시키는 동력은 기관에서 생성되어 축계를 통해 프로펠러에 전달되므로 동력을 어디서 계측하느냐에 따라 여러 가지 방법으로 동력을 정의할 수 있다(그림 5.17).

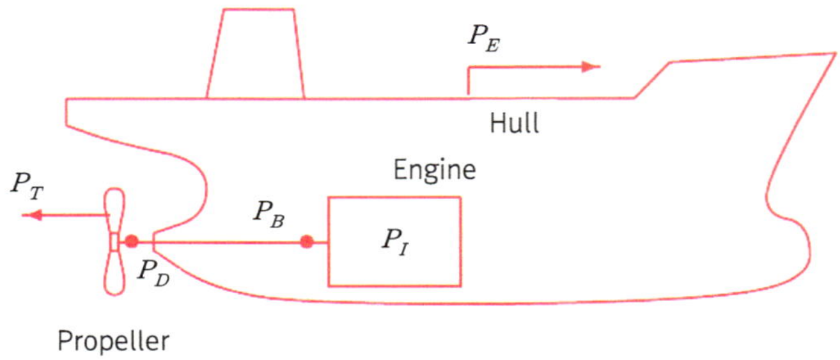

그림 5.17 선박의 여러 가지 동력

가) 지시동력(indicated power) P_I

예를 들어 기관이 디젤기관과 같은 내연기관인 경우, 지시동력은 내연기관의 실린더 내에서 생성되는 동력으로 다음과 같이 정의한다.

$$P_I = p_M \times A \times s \times n \times N_c. \tag{5.19}$$

여기서 p_M는 평균 유효압력, A는 피스톤의 유효면적, s는 피스톤의 행정(stroke), n은 단위시간당 연소 횟수, N_c는 실린더의 수이다.

나) 제동동력(brake power) P_B

기관의 크랭크축(crank shaft), 즉 기관축(engine shaft)은 축계와 연결되는데 이 축을 제동하는데 필요한 동력을 제동동력이라고 정의한다.

다) 축동력(shaft power) P_S

증기터빈에 대해서는 축계가 프로펠러축(propeller shaft)에 연결된 부분에 전달한 동력을 축동력 P_S라고 하며 다음과 같이 정의한다.

$$P_S = 2\pi n Q_s. \tag{5.20}$$

여기서 Q_s는 축계의 토크이며, n은 초당회전수이다.

라) 전달동력(delivered power) P_D

프로펠러는 프로펠러축을 통해 축계와 연결되어 있는데 전달동력은 프로펠러축에 전달된 동력으로 다음과 같이 정의한다.

$$P_D = 2\pi n Q. \tag{5.21}$$

여기서 Q는 프로펠러축의 토크이다.

마) 추진동력(thrust power) P_T

추진동력은 프로펠러가 단위시간당 실제로 한 일로 다음과 같이 정의한다.

$$P_T = T V_A. \tag{5.22}$$

여기서 T는 프로펠러가 제공한 추력이며, V_A는 프로펠러의 전진속도이다. 프로펠러 주위의 유체는 작지만 어느 정도의 속도로 배와 같이 움직이고 있으므로 프로펠러의 유체에 대한 상대적인 전진속도는 일반적으로 배의 전진속도 보다 작다는 점에 유의한다.

바) 유효동력(effective power) P_E

유효동력은 일정한 속도로 전진하는 배가 단위시간당 한 일로 다음과 같이 정의한다.

$$P_E = R V. \tag{5.23}$$

여기서 R은 전체저항이며 V는 배의 속도이다.

사) 준추진효율(quasi-propulsive efficiency) η_D와 선각효율(hull efficiency) η_H

배에 따라 기관의 종류가 다르므로, 실제로 프로펠러-선부의 추진효율은 프로펠러축에 전달된 동력, 즉 유효동력 P_E와 전달동력 P_D의 비로 정의되는 준추진효율 η_D를 기준으로 삼는다.

$$\eta_D = \frac{P_E}{P_D} = \frac{RV}{2\pi n Q}. \tag{5.24}$$

또한 유효동력 P_E와 추진동력 P_T의 비는 선각효율 η_H로 정의한다.

$$\eta_H = \frac{P_E}{P_T} = \frac{RV}{TV_A} = \frac{R}{T}\frac{V}{V_A}. \tag{5.25}$$

일반적으로는 배가 받는 저항 R과 프로펠러가 제공하는 추력 T는 당연히 같아야 하지만, 여기서 저항 R은 배에 프로펠러가 장착되지 않았을 때의 저항, 즉 알몸저항(bare hull resistance)이며, 추력 T는 프로펠러가 배 뒤에 장착되어 발생하는 추력이므로, 서로 같지 않은 점에 유의한다.

(2) 선체-프로펠러 상호작용과 효율

프로펠러를 배에 장착하면 선미부의 유동이 배가 전진하는 방향에 반대되는 방향으로 가속되므로 이때 배가 받는 저항, 또는 프로펠러가 제공하는 추력은 프로펠러가 장착되지 않은 경우와 같지 않으며, 아래에서는 이에 대해 살펴보기로 한다.

가) 반류비(wake fraction) w

배가 일정한 속도 V로 전진할 때, 선미 부분의 물은 배와 같은 방향으로 어느 정도의 속도를 가지고 배와 같이 이동하는데 이와 같은 유동을 반류(wake)라고 한다. 따라서 실제 프로펠러에 유입되는 평균유속 V_A와 V는 같지 않으며, 프로펠러원판에서의 반류의 평균값을 반류속도(wake speed) V_w라고 부르고, 반류비 w는 다음과 같이 정의한다.

$$w = \frac{V_w}{V} = \frac{V - V_A}{V} = 1 - \frac{V_A}{V}. \tag{5.26}$$

배에 프로펠러가 장착되지 않은 상태에서의 반류를 공칭반류(nominal wake), 프로펠러가 장착되어 작동되는 상태에서의 반류를 유효반류(effective wake)라고 부른다.

나) 추력감소비(thrust deduction fraction) t

프로펠러가 선미부에 장착되어 작동되면 프로펠러 앞쪽의 물을 빨아들여 뒤쪽으로 가속시켜 내보내며, 이와 같은 과정을 통해 추력이 발생되므로, 프로펠러가 장착되어 있지 않은 경우와 비교하면 선미부의 유속이 증가하고 그에 따라 압력이 감소하여 결국 배에 작용하는 저항이 증가한다. 이와 같은 저항증분을 ΔR이라고 하면 프로펠러가 장착되어 있을 때 프로펠러가 발생하는 추력 T와 이때 배가 받는 저항, 즉 $R + \Delta R$은 같아야 한다. 하지만 이 부분에 대한 논의가 이루어지던 초기에는 관련 현상에 대한 이해가 충분치 않아서 $T = R + \Delta R$로 생각하기보다는 $T - \Delta R = R$로 간주하여, 추력이 ΔR 감소하는 것으로 생각하였으며, 추력감소비 t를 다음과 같이 정의하였으며, 이와 같은 정의는 지금도 그대로 사용되고 있다.

$$t = \frac{\Delta R}{T} = \frac{T - R}{T} = 1 - \frac{R}{T}. \qquad (5.27)$$

다) 선각효율

식 (5.25)에 식 (5.26), (5.27)를 대입하여 선각효율 η_H에 대해 다음을 얻는다.

$$\eta_H = \frac{R}{T}\frac{V}{V_A} = \frac{1-t}{1-w}. \qquad (5.28)$$

이 식에 따르면 추력감소비가 작으면 작을수록, 또 반류비가 크면 클수록 선각효율은 증가한다.

라) 선미효율(efficiency behind the hull) η_B

선미효율 η_B는 추진동력 P_T와 전달동력 P_D의 비로 다음과 같이 정의한다.

$$\eta_B = \frac{P_T}{P_D} = \frac{TV_A}{2\pi nQ}. \qquad (5.29)$$

식 (5.24)에 식 (5.25), (5.29)를 대입하여 준추진효율 η_D에 대해 다음을 얻는데,

$$\eta_D = \frac{P_E}{P_D} = \frac{P_T}{P_D}\frac{P_E}{P_T} = \eta_B \eta_H, \qquad (5.30)$$

이 식에 식 (5.28)을 대입하면 다음 결과를 얻는다.

$$\eta_D = \frac{P_E}{P_D} = \eta_B \frac{1-t}{1-w}. \qquad (5.31)$$

이 식에 따르면 준추진효율은 추력감소비, 반류비, 선미효율의 함수이므로, 배의 추진효율을 높이기 위해서는 프로펠러, 선형 등 각각의 구성요소 뿐만 아니라 그들이 적절한 조화를 이룰 수 있도록 해야만 함을 알 수 있다. 유효동력 P_E가 알려진 경우, 식 (5.30)에 따르면 전달동력 P_D를 구하기 위해서는 선각효율과 선미효율을 알아야 하며, 식 (5.28)에 따르면 선각효율을 구하기 위해서는 반류비와 추력감소비를 알아야 한다.

5.2.3 프로펠러 모형시험

프로펠러가 사용되는 모형시험은 크게 세 종류로 구분된다. 프로펠러만의 성능을 시험하는 단독시험, 배 뒤에 장착하여 배를 추진시키는 자항시험, 공동수조에서 시험을 수행하여 프로펠러에 발생하는 공동을 관찰, 계측하는 공동시험이 있다. 이하에서는 이들에 대해 차례로 살펴보기로 한다.

(1) 프로펠러 단독시험(Propeller Open Water test, POW test)

설계된 프로펠러 자체의 성능을 평가하기 위해 예인수조에서 모형프로펠러를 일정한 속도로 회전시키며 예인하는데, 이때 프로펠러가 발생하는 추력 T와 전달된 토크 Q를 계측한다(그림 5.18). 이와 같은 시험을 프로펠러 단독시험이라고 하는데, 모형선의 저항시험과 마찬가지로 기하학적, 운동학적, 동역학적 상사가 만족되도록 시험을 수행해야 한다. 운동학적 상사가 만족되기 위해서는 식 (5.4)에 보인 바와 같이 모형프로펠러와 실선프로펠러의 전진비가 같아야 한다.

또한 동역학적 상사를 만족시키기 위해서는 모형프로펠러와 실선프로펠러의 프루드수와 레이놀즈수를 동시에 같게 해주어야 한다. 하지만 이는 저항시험에서 논의한 바와 같이 현실적으로 불가능하므로, 단독시험 역시 모형프로펠러와 실선프로펠러의 프루드수를 같게 하여 수행되며, 따라서 전진비가 같기 위해서는 다음 식이 만족되어야 한다.

$$\frac{V_M}{n_M D_M} = \frac{V_S}{n_S D_S} \;\rightarrow\; n_M = n_S \frac{V_M}{V_S}\frac{D_S}{D_M} = \frac{n_S}{\sqrt{\lambda}}\,. \tag{5.32}$$

그림 5.18 프로펠러 단독시험(KRISO)

이 식에 따르면 $\lambda < 1$이므로 모형프로펠러는 실선프로펠러보다 빠르게 회전해야 한다. 예를 들어 $\lambda = 1/16$, $n_S = 10\ rps$라고 하면, 모형프로펠러의 회전수는 실선프로펠러의 4배, 즉 $n_M = 40\ rps$가 되는데, 이 정도의 회전수는 모형시험에서 큰 문제없이 구현될 수 있다.

단독시험에서 계측된 추력 T와 토크 Q는 다음과 같은 무차원화를 통하 무차원계수인 추력계수 K_T, 토크계수 K_Q로 나타낸다.

$$K_T = \frac{T}{\rho n^2 D^4},\ K_Q = \frac{Q}{\rho n^2 D^5}. \tag{5.33}$$

프로펠러의 단독효율 η_0는 다음과 같이 정의되며,

$$\eta_0 = \frac{TV_A}{2\pi n Q}, \tag{5.34}$$

여기서 V_A는 프로펠러의 전진속도인데, 이 식에 식 (5.33)을 대입하여 다음 결과를 얻는다.

$$\eta_0 = \frac{K_T V_A}{2\pi n K_Q D} = \frac{J_A}{2\pi}\frac{K_T}{K_Q},\ J_A = \frac{V_A}{nD}. \tag{5.35}$$

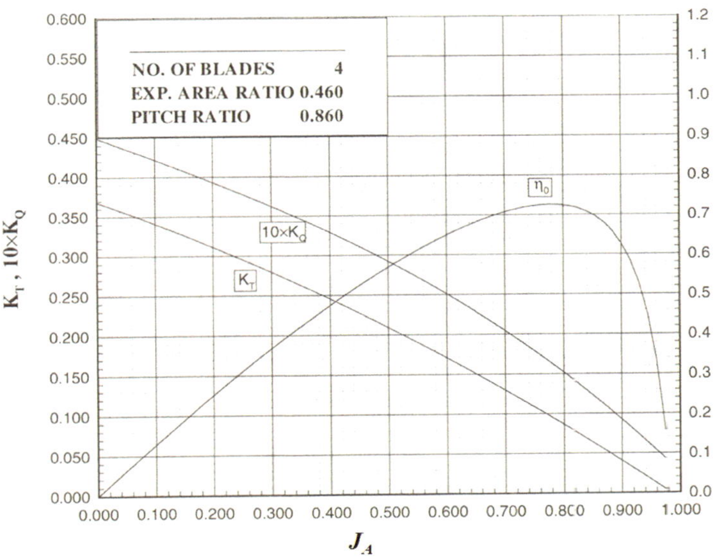

그림 5.19 상선 프로펠러의 단독성능 곡선

여기서 J_A는 프로펠러의 전진비이며, 단독시험의 결과는 그림 5.19에 보인 바와 같이 J_A를 수평축으로 한 K_T, K_Q, η_0로 주어진다. 추력계수 K_T와 토크계수 K_Q는 전진비 J_A의 증가에 따라 모두 감소하지만 단독효율 η_0은 특정한 전진비에서 국부 최대치를 가지는 점에 유의한다.

(2) 자항시험(self-propulsion test)

모형선에 모형프로펠러를 장착하고 그 프로펠러에 의해 추진되는 모형선의 추력과 저항을 계측하는 시험을 자항시험이라고 하며(그림 5.20), 이 시험 결과로부터 선각효율 η_H와 선미효율 η_B를 결정할 수 있다.

자항시험도 저항시험과 마찬가지로 모형선과 실선의 Fn가 일치하도록 수행하며, $Rn_M = \lambda^{3/2} Rn_S$이 되어 모형선의 Rn는 실선의 Rn보다 매우 작은 값을 가진다. 따라서 모형선의 마찰저항계수는 실선의 마찰저항계수보다 상대적으로 큰 값이 되어, 모형선이 상대적으로 보다 큰 저항을 받게 되므로 이에 대한 보정을 해야 한다. 자항시험 시에는 모형선에 이와 같은 차이에 해당하는 힘을 추가로 가해 주어야만 원하는 속도로 전진할 수 있으며, 이 힘 F_D는 표면마찰보정(skin friction correction)이라고 부르고 다음 식을 사용하여 구한다.

$$F_D = \frac{1}{2}\rho_M V_M^2 S_M (C_{FM} - C_{FS}). \tag{5.36}$$

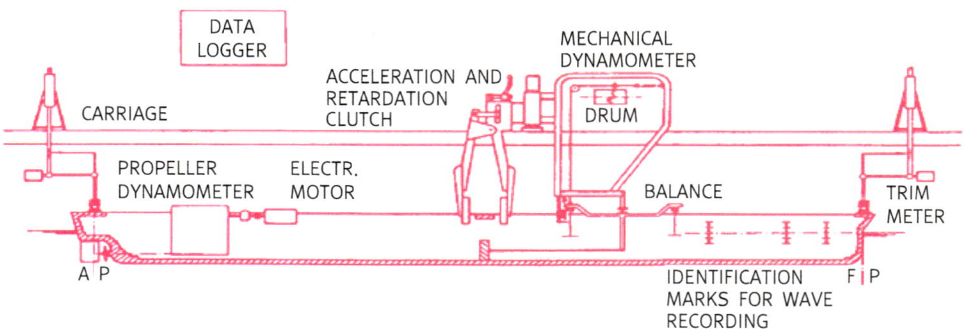

그림 5.20 자항시험 제어 및 계측 시스템

자항시험에서는 모형선의 속도 V, 표면마찰보정 F_D와 함께 프로펠러의 추력 T, 토크 Q 및 회전수 n을 계측한다. 보통 자항시험은 약 0.5 m/s의 간격으로 약 10 개의 속도에 대해 수행된다. 자항시험 결과를 얻으면 저항시험과 프로펠러 단독시험 결과를 함께 이용하여 반류비, 추력감소비 및 선미효율 등을 얻을 수 있으므로, 실선의 프로펠러 회전수, 추력, 토크, 전달동력, 유효동력 등 실선의 추진성능을 추정할 수 있다. 저항시험, 프로펠러 단독시험 및 자항시험 결과를 이용하여 실선의 추진성능을 결정하는 방법 또한 ITTC에 의해 1978년 제안된 바 있으며, 대부분의 수조에서 이 방법을 따르고 있다.

(3) 프로펠러 공동시험

물은 액체 상태에서 압력을 일정하게 유지하며 온도를 높여주면 끓는 현상이 발생하며 이를 비등(boiling)이라고 한다. 한편, 온도를 일정하게 유지하며 압력을 낮추어도 역시 끓는 현상이 발생하는데, 이런 현상을 공동(cavitation)이라고 한다(그림 5.21).

물속에서 회전하는 프로펠러의 경우, 날개끝 부분에서는 속도의 크기가 꽤 커지므로 압력이 작아지며, 압력이 증기압(vapor pressure)과 비슷해지던 공동(cavity)이 발생한다(그림 5.22). 그림 5.16에 보인 바와 같이 프로펠러의 뒷면에서는 상대압력이 음의 값을 가지므로 공동이 발생할 확률이 더욱 크며, 또한 공동 발생에 따라 뒷면에 작용하는 압력(음압)의 크기가 작아지므로 추력이 감소하고, 동시에 프로펠러의 효율이 떨어진다. 뿐만 아니라 프로펠러가 회전하면 날개의 수직 위치가 변화하는데 이에 따라 압력이 변화하므로, 프로펠러의 날개가 압력이 낮은 수면 근처에 도달하면 공동 발생 확률이 더욱

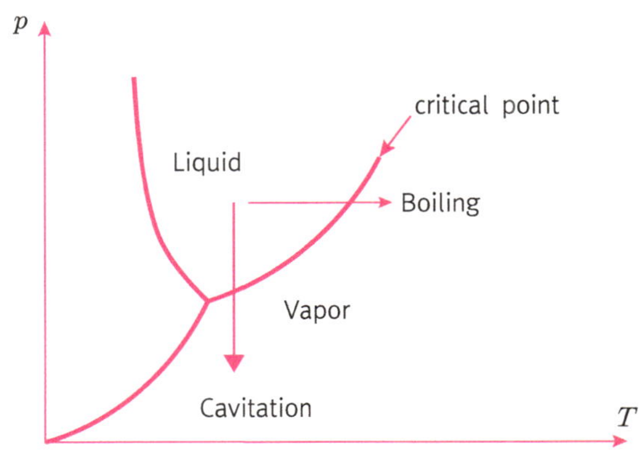

그림 5.21 물의 온도-압력 상태곡선

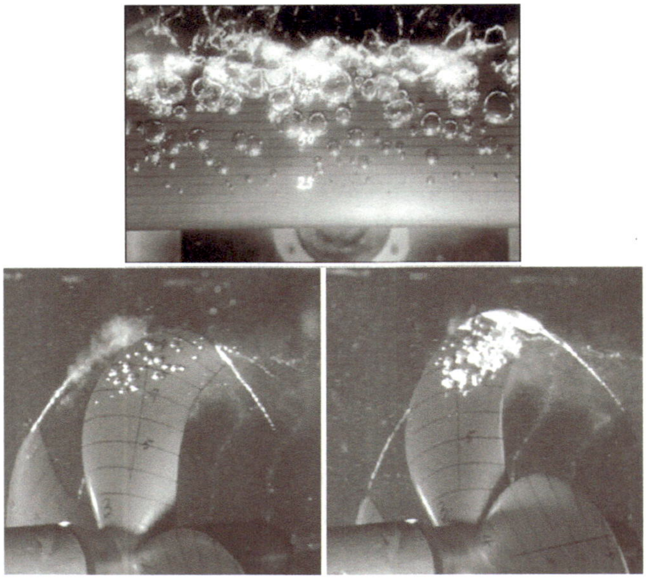

그림 5.22 2차원 날개와 모형프로펠러에 발생하는 공동

커진다. 그림 5.23으로부터, 수면에 가까운 직립 상태를 0° 라고 하고 반시계 방향으로 각도가 증가한다고 하면, -10° ~ 30° 구간에서 공동 발생의 범위가 가장 넓고, 수심이 증가함에 따라 공동이 소멸됨을 확인할 수 있다.

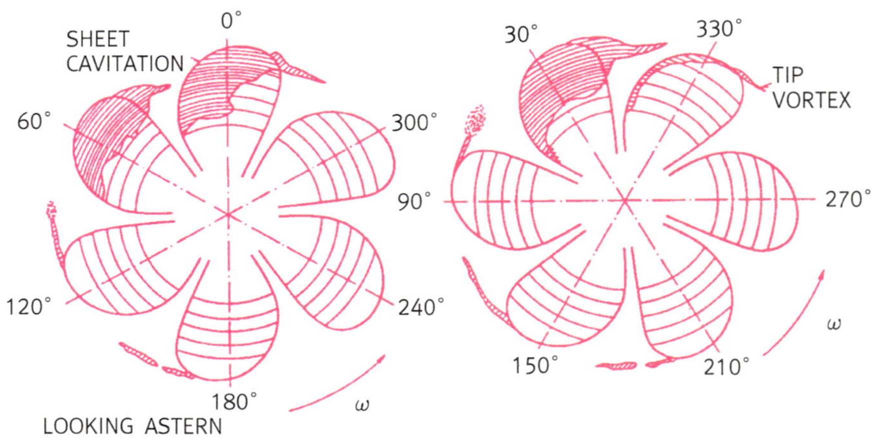

그림 5.23 프로펠러에 발생하는 공동의 생성과 소멸

따라서 프로펠러가 회전하면 날개 표면에는 공동이 생성, 소멸되는 과정이 반복되며, 생성된 공동이 소멸될 때 날개 표면의 침식(erosion)을 야기하고, 심한 경우에는 날개의 변형과 파괴를 초래할 뿐만 아니라, 공동의 체적변화는 주위 압력을 변화시켜 소음(noise) 및 선체진동의 원인이 된다.

프로펠러의 기하학적 형상이 결정되면, 내부의 압력을 조절할 수 있도록 설계된 공동수조(cavitation tunnel)에서 모형시험을 수행하여 공동의 발생 여부 및 그 형태를 관찰하고 프로펠러의 성능을 평가한다. 프로펠러가 선미에 장착되면 프로펠러 단독시험에서와는 상당히 다른 유동이 프로펠러평면에 유입되며, 이와 같은 유동은 선미형상에 따라 결정된다. 따라서 공동시험 시의 프로펠러에 대해 동역학적 상사를 보장하기 위해서는 선미에서의 반류를 재현해 주어야 하며, 이를 위해 최근에는 모형선에 모형프로펠러를 장착하여 직접 수조에서 시험할 수 있는 대형공동수조(large cavitation tunnel)를 건조하여 사용하고 있다(그림 5.24).

그림 5.24 대형공동수조 (KRISO)

5.2.4 여러 가지 추진기

20세기 초부터 본격적으로 사용되기 시작한 프로펠러는 현재까지도 대부분의 선박에서 추진기로 사용되고 있는데, 크게 일반적인 프로펠러와 부가적인 장치들과 결합시켜 사용하는 복합프로펠러로 구분할 수 있다.

(1) 일반 프로펠러

가) 고정피치 프로펠러(Fixed Pitch Propeller, FPP)

선박의 모든 운항조건에서 일정하게 고정된 피치를 사용하는 가장 전형적인 프로펠러이다(그림 5.25). 제작비가 저렴한 반면 정상적인 운항조건을 벗어날 경우 효율이 낮아지는 단점이 있다.

그림 5.25 고정피치 프로펠러(FPP)

나) 가변피치 프로펠러(Controllable Pitch Propeller, CPP)

선박의 후진 및 정지 시에는 큰 추력을 발생해야 할 필요가 있는데 회전수는 기관의 토크 한계 때문에 일정한 값보다 커질 수 없으므로 원하는 결과를 얻기가 매우 힘들다. 가변피치 프로펠러는 이와 같은 경우 피치를 변화하여 허용된 회전수에서도 원하는 추력을 쉽게 얻을 수 있도록 고안된 프로펠러이다(그림 5.26). 허브에 설치된 유압시스템을 이용하여 프로펠러 날개의 피치를 변경할 수 있으며, 고정피치 프로펠러에 비해 가격이 비싸지만, 선박의 후진 및 정지성능과 조종성능이 우수하여 여객선이나 군함 등에 많이 사용된다.

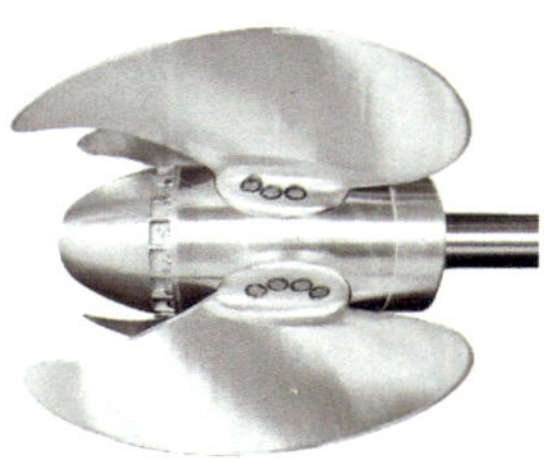

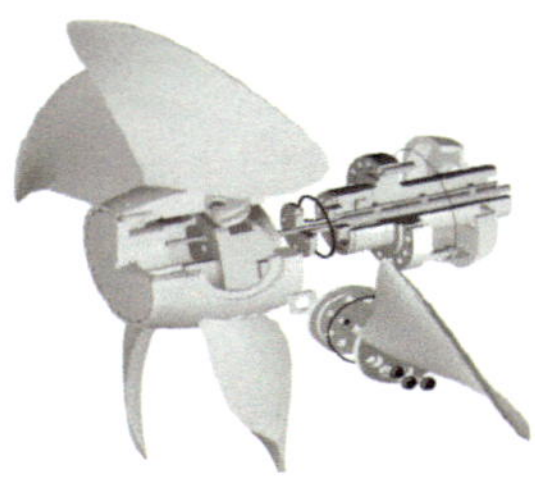

그림 5.26 가변피치 프로펠러(CPP)

다) 고스큐 프로펠러(highly skewed propeller)

원주방향으로 불균일한 반류 중에서 회전하는 프로펠러의 날개에 작용하는 변동압력을 감소시키기 위해 보통의 프로펠러에 비해 큰 스큐(skew) 분포를 갖도록 한 프로펠러이다(그림 5.27). 통상적인 프로펠러보다 소음 및 진동 측면에서 성능이 우수하며 비교적 속도가 빠른 선박인 컨테이너선이나 고속선, 그리고 저소음 프로펠러가 요구되는 군함 및 잠수함에 사용된다. 상대적으로 제작이 어렵고, 날개끝 부분의 구조강도가 취약할 수 있기 때문에 보다 정밀한 강도해석을 수행해야 한다.

그림 5.27 고스큐 프로펠러

라) 날개끝경사 프로펠러(tip raked propeller)

프로펠러 날개끝의 레이크(rake) 값을 후류방향으로 크게 변화시켜 날개끝에서 발생되는 와류 발생을 억제하는 프로펠러이다. 날개끝에 작용하는 하중이 감소되어 고차의 변동압력이 약해지는 효과가 있으나, 제작이 쉽지 않고, 구조강도 측면에서도 취약한 단점이 있다(그림 5.28좌). 이와 개념적으로 유사한 Kappel 프로펠러는, R을 프로펠러 반경이라고 할 때, 허브로부터 $0.5R$까지는 레이크가 후류방향을 향하고 $0.5R$부터 날개끝까지는 레이크가 전류방향을 향하도록 한 프로펠러이다(그림 5.28우). 날개끝 와류를 줄이고 추력을 증가시켜 성능을 향상시키는 효과가 있지만, 날개끝에서 공동 및 변동압력이 증가하는 단점도 있다.

그림 5.28 날개끝경사 프로펠러(좌)와 Kappel 프로펠러(우)

(2) 복합프로펠러

가) 상반회전 프로펠러(Contra-Rotating Propeller, CRP)

프로펠러는 추력을 발생시킴과 동시에 유체를 회전시키는데, 이와 같은 회전에 기인하는 운동 에너지를 회수하여 효율을 향상시킬 수 있다. 두 개의 프로펠러를 서로 다른 방향으로 회전시키면 뒤쪽의 프로펠러는 앞쪽의 프로펠러에 의해 발생한 회전 에너지를 이용하여 추력을 얻을 수 있으며, 이때 앞쪽 프로펠러 보다 뒤쪽 프로펠러의 직경이 작은 것이 보통이다(그림 5.29). 일반적인 프로펠러에 비하여 12~15% 정도 높은 효율을 얻을 수 있다.

그림 5.29 상반회전 프로펠러(CRP)

나) 전류(또는 후류)고정날개 프로펠러(pre-(or post-)swirl stator propeller)

일반적인 프로펠러 앞쪽 또는 뒤쪽에 고정된 날개를 부착하는 것으로, 상반회전 프로펠러보다 제작은 용이하지만 비슷한 효과를 얻을 수 있다. 보통 6 개의 날개를 사용하는 전류고정날개는 프로펠러에 유입되는 유속을 증가시키며(그림 5.30), 후류고정날개는 프로펠러에 의한 회전유동의 에너지로부터 추가적인 추력을 얻는다.

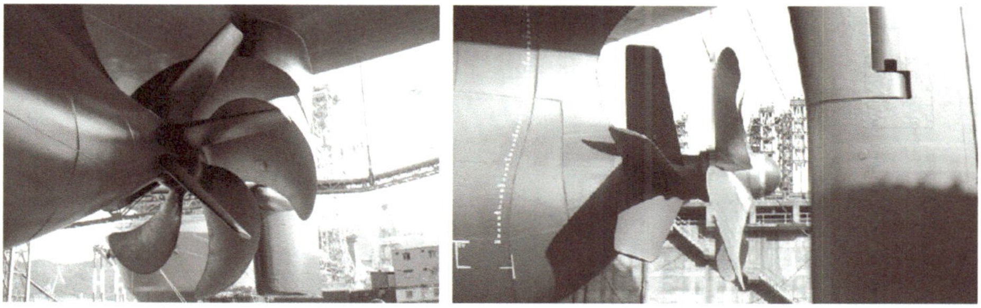

그림 5.30 전류 고정날개 프로펠러

다) 덕트 프로펠러(ducted propeller)

프로펠러 주위에 노즐 형상의 덕트를 설치한 것으로, 추진효율을 향상시킬 목적으로 사용하는 가속형과 공동 및 소음을 감소시키기 위해 사용하는 감속형이 있다(그림 5.31 좌). 한편, 프로펠러 앞쪽의 선미에 덕트를 부착하여 배의 진행방향으로 작용하는 힘을 얻을 있도록 하는 Mitsui 복합 덕트 프로펠러(Mitsui integrated duct propeller)도 사용되고 있다(그림 5.31우).

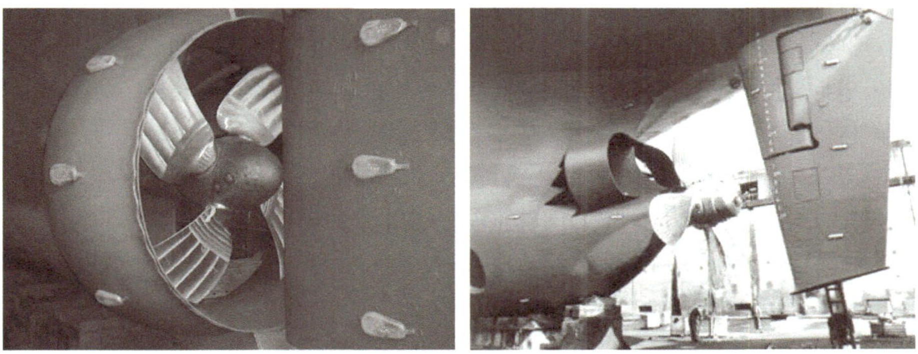

그림 5.31 일반 덕트 프로펠러(좌)와 Mitsui 복합 덕트 프로펠러(우)

(3) 전기추진 포드형 프로펠러(podded type propeller)

주기관을 사용하여 프로펠러를 직접 회전시키는 대신, 주기관은 발전기를 구동시키고, 발전기에 연결된 전동기를 이용하여 프로펠러를 회전시키는 전기추진 선박에 적용되며, 포드에 설치된 전동기에 프로펠러가 직접 연결된다(그림 5.32).

기존 추진장치의 축계가 요구되지 않으므로 선미형상의 설계가 용이하다는 장점이 있고, 공동 발생 및 진동, 소음도 현저히 개선된다. 또한 항구 등 좁은 해역에서의 조종성능이 탁월하고, 저속에서 전진 및 후진성능이 좋아 초기 설치비용이 비싸지만 조종성능과 정숙성이 요구되는 여객선과 쇄빙선/해양조사선/셔틀탱커/해저전선부설선 등의 특수목적용 선박에 적용되고 있다.

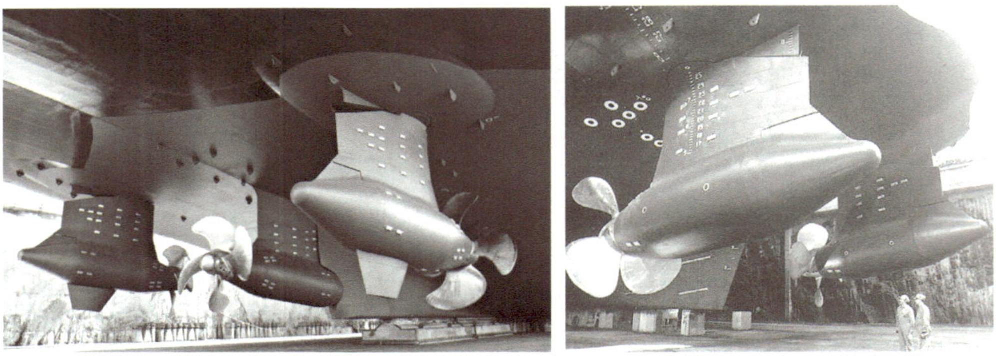

그림 5.32 포드형 프로펠러

(4) 물분사 추진(water jet propulsion)

배에 설치된 펌프를 사용하여 선저로부터 물을 흡입하고, 선미 출구로 분사하여 추력을 얻는 장치이다(그림 5.33). 분사 출구에서의 압력을 줄이기 위해 수면 위로 물을 배출하며, 분사되는 물의 양과 분사 노즐의 방향을 변경하여 선박의 운동 방향을 조종할 수 있다. 프로펠러를 추진기로 사용하는 경우 대체로 선속 30 kts 이상에서는 공동, 진동 및 소음이 심해 비상시를 제외하고는 거의 운용하지 못하기 때문에 약 35 kts를 한계속도로 보고 있으며, 현재 중소형 고속선과 낮은 수심에서 운항하는 선박에 물분사 추진장치가 많이 사용되고 있다.

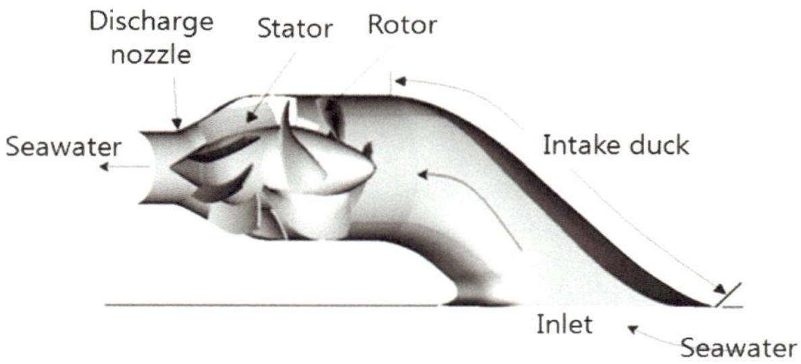

그림 5.33 물분사 추진

(5) 초전도 전자추진(superconducting electromagnetic propulsion)

배에 설치된 강력한 전자석이 해수 중에 자기장을 형성시키고, 전류를 자기장과 직교하도록 할 때 발생하는 Lorentz 힘을 이용하여 추진하는 방법이다(그림 5.34). 기존의 프로펠러나 임펠러가 필요 없는 방식으로 진동, 소음이 거의 없으며, 또 외부 돌출물이 없으므로 구조와 보수가 용이하다는 장점이 있다. 하지만 강한 추진력을 얻기 위해서는 강한 자기장이 필요한데, 이 자기장으로 인한 해양환경 파괴 등의 문제를 안고 있다. 일본에서 일본선박해양진흥재단의 지원으로 초전도 전자추진선 YAMATO-1호를 건조하여 시운전에 성공하였으나 전 세계적으로 실용화 실적은 없는 상황이다.

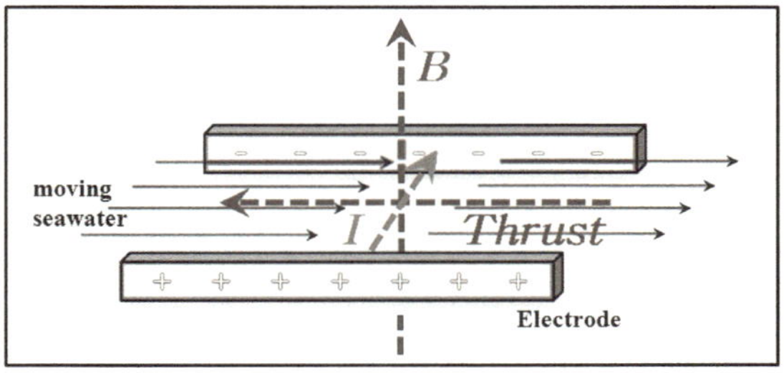

그림 5.34 초전도 전자추진의 원리와 최초 초전도 추진선, YAMATO-1호(일본)

Chapter 6

선박의 운동과 조종

이 장에서는 1절에서 선박의 운동에 대해 먼저 알아보고, 2절에서 선박의 조종에 대해 살펴보기로 한다.

6.1 선박의 운동

해상에는 바람, 조석 및 움직이는 물체 등 물리적으로 서로 다른 여러 가지 원인에 의해 지속적으로 파도 즉 해양파가 발생하며, 이들 해양파에 의해 수표면 부근에 위치한 모든 구조물에는 파력(wave force)이 작용한다. 수표면 상에 떠있는 상태로 다양한 역할을 수행하는 배는 파력에 의해 다양한 형태의 운동을 하게 되며 이와 같은 배의 운동 특성을 내항성(seakeeping)이라고 한다. 선박의 내항성을 정확히 예측하고 해석하는 것은 선박의 안전 항해, 쾌적한 승선감 및 구조적 안전을 위하여 반드시 필요하다. 내항성과 관련하여 고려되는 세부 분야는 다음과 같다.

1) 파도 중 선박의 동요(oscillation)
2) 선박에 작용하는 파도에 기인하는 힘(wave loads)
3) 지나치게 큰 동요에 의해 발생하는 현상: 슬래밍(slamming), 갑판침수(deck wetness, green water), 슬로싱(sloshing)
4) 부가저항(added resistance) 및 선속 감소(speed loss)
5) 기타: 선박의 전복(capsizing), 휘핑(whipping), 스프링잉(springing), 매개변수 횡동요(parametric roll) 등

바다에서 실제로 관측되는 파도는 그 크기, 주기 및 진행 방향 등과 관련하여 결정적(deterministic)으로 정의하기 힘든 무작위적(randomness)인 성격을 가지고 있다. 이와 같은 현상은 선형 중첩(linear superposition)에 근거한 통계적인 방법을 사용하여 나타낼 수 있는데, 그림 6.1에 보인 바와 같이 중첩원리를 적용하여 해양파를 매우 많은 수의 규칙파의 합으로 보는 것이 상례이다.

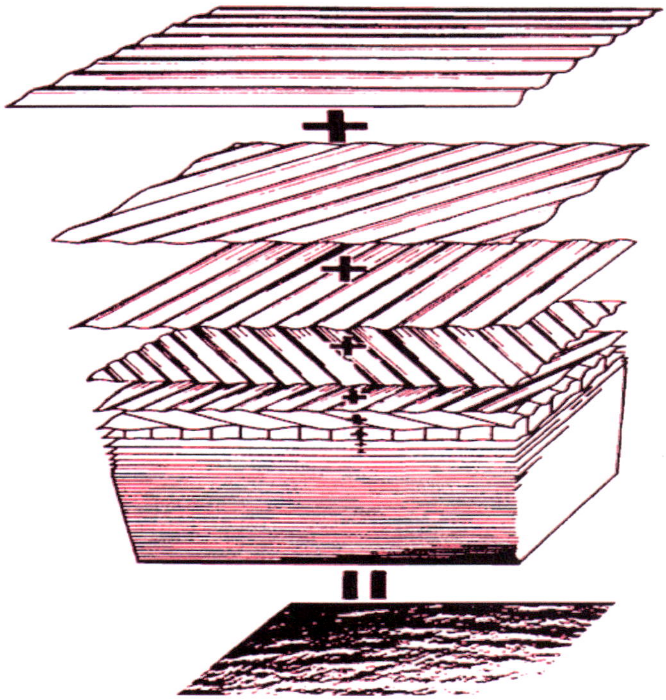

그림 6.1 수없이 많은 규칙파의 중첩으로 이루어진 불규칙파

6.1.1 해양파

(1) 규칙파

규칙파(regular waves)는 싸인 또는 코싸인으로 나타낼 수 있는 2차원 파도를 뜻하며, x를 정수면 상에 파도의 진행 방향으로 잡은 좌표, t를 시간이라고 하면 파도의 변위 $\eta(x,t)$는 다음과 같이 쓸 수 있다.

$$\eta = A\cos(kx - \omega t). \tag{6.1}$$

여기서 A, k, ω는 각각 진폭(amplitude), 파수(wave number), 래디안 주파수(radian frequency, 이하 주파수)라고 부른다(그림 6.2).

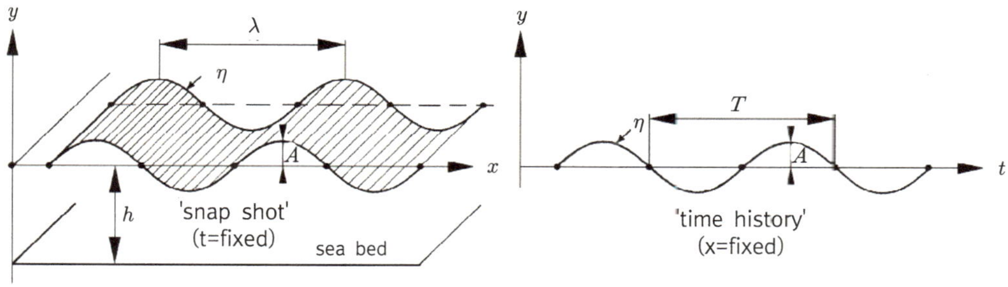

그림 6.2 규칙파의 기술

파도의 가장 높은 부분을 파정(crest), 가장 낮은 부분을 파저(trough)라고 각각 부르는데, 진폭 A는 정수면으로부터 파정 또는 파저까지의 수직 거리를 뜻한다. 한편 파고(wave height) H는 파저에서 파정까지의 수직 거리로 정의하며 규칙파에 대해서는 $H=2A$ 의 관계가 성립한다.

파수 k는 규칙파의 공간적인 주기성을 나타내는 매개변수이며, x축 상에서 동일 위상을 가진 연속된 두 점 사이의 수평 거리를 파장(wavelength) λ라고 하면 다음 관계가 성립한다.

$$k\lambda = 2\pi, \text{ 또는 } k = \frac{2\pi}{\lambda}. \tag{6.2}$$

따라서 k의 단위는 rad/m이며, 단위길이에 포함된 파도의 수에 2π를 곱해준 양이다. 다시 말하면 하나의 파도를 2π로 보아 얻은 단위길이당의 파도의 수이다.

또 주파수 ω는 규칙파의 시간적 주기성을 나타내는 매개변수이며, t축 상에서 동일 위상을 가진 연속되는 두 점 사이의 시간 간격을 주기(period) T라고 하면 다음 관계가 성립한다.

$$\omega T = 2\pi, \text{ 또는 } \omega = \frac{2\pi}{T}. \tag{6.3}$$

따라서 ω의 단위는 rad/s이며, 단위시간에 포함된 파도의 수에 2π를 곱해준 양이다. 다시 말하면 하나의 파도를 2π로 보아 얻은 단위시간당의 파도의 수이다.

식 (6.1)에서 코싸인의 값을 결정하는 양, $(kx-\omega t)$는 규칙파의 위상(phase) θ라고 부르는데, 위상 θ는 다음과 같은 형태로 다시 쓸 수 있으며,

$$\theta(x,t) = kx - \omega t = k\left(x - \frac{\omega}{k}t\right) = k(x - ct), \; c \equiv \frac{\omega}{k} = \frac{\lambda}{T}, \tag{6.4}$$

여기서 c는 위상속도(phase velocity)라고 부른다.

식 (6.1)에 식 (6.4)를 대입하면 다음과 같은데,

$$\eta = A\cos\{k(x - ct)\}, \tag{6.5}$$

이 식에 따르면 식 (6.1)로 주어진 규칙파는 x축의 양의 방향으로 위상속도 c로 진행하는 코싸인 파임을 알 수 있으며, 따라서 식 (6.1)로 주어진 규칙파를 진행파(progressive wave)라고 부르기도 한다.

(2) 분산 관계

규칙파의 주기성을 나타내는 매개변수 k와 ω는 해양파의 물리적 특성 상 서로 독립적으로 결정될 수 없으며, 일반적으로 $\omega(k)$의 형태로 나타내는데, 이와 같이 주어진 시간적 주기성과 공간적 주기성 사이의 관계를 분산 관계(dispersion relation)라고 한다.

심해(deep sea)에 대해서는 다음과 같은 분산 관계가 성립함을 보일 수 있는데[염덕준(2010), 이승준(2014)],

$$\omega^2 = gk, \tag{6.6}$$

여기서 g는 중력 가속도이다. 이 식에 식 (6.2)와 (6.3)을 대입하고 정리하여 다음을 얻으며,

$$\lambda = \frac{g}{2\pi}T^2, \tag{6.7}$$

따라서 규칙파의 파장 λ는 T^2에 비례하여 증가함을 알 수 있다.

식 (6.6)을 사용하면 위상속도 c에 대해 다음을 얻으며,

$$c^2 = \frac{\omega^2}{k^2} = \frac{gk}{k^2} = \frac{g}{k} = \frac{g}{2\pi}\lambda, \tag{6.8}$$

이 식에 따르면 심해파의 위상속도 c는 $\sqrt{\lambda}$에 비례하므로, 파장이 클수록 빨리 전파함을 알 수 있다. 폭풍에 의해 파도가 발생할 때와 같이, 만약 어떤 시점에 파장이 다

른 파도들이 한 곳에 모여 있다고 하면, 시간이 지남에 따라 파장이 긴 파도일수록 빨리 전진하여 파장의 크기 순서로 파도들이 분산될 것이며, 이와 같은 이유로 식 (6.6)이 분산 관계라고 불린다. 파장이 매우 긴 파도를 너울(swell)이라고 부르는데, 선원들은 경험에 의해 너울을 보고 멀리서 접근하는 폭풍을 예측하는 것으로 알려져 있다.

식 (6.8)에 식 (6.7)을 대입하면 다음을 얻으며,

$$c = \frac{g}{2\pi} T, \tag{6.9}$$

따라서 심해파의 위상속도 c는 주기 T에 비례하므로, 주기가 클수록 빨리 전파함을 알 수 있다.

(3) 불규칙파

그림 6.1과 관련하여 불규칙파가 수많은 규칙파의 선형 중첩에 의하여 표현될 수 있다고 하였는데, 양의 x 방향으로 진행하는 2차원 불규칙파는 다음 식에 보인 바와 같이 많은 수의 규칙파의 합으로 주어질 수 있다.

$$\eta(x,t) = \sum_{n=1}^{N} A_n \cos(k_n x - \omega_n t + \epsilon_n). \tag{6.10}$$

여기서 n의 한 값에 해당하는 규칙파를 성분파라고 부르며, 각 성분파는 ϵ_n의 위상차(phase difference)를 가진다.

해양파를 통계적으로 표현하는 데는 주파수 ω의 함수로 주어지는 파 스펙트럼 $S(\omega)$을 사용하는데[이승준(2016)], $S(\omega)\,d\omega$는 주파수 ω인 성분파의 평균적인 에너지에 비례하는 양이며, 그림 6.3에 파 스펙트럼과 불규칙파 사이의 관계를 시간 영역(time domain)과 주파수 영역(frequency domain)의 개념을 사용하여 보였다. 사용 목적에 따라 다양한 파 스펙트럼이 사용되고 있으며 가장 많이 사용되는 파 스펙트럼은 그림 6.4에 보인 PM(Pierson-Moskowitz) 스펙트럼으로, 다음과 같이 주어진다.

$$S(\omega) = \frac{\alpha g^2}{\omega^5} \exp\left[-\beta\left(\frac{g}{U\omega}\right)^4\right], \ \alpha = 8.1 \times 10^{-3}, \ \beta = 0.74. \tag{6.11}$$

여기서 U는 수표면 위 19.5 m인 곳에서의 풍속(m/s)이며, S의 단위는 $m^2 s$이다.

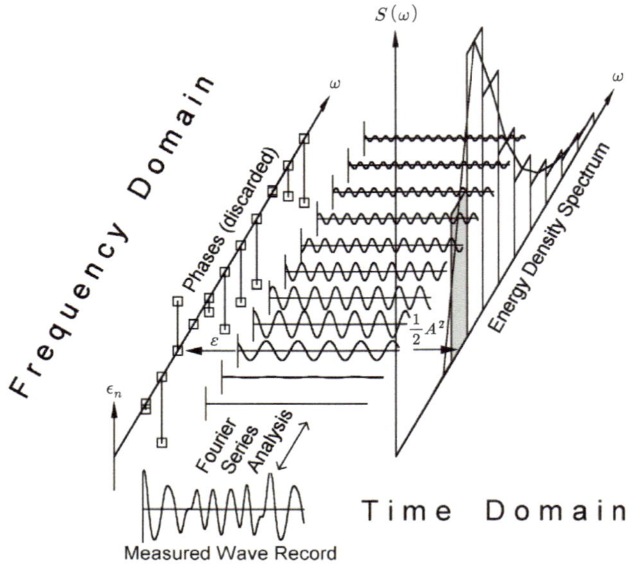

그림 6.3 파 스펙트럼과 불규칙파 사이의 관계

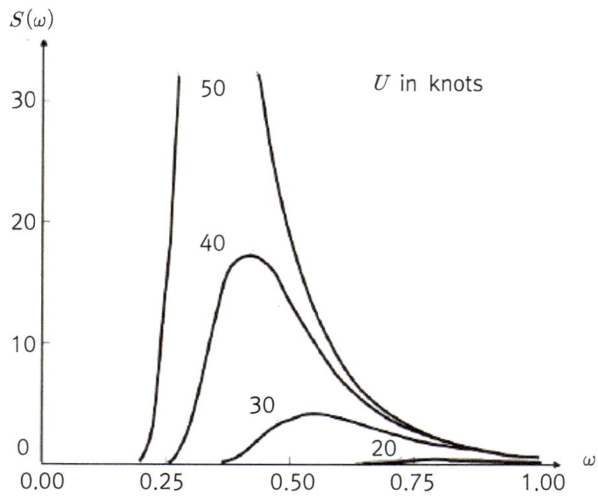

그림 6.4 PM(Pierson-Moskowitz) 스펙트럼

6.1.2 파도 중의 동요

이하에서 (x,y,z) 좌표계는 U_0로 전진하는 운동 좌표계이며, 그 원점은 배의 질량 중심에 잡고, x축은 배의 전진 방향, y축은 좌현, z축은 연직 상방으로 한다.

(1) 부유체의 동요

규칙파 중을 일정한 속도로 전진하는 부유체의 동요(oscillation)는 그림 6.5에 보인 바와 같이 x, y, z축 방향의 병진동요와 각 축에 대한 회전동요로 구분할 수 있다. x, y, z축 방향의 병진동요는 전후동요(surge), 좌우동요(sway), 상하동요(heave), x, y, z축에 대한 회전동요는 횡동요(roll), 종동요(pitch), 선수동요(yaw)라고 각각 불린다. 병진동요에 대해 차례대로 하첨자 $j=1$, 2, 3, 회전동요에 대해 하첨자 $j=4$, 5, 6을 쓰기로 하면, 각 동요의 변위 $X_j(t)$는 다음과 같이 표현할 수 있다(그림 6.5).

$$X_j(t)= a_j \cos(\omega_e t+\epsilon_j),\ j\in[1;6]. \tag{6.12}$$

여기서 a_j는 각 동요의 진폭, ω_e는 조우주파수(encounter frequency), ϵ_j는 각 동요와 식 (6.1)로 주어진 규칙파의 $x=0$에서 잰 변위 사이의 위상차를 나타낸다.

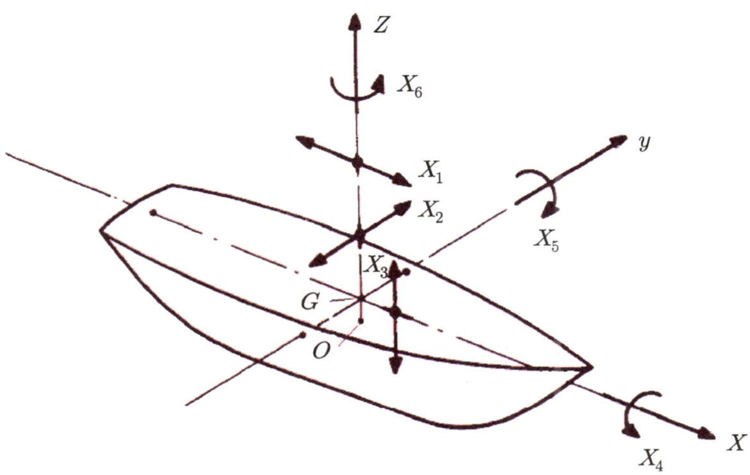

그림 6.5 각 축방향 부유체 동요의 정의

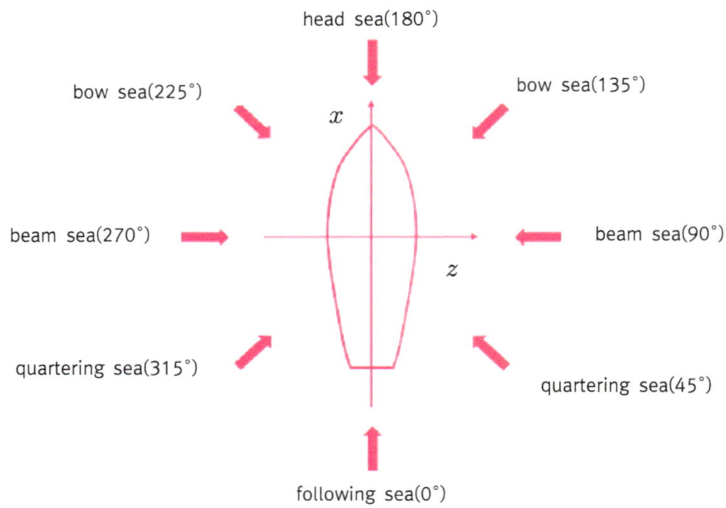

그림 6.6 입사각에 따른 파도의 명칭

조우주파수 ω_e는 속도 U_0로 전진하는 부유체가 x축으로부터 시계 반대 방향으로 μ만큼 다른 방향으로 진행하는 규칙파와 만나는 주파수로 다음과 같이 주어진다(그림 6.6)[이승준(2016)].

$$\omega_e = \omega - kU_0 \cos\mu = \omega - \frac{U_0 \cos\mu}{g}\omega^2. \tag{6.13}$$

이 식에 따르면 조우주파수 ω_e는 규칙파 주파수 ω의 2차식으로 주어지며, $\mu = 0°$는 선미파(following sea), $\mu = 180°$가 선수파(head sea)에 상응하고 이들을 합하여 종파(longitudinal waves)라고 부른다. $\mu = 90°$, $270°$인 경우는 횡파(transverse waves)라고 부르며, 선수사파(bow sea)와 선미사파(quartering sea)는 각각 배의 앞쪽, 뒤쪽에서 입사하는 사파(oblique waves)를 나타내는 데도 쓰인다. 조우주파수는 파가 선수 방향($90° < \mu < 270°$)에서 입사하면 파 주파수보다 커지고 반대로 선미방향($-90° < \mu < 90°$)에서 입사하면 파 주파수보다 작아지는 것을 알 수 있다.

(2) 운동응답

파도 중에서 항해하는 선박의 경우, 일반적으로는 앞에서 기술한 6 가지의 동요가 연성되어 발생한다. 하지만 선박의 좌우 대칭성 때문에 종파 중에서는 상하동요, 종동요,

전후동요의 연성 운동이 주를 이루고, 횡파 중에서는 상하동요, 횡동요, 좌우동요, 선수동요의 연성 운동이 주를 이룬다.

상하동요, 종동요, 횡동요에 대해서는 운동의 변위에 따라 부력에 기인하는 복원력이 발생하며, 이들은 연직 모드의 동요라고 부른다. 한편, 전후동요, 좌우동요, 선수동요에 대해서는 부력에 기인하는 복원력이 작용하지 않으며, 이들은 수평 모드의 동요라고 부른다.

입사파와 동요의 크기가 작아 선형 이론을 쓸 수 있는 경우에는, 배에 작용하는 힘은 다음과 같이 분류할 수 있다. 즉 연직 모드의 동요에 대해 부력에 의해 작용하는 복원력, 입사파에 기인하는 파 강제력(wave exciting force), 배의 운동에 따라 주변의 유체가 배에 가하는 힘인 방사력(radiation force), 유체의 점성에 기인하는 점성력을 들 수 있다.

파 강제력은 두 성분으로 나누어 생각할 수 있는데, FK(Froude-Krylov) 힘과 산란력이다. FK 힘은 입사파가 물체에 의해 변형되지 않는다고 가정할 때, 물체에 작용하는 입사파에 기인하는 힘이다. 한편, 입사파는 물체에 의해 그 형태가 바뀌는데, 이 변형된 파와 입사파의 차이를 산란파라고 부르며, 산란력은 이 산란파에 기인하여 선체가 받는 힘이다.

방사력도 두 성분으로 나누어 생각할 수 있는데, 부가질량과 조파감쇠에 기인하는 힘이다. 부가질량에 기인하는 힘은 물체가 유체 중에서 가속 운동을 하기 위해 주변의 유체도 가속시켜야 하기 때문에 받는 힘으로, 선박의 가속도와 같은 위상을 가지는 힘을 물체의 가속도로 나누고 부호를 바꾸어 부가질량을 얻는다. 조파감쇠에 기인하는 힘은 선박이 수표면 상에서 동요함에 따라 파도가 발생되며, 이 파도를 만드는데 필요한 힘이며, 선박의 속도와 같은 위상을 가지는 힘을 물체의 속도로 나누고 부호를 바꾸어 얻는다.

점성력은 유체의 점성에 기인하여 선체 표면에 작용하는 마찰, 또는 물체 운동에 의해 생성되는 와류에 기인하는 힘 등이 있는데, 선형 이론에서는 횡동요의 경우를 제외하면 일반적으로 무시해도 좋을 만큼 작다고 알려져 있다.

뉴턴의 운동 법칙을 적용하고, 위에서 기술한 힘들을 고려하면 선박의 동요에 대한 2계 연립 미분 방정식으로 주어지는 운동 방정식을 얻을 수 있으며, 이들을 풀어서 식 (6.12)에 보인 각 동요의 진폭 a_i와 위상차 ϵ_i를 얻을 수 있고, 식 (6.12)는 복소수를 사용하면 다음과 같이 쓸 수 있다.

$$X_j(t) = Re\left\{a_j e^{i(\omega_e t + \epsilon_j)}\right\} = Re\left\{X_{0j}\, e^{i\omega_e t}\right\},\ j \in [1;6]\,. \tag{6.14}$$

여기서 X_{0j}는 복소수로 복소진폭이라고 부른다.

선박 동요의 크기는 일반적으로 다음과 같이 복소진폭 X_{0j}를 입사파의 진폭 A로 나눈 양을 사용하여 나타내는데,

$$Z_j(\omega_e, \mu) = \frac{X_{0j}}{A},\ j \in [1;6]\,, \tag{6.15}$$

여기서 Z_j는 복소주파수응답이라고 부르며, 그 크기 $|Z_j|$는 RAO(Response Amplitude Operator)라고 부른다. 단 회전동요에 대해서는 RAO가 무차원량이 되도록 입사파 자체의 진폭 A 대신 입사파 기울기의 진폭인 kA로 나눈 값을 사용하는 것이 일반적이다.

그림 6.7에 유조선의 상하동요와 종동요에 대한 RAO와 위상차를 ω의 함수로 변환하여 보였다. 배의 전진속도 $U_0 = 16\ kts$이고, $\mu = 180°$, $90°$, 즉 선수파와 횡파의 두 경우에 대한 결과를 보였는데, 선수파에 대한 결과는 실선으로, 횡파에 대한 결과는 일점쇄선으로 나타내었다.

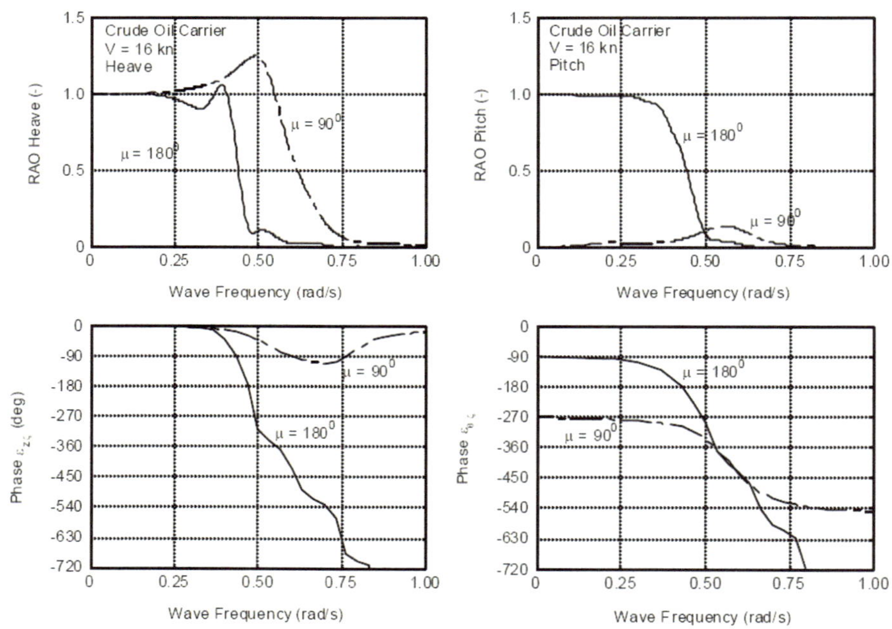

그림 6.7 유조선의 상하동요 및 종동요에 대한 RAO, 전진속도 $U_0 = 16\ kts$

선수파를 받는 경우, 입사파의 파장이 배의 길이에 비해 매우 크면 상하동요의 진폭은 파 진폭과 같고 종동요의 진폭은 파 기울기의 진폭과 같아야 할 것이며, 상하동요와 종동요의 RAO는 $\lambda \to \infty$, 즉 $\omega \to 0$일 때[식 (6.7) 참조], 모두 1이 됨을 확인할 수 있다. RAO가 국부 최대값을 가지는 주파수는 통상 공진주파수라고 부르는데, 상하동요, 종동요 모두 조파에 의한 감쇠력이 커서 그 최대값이 1보다 그리 크지 않은 경우가 대부분이다.

횡파 중에서는 상하동요가 거의 전 주파수 범위에 걸쳐 선수파 중에서의 상하동요보다 더 큰 점과, 종동요는 전 주파수 범위에 대해 매우 작은 RAO 값을 가짐에 유의한다.

앞 절에서 기술한 바와 같이 해양파는 불규칙파로 간주하여 파 스펙트럼을 사용, 물리적으로 등가라고 볼 수 있는 파도를 실험실에서 재현해 낼 수 있는데, 마찬가지로 선박의 불규칙파 중 동요도 스펙트럼의 개념을 사용하여 나타낼 수 있다.

동요의 응답(response) 스펙트럼 $S_j(\omega)$는 RAO의 제곱과 파 스펙트럼 $S(\omega)$의 곱으로 다음과 같이 정의할 수 있으며[염덕준(2010), 이승준(2016)],

$$S_j(\omega) = |Z_j(\omega)|^2 \; S(\omega), \; j \in [1;6], \tag{6.17}$$

그림 6.8에 파 스펙트럼과 응답 스펙트럼을 시간 영역과 주파수 영역에 대해 보였다.

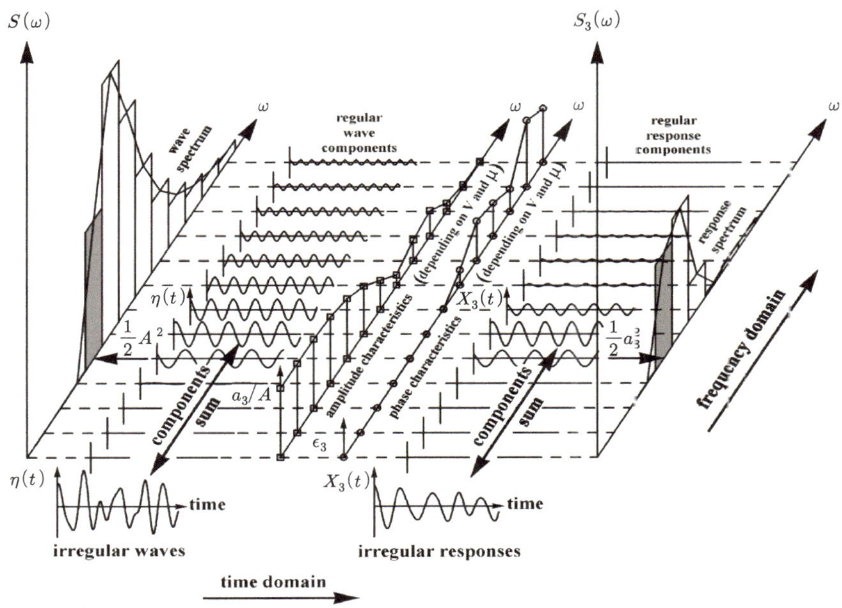

그림 6.8 파 스펙트럼으로부터 응답 스펙트럼으로의 변환

6.1.3 과도한 동요에 의해 발생하는 현상

이하에서는 배의 동요가 과도한 경우 발생하는 문제점들에 대해 알아본다.

(1) 과도한 횡동요

과도한 횡동요에 기인하여 승선감 저하, 선박 및 화물의 손상 그리고 최악의 경우에는 배의 전복이 발생할 수 있다. 횡동요 공진에 의한 진폭의 증가는 전복으로 이어질 수 있으므로, 횡동요의 고유주파수는 해양파의 주된 주파수 범위와 가능한 멀리 떨어지도록 설계, 운항되어야 한다. 식 (2.21)에서 보인 바와 같이 횡동요에 대한 복원모멘트는 θ가 작을 경우 $\Delta GM\theta$로 주어지므로, 횡동요의 고유주파수는 $\sqrt{GM}$에 비례하며, 따라서 무게중심 G의 연직방향 위치에 따라 결정되므로, 선형뿐만 아니라 화물의 적재 상태에 따라서도 변화함에 유의한다. 배의 만곡부에 설치하는 만곡부 용골(bilge keel) 또는 빌지킬은 횡동요에 대한 저항력을 증가시키기 위해 거의 모든 배에 설치하며, 특별히 횡동요의 진폭을 감소시켜야 하는 선박에 대해서는 안정핀(stabilizing fin), 감요수조(Anti-Rolling Tank, ART) 등의 장치를 설치할 수 있다(그림 6.9).

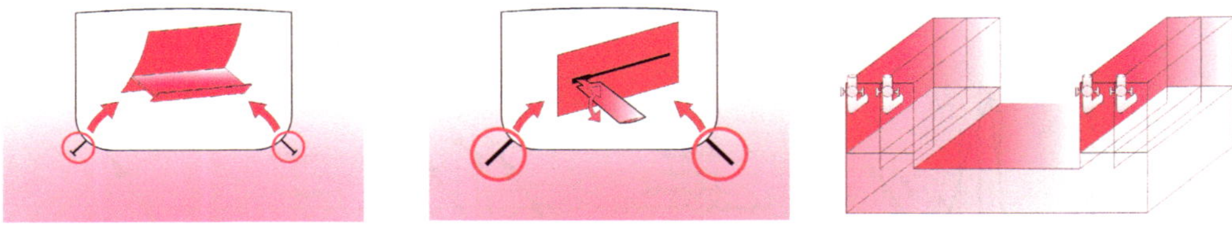

그림 6.9 만곡부 용골(좌), 안정핀(중앙), 감요수조(우)

(2) 갑판침수(deck wetness), 또는 청수(green water)

선수파 중에서 배의 수직운동과 파면 사이의 상대운동의 크기가 배의 건현보다 커지면 상갑판 상에 해수가 올라오는 갑판침수 현상이 발생한다. 갑판 침수가 발생하면 갑판에서의 작업 성능을 저하시킴은 물론 유체의 과격한 움직임에 의하여 갑판 보기들이 손상을 받을 수 있다(그림 6.10).

유사한 현상이 FPSO(Floating Production, Storage and Offloading Vessel)와 같은 해양구조물에서도 발생함에 유의한다. 반잠수식시추선의 경우에는 갑판 하부와 파면과의 간격인 에어갭(air gap)을 충분히 유지해야 한다. 에어갭이 부족하면 파도가 갑판

그림 6.10 갑판침수 현상 모형시험

하부에 부딪히면서 충격력이 발생하여 갑판 구조에 손상을 일으키고 시추선의 작업 성능을 저하시킬 수 있다.

(3) 슬래밍(slamming)

슬래밍은 거친 해상 상태에서 선수가 수면 바깥으로 드러났다가 다시 들어갈 때 선저에 충격력이 가해지는 현상이다. 슬래밍이 발생하면 선저 구조물에 작용하는 충격력에 의해 국부 구조물이 손상될 뿐만 아니라, 휘핑(whipping)이라고 불리는 일시적인 진동응력이 유발될 수 있으며 결과적으로 선체구조에 피로(fatigue)에 의한 손상을 입힐 수 있다.

슬래밍에 의한 충격력은 선수 단면의 형상, 선체와 파면 사이의 수직 상대운동, 입수시 선저와 파면 사이의 각도 등과 같은 요소들에 의해 결정된다. Ochi 외(1973)는 슬래밍 현상의 발생을 선박의 수직 상대운동에 대한 조건으로 변환하여 슬래밍 발생 조건을 다음과 같이 제시하였다.

1) 선수수선으로부터 선박길이의 10% 후방 지점의 선저가 수면 바깥으로 나와야 한다.
2) 수표면에 입수하는 순간에 수직 상대속도가 특정한 한계치를 넘어야 한다.

선체 구조설계를 위하여 선수미 선저부와 선수 플레어에 발생하는 슬래밍 충격력의 크기를 알아야 한다. 특히, 컨테이너선과 LNG선 등의 경우에는 선박의 대형화와 고속화가 지속적으로 진행되고 있으므로 슬래밍 충격력에 대한 정도 높은 추정이 요구되고 있다.

(4) 슬로싱(sloshing)

슬로싱은 유조선, LNG선 등의 화물창 내 액체가 자유표면을 가질 경우, 그 표면에 발생하는 파도에 의해 화물창에 충격력이 가해지는 현상이다. 과대한 충격력은 화물창 구조뿐만 아니라 선박 전체의 구조적 안전에도 위험 요소가 될 수 있다.

6.1.4 내항성 모형시험

수조에서 수행하는 내항성(seakeeping) 관련 고려 항목은 표 6.1, 조사 대상은 표 6.2에 각각 보였다.

표 6.1 내항성 수조시험에서 고려할 항목

조사대상	선박의 상태	항주 상태	파도의 상태
1.직접법(시험적) 1)선체운동 2)저항추진 3)파도하중 2.간접법(해석적) 1)부가질량, 감쇠력 2)파도강제력 3)기타 역학적량	1.정적요소 1)선형 2)배수량 3)흘수 2.동적요소 1)중심위치 2)관성반경 3)갑판상부구조	1.운동의 자유도 1)완전고정 2)부분고정 3)완전자유 2.선속 1)항주 2)정지 3.추진법 1)예인 2)자항	1.주기의 형태 1)규칙파 2)불규칙파 2.파 만남각 1)정면파 2)사파 3.파정의 형태 1)장파정파 2)단파정파

표 6.2 내항성 수조시험의 조사 대상

<table>
<tr><th colspan="2">조사대상</th><th>조사항목</th><th>조사내용</th><th>특기 사항</th></tr>
<tr><td rowspan="3">직접법</td><td>선체운동</td><td>6자유도 동요 (pitch, roll, yaw, heave, surge, sway)</td><td>변위, 속도, 가속도 등의 진폭 및 위상차와 주파수에 따른 변화</td><td>선수미 상하가속도
상대운동
갑판침수
프로펠러 racing</td></tr>
<tr><td>저항추진</td><td>저항증가
추력증가
토크 증가
회전수 증가</td><td>주로 증가량의 평균치와 주파수에 따른 변화</td><td>저항, 추력, 토크 변동 최대치
회전수의 변화
선속 저하 등</td></tr>
<tr><td>파 하중</td><td>종방향 및 횡방향 굽힘모멘트
국부하중</td><td>진폭과 위상차의 주파수에 따른 변화</td><td>슬래밍
whipping</td></tr>
<tr><td rowspan="3">간접법</td><td>부가질량 감쇠력</td><td>부가질량 및 감쇠력</td><td>각종 계수의 주파수에 따른 변화</td><td>단면 형상에 대한 부가질량 및 감쇠계수</td></tr>
<tr><td>파 강제력</td><td>파 강제력</td><td>주파수에 따른 변화</td><td>단면 형상에 대한 파 강제력</td></tr>
<tr><td>기타</td><td colspan="3">ART의 bench test에 의한 anti rolling moment의 측정 등</td></tr>
</table>

내항성 모형시험에는 파 중의 선체운동, 저항추진 등을 수조시험에서 직접 계측하는 직접법과, 이론 계산의 과정 중에 필요한 각종 계수들을 모형시험으로부터 구하여 이들을 이용하여 선체운동을 구하는 간접법이 있다.

선박 동요에 대한 운동 방정식에 포함된 각종 계수들을 구할 수 있으면 6자유도 동요를 얻을 수 있다. 방사력을 구성하는 부가질량과 감쇠계수는 간접법의 일종인 강제동요시험(forced oscillation test)에 의하여 얻으며, 이 시험에서는 배를 일정한 주기와 진폭으로 강제 동요시키면서 그로 인하여 발생되는 힘을 계측한다.

내항성 모형시험은 표 6.1의 항목과 표 6.2의 항목 중에서 필요한 것을 골라 조합함으로서 극히 다양한 시험이 계획될 수 있다. 그러나 현실적으로 수조 설비, 노력, 비용 및 시험 효과 혹은 효율 등을 고려하여 이들 중 제한된 조합만 선택되며, 일반적으로 직접법에 포함된 경우에 대해서만 수행된다.

6.2 선박의 조종

선박의 조종성능(controllability)은 외해 또는 제한된 수로에서 선박의 침로, 속도 및 방향을 조절하는 것과 관련된 모든 성능을 포함하는 것으로 정의할 수 있다. 조종성능은 출발, 가속 및 정상 침로에서의 조종, 선회, 감속, 정지 및 후진 등 매우 다양한 작동을 포함하고 있으며 관련된 분야는 크게 보침성(coursekeeping), 조종성(maneuvering)[1] 그리고 변속(speed change)으로 구분할 수 있다.

선박의 진행 방향을 유지하는 성능을 뜻하는 보침성은 길이/폭 비가 큰 선박일수록 좋다고 할 수 있으며, 파도, 해류 및 바람이 존재하는 실제 해상에서 그 성능의 우열이 뚜렷이 나타난다. 보침성이 좋기 위해서는 직선안정성(straight line stability)을 가져야 하며, 보침성이 좋은 배는 직진 항해를 교란하는 다양한 해상 상태에서도 항로를 잘 유지할 수 있다. 보침성은 속도성능에도 많은 영향을 미치는데, 자동조타 장치를 사용하여 선박을 운항할 때 보침성이 좋지 않은 선박은 외부의 교란으로 인하여 자주 정상 진로를 이탈하며, 따라서 선박이 지그재그로 운항하게 되어 표류각이 발생하므로 저항을 증가시키며 또한 과도한 타의 사용으로 선박의 속도에 좋지 않은 영향을 미친다.

1) 넓은 뜻에서 maneuvering은 controllability와 동의어로 사용될 수 있지만, 여기서는 좁은 뜻에서 배의 진행 방향을 바꾸는 성능으로 사용하기로 한다.

선박의 진행 방향을 제어한다는 뜻에서의 조종성은 기본적으로 타(rudder)를 사용하여 이루어지며, 이때 조종성능은 원하는 크기의 방향 변화를 달성할 때까지 배가 이동한 거리로 평가할 수 있다. 따라서 조종성능은 주로 선체의 형상과 타의 조합에 의해 결정되는데, 선회성능(turning ability)과 지그재그(zigzag)성능은 서로 상반되는 성향을 가지므로 이 두 성능의 절충이 조종성능의 주요한 문제가 된다. 선회성능이 좋은 배는 타의 작동에 민감하게 반응한다는 뜻이므로 선회 각속도가 큰 경우가 많은데 이와 같은 경우, 지그재그성능은 좋을 수가 없기 때문이다. 선회성능과 지그재그성능을 함께 향상시키기 위해서는 타 면적을 크게 하는 것이 효과적이지만, 타 면적은 설계 상의 제약조건 또는 경제적인 이유에 의해 그 상한치가 주어지는 것이 보통이다.

변속은 정지 및 후진을 포함한 속도제어를 의미하며 원하는 크기의 선속을 달성할 때까지 걸리는 시간과 이동한 거리가 변속성능의 평가 지표가 된다.

위에서 기술한 조종성능을 정량적인 요구 사항으로 변환하면 배의 기하학적 형상에 따라 결정되는 여러 가지 유체역학적 특성들을 고려해야 함을 알 수 있으며, 또한 이들은 배수량, 방형비척계수 등 여러 가지 선형계수들과 관련되어 있다. 이외에도 조종성능은 화물의 적재상태, 수심, 해상 상태 등 항해 환경의 영향도 직접적으로 받음에 유의한다.

국제해사기구(IMO)에서는 해상안전위원회(MSC)를 통한 다년간의 협의를 통하여 2002년 선박조종성능표준에 관한 규정(Resolution MSC 137(76)- Standards for Ship Maneuverability)을 채택하였다. 이러한 표준 규정은 조종성능이 열악한 선박에 대해 운항자의 운항 기술로 문제를 해결하고자 하는 것이 아니라, 선박의 설계 시부터 표준으로 정한 조종성능을 만족시킴으로써 해난 사고의 위험을 낮추고자 하는 것으로 해석할 수 있다.

6.2.1 조종성능의 평가

선박의 조종성능 평가 방법에는 여러 가지가 있으나 IMO의 조종성능표준이 확정됨에 따라 크게 선회시험(turning test), 지그재그시험(zigzag test 또는 Z test) 그리고 정지시험(stopping test)이 대표적으로 수행되고 있다. 선회시험에서는 운항의 안전성을 고려하여 최대 성능을 계측한다는 견지에서 타각 35° 를 사용하며, 정지시험으로는 긴급정지시험(crash stop astern test)을 수행한다. 지그재그시험은 10° /10° , 또는 20° /20° 시험을 수행한다. 조종성능을 정확하게 평가하기 위해 실제 건조된 선박에 대한 시운전 중에

시험을 수행하며, 일반적으로 해상상태가 뷰포트수(Beaufort number) 5 이하일 때 시행하도록 권고하고 있다.

(1) 선회시험

선회시험은 35° 의 타각을 사용하여 수행하는데 그림 6.11에 보인 바와 같이 시험 시작 지점에서 타를 최대 타각인 35° 로 틀면서 시작된다.

선박이 360° 를 회전하게 되면 시험을 끝내는데, 선박의 선회각이 90° 일 때 시작점으로부터 원래의 진행방향으로 잰 거리를 전진거리(advance), 진행방향에 수직한 방향, 즉 횡방향으로 잰 거리를 이송거리(transfer)라고 한다. 선회각이 180° 일 때 횡방향으로 이동한 거리를 기동직경(tactical diameter)이라고 하며, 배가 원을 그리며 회전할 때, 이 원의 반경을 선회반경(turning radius)라고 한다. 선박의 선회성능은 이 모든 값들이 작을수록 좋다고 할 수 있으며, IMO의 조종성능표준에 따르면 전진거리는 $4.5L$, 기동직경은 $5L$ 이내가 되어야 하는데, 이 절에서 L은 LBP이다.

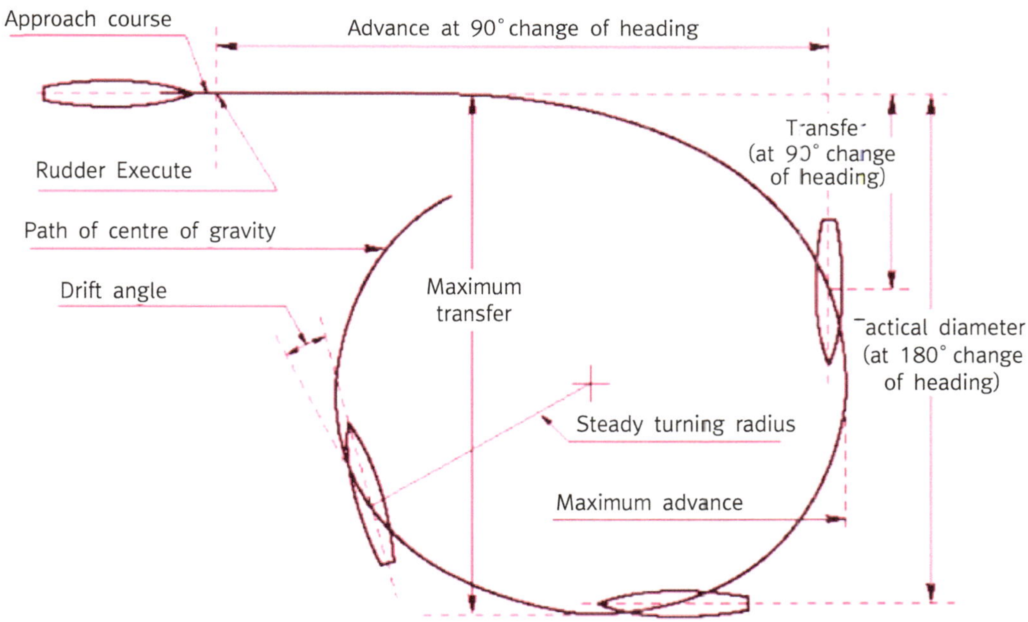

그림 6.11 선회시험

(2) 지그재그시험

지그재그시험은 그림 6.12에 보인 것처럼 다음과 같이 수행된다.

1) 일정한 속도로 선박의 직진 상태를 한동안 유지한다.
2) 미리 정해진 각도로 타를 최대한 빠른 속도로 작동한다. 타각, δ는 10° 또는 20° 를 사용한다. 타의 작동과 함께 선박은 선회하기 시작하며 선박의 선수미 방향과 원래 진행 방향 사이의 각, 즉 선수각(yaw angle), ψ가 타각과 같아질 때까지 기다린다.
3) 선박의 선수각이 타각과 같아지면 타를 반대쪽으로 최대한 빠른 속도로 돌린 후에 선박의 선수각이 타각과 같아질 때까지 유지한다.
4) 위의 과정을 4번 이상 반복한다.

그림 6.12에 보인 바와 같이 타각을 반대쪽으로 돌린 후에도 배는 일정 시간 원래의 방향으로 선수각이 증가하다가 감소하기 시작하며, 이때 최대 선수각과 타각의 차이를 과월선수각(yaw-angle overshoot), $\Delta\psi$라고 한다. 1차, 2차 과월선수각, $\Delta\psi_1$, $\Delta\psi_2$의 크기는 그 값들이 작을수록 선박의 방향 변화에 걸리는 시간이 짧은 것을 뜻하며, 과월선수각은 직선안정성이 좋은 배일수록 작은 것으로 알려져 있다. IMO 조종성능표준은 10° /10° 지그재그시험에 대한 과월선수각이 다음 식을 만족할 것을 요구하고 있다.

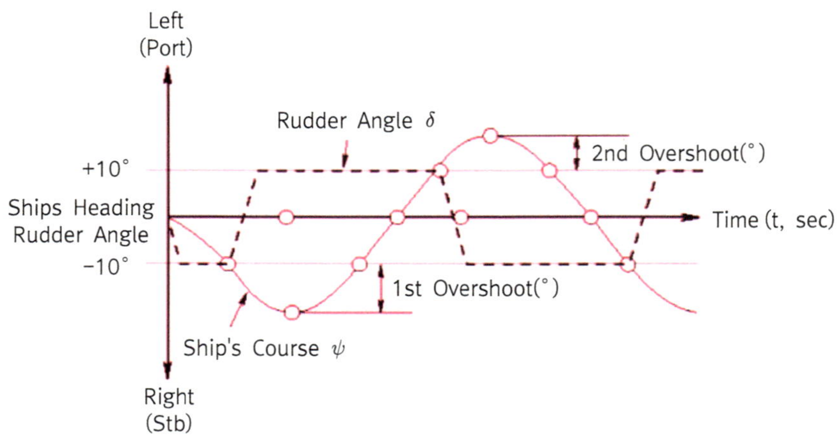

그림 6.12 10° /10° 지그재그시험 결과

$$\Delta\psi_1 \leqq \begin{cases} 10^\circ, & L/U < 10, \\ \left(5^\circ + \dfrac{L}{2U}\right), & L/U \in [10, 30], \\ 20^\circ, & L/U > 30, \end{cases} \quad \Delta\psi_2 < \Delta\psi_1 + 15^\circ. \tag{6.18}$$

여기서 U는 배의 속도이다. 20° /20° 지그재그시험에 대해서는 $\Delta\psi_1 \leqq 25^\circ$ 일 것을 요구하고 있다.

(3) 긴급정지시험

정지시험에는 긴급정지시험과 관성정지시험(inertia stopping test)이 있고 상선의 경우에는 긴급정지시험을 수행하며, 그 절차와 시험결과를 그림 6.13에 보였다.

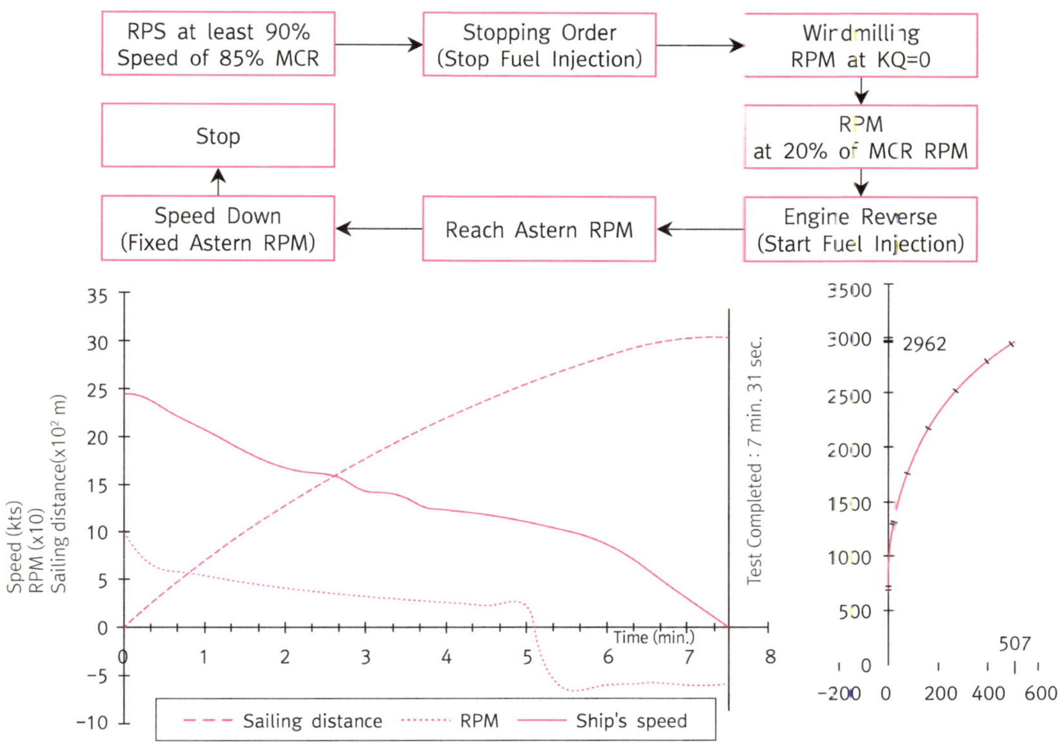

그림 6.13 긴급정지시험 절차와 시험 결과

선박은 자동차의 제동장치와 같이 강력한 마찰력을 신속하게 발생시킬 수 있는 장치가 없으므로 선박이 정지하기까지 상당한 거리, l_S를 전진하게 된다. 일정한 속도로 전진하는 선박을 긴급정지 시키기 위해서는 우선 엔진으로의 연료 공급을 중단하는데, 따라서 프로펠러에는 회전 토크가 전달되지 않는다. 프로펠러의 회전수가 적정 수준, 즉 최대연속출력(MCR) 시 회전수의 약 20% 정도로 감소되면 엔진을 역전시켜 프로펠러에 역방향의 토크를 전달하며, 프로펠러에 의해 발생되는 역추력에 의해 속도가 영이 되고, 시험이 완료된다.

IMO 규정에 따르면 정상운항속도(최대연속출력의 85%)로 진행하는 상황에서 긴급정지 시 $l_S \leq 15L$이어야 하며, VLCC의 경우에는 다소 완화된 적용이 가능하나 어떠한 경우에도 $l_S \leq 20L$을 만족해야 한다.

6.2.2 조종성능의 추정

선박의 조종성능은 궁극적으로 선형에 의해 결정되므로, 설계 단계에서 미리 선박의 조종성능을 추정하여 운항안전성을 확보하는 것은 매우 중요하다. 특히 초기설계 단계에서는 조종성능이 양호하지 못한 것으로 예측되는 경우, 선형을 변경하거나 타의 설계 변경을 통해 조종성능을 향상시킬 수 있지만, 선박이 건조된 이후 조종성능을 개선하기 위해서 취할 수 있는 수단이 매우 제한적이며 때로는 속도성능에 영향을 주는 개선책을 사용해야 할 수도 있다.

선박 설계의 각 단계에서 선박의 조종성능을 추정하는 방법에는 실적선을 이용한 경험적 방법, 경험식을 이용한 방법 및 모형시험을 이용한 방법 등이 있으며 최근에는 전산유체역학의 비약적인 발전에 따라 수치해석을 이용한 방법이 적용 범위를 넓혀가고 있다.

실적선을 이용한 경험적 방법은 기존의 시운전 결과를 이용하여 추정하는 방법이다. 만약 설계하고자 하는 선박과 유사한 실적선이 있다면 매우 유용하고 정확한 방법이 될 것이다. 하지만 선형 관점에서는 그리 크지 않은 변화하고 하더라도, 조종성능에는 큰 영향을 미칠 수 있으므로 유사한 선박의 시운전 결과를 활용할 때에도 각별한 주의가 요망된다.

경험식을 이용한 방법은 가장 널리 사용되고 있으며, 주로 회귀식을 사용하고, 대개 선박의 기본적인 제원을 매개변수로 삼아 회귀식을 구성한다. 회귀식의 대상은 주로 선박 조종과 관련된 운동 방정식의 계수들이며, 선형이 확정되기 전이나 모형시험을 수행하지 않는 선박에 대해서도 사용될 수 있어 매우 유용하다.

모형시험을 이용한 방법은 실선 시운전을 제외하면 가장 정확한 방법으로 볼 수 있다. 모형시험에는 자유항주시험(free running model test)과 구속모형시험(captive model test)이 있다. 자유항주시험에서는 추진기와 타를 이용하여 자항을 하면서 타를 조종하여 원하는 조종성능을 직접 시험하며, 추가적인 해석 없이 조종성능을 바로 확인할 수 있어서 많이 사용되고 있으나, 단 모형선의 축척 효과를 고려하기 힘들다는 단점이 있다. 구속모형시험에서는 조종관련 운동 방정식의 계수를 계측에 의해 구하고, 이들을 이용하여 운동 방정식의 해를 구하여 조종성능을 추정한다. 모형을 구속하는 장치로는 PMM(planar motion mechanism), 회전암(rotating arm) 등을 사용한다.

6.2.3 선형과 조종성능

조종성능에 영향을 미치는 선수선형과 선미선형에 대해 알아보기로 한다.

(1) 선수선형

선수선형은 선미선형에 비해 선박조종성능에 미치는 영향이 미미하다고 할 수 있다. U형 단면의 선수를 가지는 선박은 V형 단면을 가지는 선박에 비해 직선안정성 면에서 다소 유리할 수 있으며 구상선수의 형상 및 크기도 직선안정성에 약간의 영향을 줄 수 있는 것으로 알려져 있다.

(2) 선미선형

통상 선미 부분의 횡방향 투영면적(projected area)이 커질수록 직선안정성이 좋아지는 것으로 알려져 있으며, 선미 스케그(skeg)는 그런 관점에서 종종 채택될 수 있다.

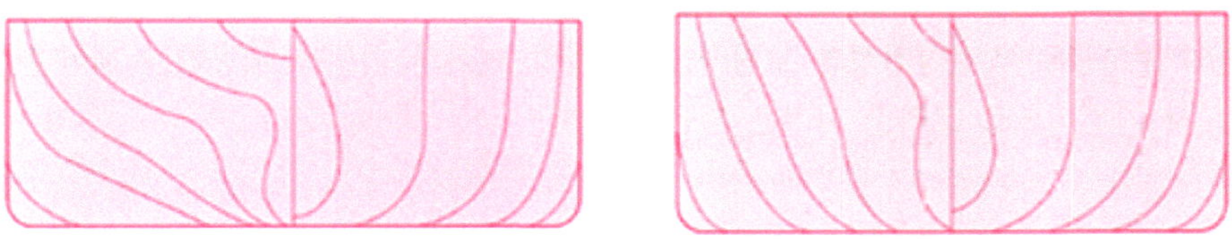

V형 선미프레임 선형 U형 선미프레임 선형

그림 6.14 V형 및 U형 선미선형

표 6.3 선미선형 변화에 따른 조종성능 변화

		V형 단면	U형 단면	IMO 규정
선회성능	전진거리/L	2.91	3.15	4.5
	기동직경/L	2.79	3.33	5.0
10° /10° 지그재그	$\Delta\psi_1$(°)	15.97	11.43	20.0
	$\Delta\psi_2$(°)	52.96	33.71	35.0
20° /20° 지그재그	$\Delta\psi_1$(°)	24.90	20.81	25.0

선미부의 횡방향 투영면적과 그 형상이 동일하더라도 단면 형상에 따라 조종성능은 크게 달라질 수 있다. 그림 6.14에는 동일한 배수량을 가진 선박에 대해 V형 및 U형 선미선형을 가진 예를 보였다. 표 6.3은 방형비척계수가 매우 큰 유조선에 대해 선미선형을 달리 함으로써 조종성능이 매우 크게 달라질 수 있다는 것을 보여주고 있다. 단면이 U형인 선형이 V형인 선형보다 직선안정성 면에서 우위에 있는 것을 확인할 수 있다. 10° /10° 지그재그시험의 $\Delta\psi_2$의 경우, U형 단면 선박은 IMO 규정을 만족하고 있으나 V형 단면 선박은 규정을 초과하고 있음에 유의한다.

6.2.4 타

타의 설계, 형상, 면적 및 회전속도와 특수타에 대해 차례로 알아보기로 한다.

(1) 타의 설계

타는 선미부에 위치하며, 비행기의 날개와 같이 양력(lift)을 발생하는 수중익(hydrofoil) 단면의 구조물로 직선안정성과 보침성 또는 방향 변화의 기능을 제공하는 제어판이다. 타 설계 시 기본적으로 고려할 사항은 다음과 같다.

1) 측면에서 바라볼 때, 타가 선박의 기선(base line)보다 내려가거나 선미보다 뒤로 돌출되지 않아야 한다.
2) 타는 직진 시 속도 손실을 최소화 하는 방향으로 설계되어야 한다.
3) 타, 타두재, 타의 지지재 및 조타장치들은 함께 고려되어야 하고, 요구되는 신뢰도를 유지하면서 최소한의 크기와 중량을 가져야 하며, 복잡성, 초기가격과 유지비가 낮아야 한다.
4) 타에 기인하여 발생하는 선체진동과 같은 불리한 영향들은 허용한계 이하로 억제되어야 한다.

유체역학적 측면에서 타 설계 시 고려할 사항들은 다음과 같다.

1) 타의 위치: 타는 선미 프로펠러의 후류에 위치시킴으로써 속도가 낮거나 또는 영일 때도 적절한 타력을 확보할 수 있다.
2) 직선안정성과 조종성능과 관련하여 충분한 타 면적을 가져야 한다. 특히 비대한 선박의 경우에는 직선안정성 면에서 충분한 고려가 필요하다.
3) 타의 크기는 일반적으로 선미 형상과 흘수에 의하여 제한되지만 효율을 증가시키기 위해서는, 타의 연직방향 길이인 스팬(span)과 타의 선수미방향 길이인 코드(chord)의 비인 종횡비(aspect ratio)를 크게 해야 하므로, 가능한 한 타의 스팬을 크게 해야 한다.
4) 일반적으로 타의 회전속도는 $2.33°/s$로 고정되어 있으나 타 회전속도를 증가시키면 조종성능이 제한적인 범위 내에서 향상된다. 비대한 선박의 경우에는 타의 회전속도보다는 타의 면적을 증가시키는 것이 효과적이다.

(2) 타의 형상

타의 형상과 프로펠러와의 상대적인 위치는 타의 효과와 선박의 조종성능에 매우 큰 영향을 주며, 그림 6.15에 보인 이외에도 다양한 형태의 타가 오랜 기간에 거쳐 개발되어왔다.

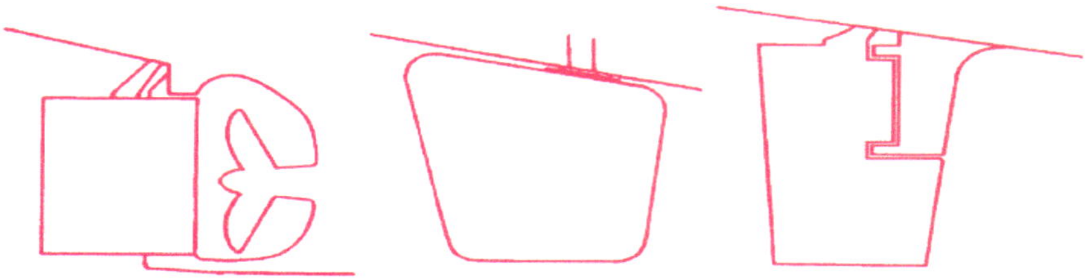

그림 6.15 다양한 형태의 타

근자의 선박에는 스페이드타(spade rudder)와 일명 혼타(horn rudder)라고도 불리는 반균형타(semi-balanced rudder)가 가장 많이 사용되고 있다. 스페이드타는 자동차선, 카페리, 특수선 및 해군 함정 등에 광범위하게 사용되며 그 효율이 매우 높다. 그러나 고속선이나 타의 스팬이 큰 경우에 타주에 매우 큰 굽힘모멘트가 작용한다. 따라서 대형 상선에는 스페이드타보다는 반균형타가 주로 사용된다.

반균형타는 타의 혼이 선체로부터 타의 상부까지 연장되어 타의 하중을 지지하고 있고 스페이드타에 비하여 타 구조물에 작용하는 굽힘모멘트가 작으므로 대형화가 가능하지만, 그 효율은 스페이드타에 비하여 낮은 편이다.

(3) 타 면적

타 면적 A_R은 선박의 초기설계 단계에서 선미선형과 관련하여 결정되므로 선박이 충분한 조종성능을 가질 수 있도록 결정되어야 한다. 그러나 타의 크기는 선미 형상에 의해 제약을 받으며, 면적이 커질수록 마찰저항이 증가하므로 적절한 크기의 선택이 중요하다. 노르웨이선급(DNV, Det Norske Veritas)이 제안하는 타 면적비(rudder area ratio) r_R의 최소값은 다음 식으로 주어진다.

$$r_R \equiv \frac{A_R}{L\,T} = \frac{1}{100}\left[1 + \frac{25}{(L/B)^2}\right]. \tag{6.19}$$

여기서 L은 LBP, T는 흘수, B는 폭이다. 이 식에 따르면 A_R은 대체적으로 배의 수면 아래 종단면의 면적으로 볼 수 있는 $L\,T$의 최소 1.5%의 값을 가진다. 그림 6.16은 타 면적비와 기동직경/L 사이의 관계를 여러 방형비척계수의 값에 대해 보여주고 있다. 방형비척계수가 클수록 같은 면적비에 대해 기동직경이 감소하며, r_R이 2%보다 커지면 선회성능의 개선 효과가 미미하거나 오히려 역효과가 발생함을 확인할 수 있다.

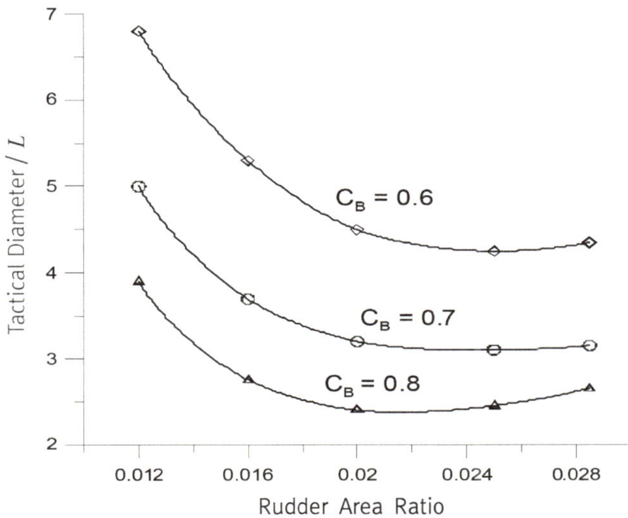

그림 6.16 여러 방형비척계수에 대한 타 면적비와 기동직경/L의 관계

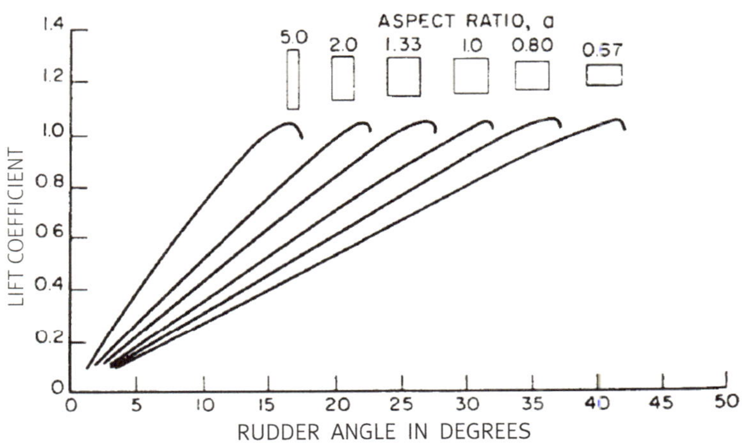

그림 6.17 타 종횡비 변화에 따른 타각과 양력계수의 관계[SNAME(1989)]

타 면적의 증가는 종횡비의 증가를 동반할 때, 즉 타의 코드 보다는 스팬의 증가로 인해 면적이 증가할 때 그 효과가 크다. 그림 6.17은 타의 종횡비 변화에 따른 양력계수의 변화를 보여주고 있다. 종횡비가 클수록 타각 증가에 따른 양력계수의 증가율이 큼을 알 수 있다. 한편 조종성능이 좋지 않은 선박에 대해 타의 코드를 증가시켜 타의 면적을 증가시키는 경우, 종횡비의 감소로 인한 양력계수의 감소에 의해 조종성능이 오히려 나빠질 수도 있다는 점에 유의한다.

(4) 타 회전속도

타 회전속도는 직선안정성에 매우 큰 영향을 주며, 최대 타각은 선박의 선회성능에 큰 영향을 준다. 타 회전속도가 증가하면 직선안정성이 향상되고 지그재그시험에서 과월선수각이 감소한다. 선급에서 요구하고 있는 타 회전속도의 최소값은 $2.33°/s$이다. 그림 6.18은 미국연안경비대(United States Coast Guard, USCG) 함정에 대하여 실시한 실선 시험 결과를 보여주고 있다. 타 회전속도의 증가에 따라 과월선수각이 크게 감소하며, 특히, 타각이 클수록 감소율이 큼을 확인할 수 있다.

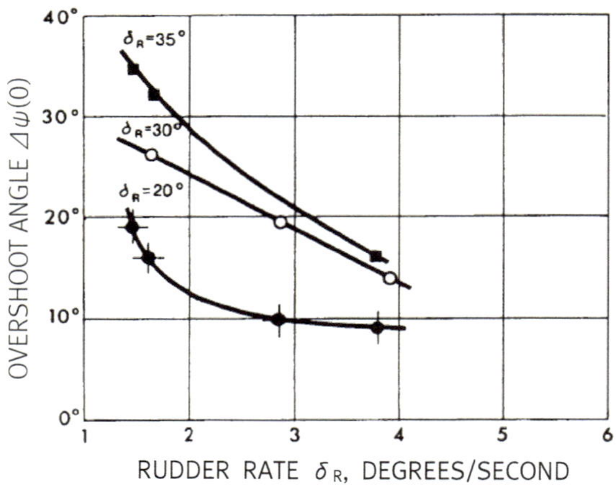

그림 6.18 타각 변화에 따른 타 회전속도와 과월선수각의 관계[SNAME(1989)]

(5) 특수타

타 면적을 그대로 유지하면서 큰 양력을 발생할 수 있게 하는 특수타로는 플랩타(flap rudder 또는 Becker rudder)와 물고기꼬리타(fishtail rudder 또는 Schilling rudder) 등이 있다. 특수타를 채택하면 조종성능은 향상되지만, 대체적으로 저항이 증가되는 단점이 있으므로 저항추진성능을 동시에 고려한 신중한 판단이 요구된다.

플랩타는 그림 6.19(좌)에 보인 바와 같이 뒷부분에 부착된 플랩이 대체로 타 본체보다 2배 정도의 큰 각도로 회전하면서 매우 큰 양력을 발생시킨다. 동일한 단면과 크기를 가진 일반 타와 비교하면 타에 의해 발생하는 양력이 약 60%-70% 증가한다. 이와 같은 고양력 타는 선박의 선회성능을 향상시키는데 유용하게 사용될 수 있다.

물고기꼬리타는 그림 6.19(우)에 보인 바와 같이 타의 수평 단면이 물고기와 같은 형상을 가지며 타 상하부에 큰 평판을 부착하여 종횡비를 증가시킨 것과 같은 효과를 얻어 양력을 크게 증가시킨다.

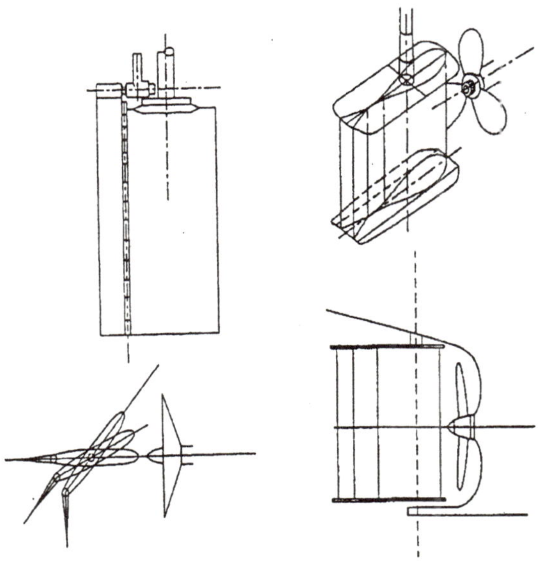

그림 6.19 플랩타(좌)와 물고기꼬리타(우)

Chapter 7

선박의 구조와 진동소음

7.1 선박의 구조

배는 판과 보강재를 적절히 용접, 조립하여 건조되는 매우 크고 복잡한 구조물이다. 선체의 외판은 물이 안으로 스며들지 못하게 하는 기본적인 수길(watertight) 기능 이외에도 필요한 배수량을 확보하고 추진성능과 운동성능을 얻을 수 있도록 그 형상이 설계된다. 또한 내부적으로는 화물을 적재하기 위한 공간, 선박의 운항에 필요한 기관, 의장품 등을 위한 공간, 승무원을 위한 안전한 거주 공간 등을 위해 매우 복잡한 구획으로 이루어져 있다. 이와 같은 외판과 내부를 구성하는 각 부재들의 주된 기능은 예정된 화물을 효율적으로 적재, 운송할 수 있는 구획 구조로서 배가 놓일 거친 환경 속을 파손되지 않고 안전하게 운항할 수 있는 충분한 구조강도를 보장하는 것이다.

7.1.1 선체 구조의 기능과 역할

이절에서는 선체의 횡단면 상에서 본 구조부재와, 종방향 상의 위치에 따른 구조부재들에 대해 차례로 생각하기로 한다.

(1) 배의 횡단면 상 위치별 분류

선수와 선미는 부드러운 쐐기 모양의 유선형 형상을 가지지만 선체는 개념적으로 긴 직육면체의 상자형 거더(box type girder)로 간주할 수 있다. 외판은 완전한 수밀구조로 선저외판, 선측외판, 갑판 등 판각(plate and shell)으로 이루어지며, 수압 등 외압과 국부적 굽힘변형을 효율적으로 견디어 낼 수 있도록 판에 보강재가 용접된 보강판각(stiffened plate & shell) 구조를 기본으로 한다. 위치별로 다음과 같이 크게 네 가지 부위로 분류할 수 있다.

가) 선저구조

선저는 상자형 거더의 바닥으로서 수압이나 파 충격력을 버텨내며 또 그 위에 위치한 화물이나 기계류의 무게를 지탱한다. 충돌이나 좌초 등에 따르는 국부적인 손상에 기인하는 침수로부터 선체를 보호하고, 기름과 같이 환경을 오염시키는 액체화물의 누출 방지를 위해 이중구조, 즉 이중저(double bottom)를 이루고 있다. 외부의 물과 접하는 부분을 선저외판, 그 위에 실제 화물이 적재되거나 각종 의장품이 설치되는 부분을 내저판(inner double plating)이라고 부른다. 그 사이의 공간은 연료유탱크나 청수탱크 또는 밸러스트탱크로 사용되며, 종방향으로는 거더(girder), 횡방향으로는 늑판(floor)이라고 하는 대형 보강재가 격자모양으로 설치되어 수압과 화물의 하중을 버틸 수 있도록 한다.

나) 갑판구조

갑판은 화물을 싣거나 각종 의장품 또는 기계류 등을 설치하는 평판 모양의 수평 구조부재로서 그 위에 놓이는 물체의 무게를 감당할 수 있도록 설계되며, 또한 선체의 내부 공간을 층별로 나누는 역할을 한다. 외부로 노출되는 최상층 갑판을 상갑판(upper deck), 그 아래 갑판을 제2 갑판, 그 아래를 제3 갑판 등으로 번호를 붙여 부른다. 상갑판은 상자형 거더의 뚜껑 역할을 하며 화물을 적재 또는 하역하기 위한 창구(hatch)가 설치되고 경우에 따라 창구덮개(hatch cover)도 설치된다. 최근에 건조되고 있는 대형 상선 중 자동차선과 일반화물선을 제외한 대부분의 전용화물선들은 화물창 전체가 수직방향으로는 하나의 공간으로 이루어지므로 상갑판 아래의 수평방향 평판부재가 바로 내저판인 경우가 많다. 선체 전체의 종강도를 유지하기 위한 부재로서 중요한 역할을 한다.

다) 선측구조

선체의 양측을 감싸는 수직 외벽을 말하며, 수압과 파 충격력을 견디는 역할을 한다. 최근에는 석유류 또는 환경오염 물질을 나르는 선박의 선측구조는 선저처럼 이중구조로 설계하는 것이 의무화되어 있으며, 선저와 선측이 모두 이중구조로 되어 있는 경우를 이중선각(double hull)이라고 부른다.

라) 격벽구조

격벽(bulkhead)은 선박을 횡방향 또는 종방향으로 구획하는 수직평판 구조물을 뜻한다. 횡방향으로 배치되어 선체를 종방향으로 구획하는 격벽을 횡격벽(transverse bulkhead)이라고 한다. 선체의 외벽에 손상이 발생하여 침수된 해수가 다른 구획으로 넘어들어 가지 않도록 차단함으로써 배의 침몰 가능성을 줄이고 선박 전체의 안전성을 유지하는 중요한 기능을 하므로 여러 법규에 의해 설치 개수와 그 강도가 엄격하게 규정되어 있다. 배의 폭이 큰 경우에는 종방향으로 종격벽(longitudinal bulkhead)을 설치하여 화물창을 횡방향으로도 나누어 준다. 격벽은 적재된 액체화물의 압력을 견뎌야 하며 또한 선체횡단면의 변형을 방지하여 선체의 구조적 안전성을 확보할 수 있도록 설계되어야 한다.

선체를 이루는 구조부재는 일반적으로 한 가지 역할만 수행하도록 설계되지는 않는다. 예를 들어 선저외판은 수압을 지탱하는 구조부재이면서, 물의 침입을 막는 수밀구조이고, 또 저항성능, 복원성능, 운동 및 조종성능에 영향을 미친다. 배의 횡격벽은 사고 시 침수에 기인하는 수압을 견딜 수 있고, 선체횡단면 형상이 변형되는 것을 방지할 수 있도록 설계된다.

(2) 배의 종방향 위치별 분류

배의 구조부재는 그 종방향 위치에 따라 구조적으로 상당히 다른 특징을 가지며, 화물선을 예로 들어 생각하면, 위치 별로 다음과 같이 분류할 수 있다.

가) 중앙부 화물창

선체의 중앙부에는 주로 화물을 싣는 화물창(cargo hold)이 위치한다. 기본적으로 대부분의 선박이 이중저 구조를 채택하고 있으며, 적재하는 화물의 특징에 따라 화물창도 다양한 형상을 가진다.

나) 선수부

선수구조는 항상 파도의 충격에 노출되어 있고 다른 선박이나 부유물 또는 부두에 충돌할 가능성이 큰 부분이기 때문에 견고한 구조를 가지도록 설계된다. 충돌 시, 화물창이 파괴되는 것을 방지하기 위해 선수부와 화물창의 경계가 되는 선수격벽(fore peak bulkhead 또는 collision bulkhead)을 선수단으로부터 일정한 거리에 설치하도록 되어 있다. 선수재와 선수격벽 사이의 공간은 체인로커(chain locker), 밸러스트탱크 등으로 이용되며 윈드라스(windlass), 선수스러스터(bow thruster) 등 운항에 필요한 다양한 기기들이 배치된다.

다) 선미부

선미부에는 기관실, 추진기 및 추진축, 타 등 선박의 추진과 관련된 시설들이 집중적으로 배치되어 있어 통상 선미격벽(after peak bulkhead)을 설치한다. 추진기와 주기관은 진동을 유발하는 주요 기진원이며, 항해사들이 근무하는 조타실과 선원들의 거주구가 배치되는 갑판실(deckhouse)이 주로 선미에 위치하기 때문에 진동과 소음 저감을 위한 구조설계와 방진 대책이 요망된다.

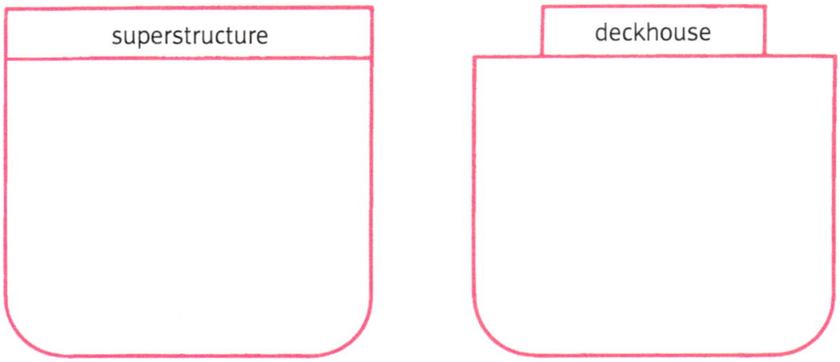

그림 7.1 선루와 갑판실

라) 기관실부

선박의 주기관은 선미의 추진기와 추진축으로 서로 연결되어야 하며 추진축 길이는 최소화하는 것이 바람직하다. 각종 동력기계의 배치공간을 최소화하고 효율적으로 사용하기 위하여 기관실은 선미부에 배치하는 것이 일반적이다. 기관실의 바닥은 중량물인 주기관이 탑재되는 장소이므로 별도의 보강이 필요하다.

마) 상부구조

상부구조는 배의 상갑판 위에 위치하는 구조로서 선루(superstructure)와 갑판실(deckhouse)로 구분되며 양자의 차이는 그림 7.1에서 보인 바와 같다. 선루의 측벽은 선측외판의 연장으로 볼 수 있는 형태이며 주 선각과 동일한 수준의 강도를 갖도록 설계된다. 반면에 갑판실의 측벽은 선측외판과 연속되어 있지 않으며 일반적인 건물 형태의 구조로 주로 선원들의 거주구나 조타실로 사용되고 강도부재로 간주되지 않는다.

7.1.2 선체의 구조 양식

배는 화물과 기관을 비롯한 각종 기계류를 싣고 파도 중을 항행해야 하므로 이로 인한 수압이나 화물의 하중에 견디기 위하여 여러 가지 형태의 구조부재들로 이루어져 있다. 많은 부분이 평판(plate)을 접합하여 건조되지만, 선수나 선미는 곡판(shell)으로 이루어져 있기 때문에 여러 가지 방법에 의한 곡면가공 과정이 필요하다. 평판과 곡판은 판의 면에 법선방향으로 작용하는 하중에 대해 쉽게 변형되는 취약성을 가지므로, 평판 또는 곡판에 보강재를 용접한 보강판각 구조를 배에서는 주로 채용하고 있다. 또한 화물창이나 갑판에 작용하는 하중을 지지하고 아래층과 위층 사이의 간격 유지를 위하여 부분적으로 기둥(pillar)을 설치하며, 큰 굽힘하중에 견질 수 있도록 횡방향으로는 보(beam)를, 종방향으로는 거더(girder)를 설치한다.

한편 배는 국부적으로 큰 하중이 걸리는 부분이 많고 특히 부재가 직각으로 꺾이거나 불연속적인 형상을 갖는 부분에는 하중이 집중적으로 작용하여 균열 등의 손상이 쉽게 발생할 수 있으므로, 브래킷(bracket)과 같은 보강재를 설치해야 할 경우가 많다.

선체의 구조 양식은 그림 7.2, 7.3 및 7.4에 보인 바와 같이 보강재의 배치 방향에 따라 횡늑골 방식, 종늑골 방식 및 혼합식의 세 방식으로 분류한다.

(1) 횡늑골 방식 구조(transverse framing system)

갑판, 선측, 선저 등 주요 구조에 늑골재(frame)를 횡방향으로 배치하는 방식이다. 구조가 간단하고 건조가 용이하며 늑골재가 종방향의 대형 거더를 관통하지 않기 때문에 슬롯홀(slot hole) 가공이 필요 없고 비교적 쉽게 건조할 수 있다. 화물창 내부의 돌출부가 적기 때문에 과거에 많이 건조되던 일반화물선과 어선 등의 중소형선에 적합하다. 그러나 선체의 종방향 강도가 취약하기 때문에 이를 보완하기 위하여 외판의 두께가 증가되는 경향이 있어 최근 많이 건조되고 있는 대형 전용화물선에는 부적합하다.

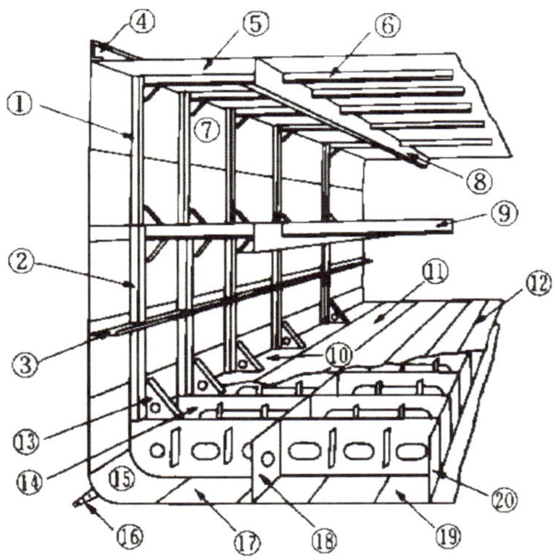

1) tween deck frame
2) hold frame
3) side stringer
4) gunwale angle
5) upper deck
6) beam
7) beam bracket
8) deck girder
9) second deck
10) margin plate
11) inner bottom plate
12) center strake
13) tank side bracket
14) open floor
15) solid floor
16) bilge keel
17) shell plate
18) side girder
19) keel
20) center girder

그림 7.2 일반화물선의 화물창(횡늑골 방식 구조)

(2) 종늑골 방식 구조(longitudinal framing system)

늑골재가 선체의 종방향으로 배치되어 있으며, 횡방향 강도를 확보하기 위하여 특설 횡늑골(web frame)이 설치된다. 종강도에 강하고 선체의 중량을 줄일 수 있으나, 화물창 내부에 돌출부가 많아 구조가 복잡하며 보강재가 횡방향 늑골을 관통하기 때문에 수많은 슬롯홀이 생성된다. 따라서 일반화물선에는 부적합하며 유조선과 같은 대형 상선에 적합하다.

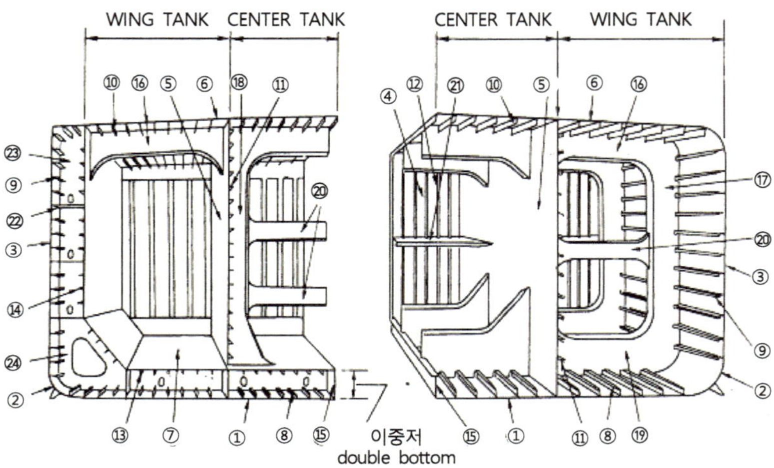

1) bottom plate
2) bilge strake
3) side shell plate
4) transverse bulkhead plate
5) longitudinal bulkhead plate
6) upper deck plate
7) inner bottom plate
8) bottom longitudinal
9) side longitudinal
10) deck longitudinal
11) longitudinal stiffener on longitudinal bulkhead
12) transverse bulkhead stiffener
13) inner bottom longitudinal
14) longitudinal stiffener on inner hull
15) bottom center girder
16) deck transverse
17) side transverse
18) vertical web
19) bottom transverse
20) strut
21) horizontal girder
22) side stringer
23) side transverse
24) bilge transverse

그림 7.3 유조선의 화물창(종늑골 방식 구조)

(3) 혼합식 구조

횡늑골과 종늑골 구조의 두 방식을 혼합한 구조로 갑판, 선저, 내부선저(inner bottom)는 종늑골 방식 구조로, 선측은 횡늑골 방식 구조로 되어 있다. 화물창에 비교적 돌출부가 적고, 배의 종강도도 충분히 확보할 수 있으며, 산적화물선의 화물창은 대표적인 혼합식 구조이다.

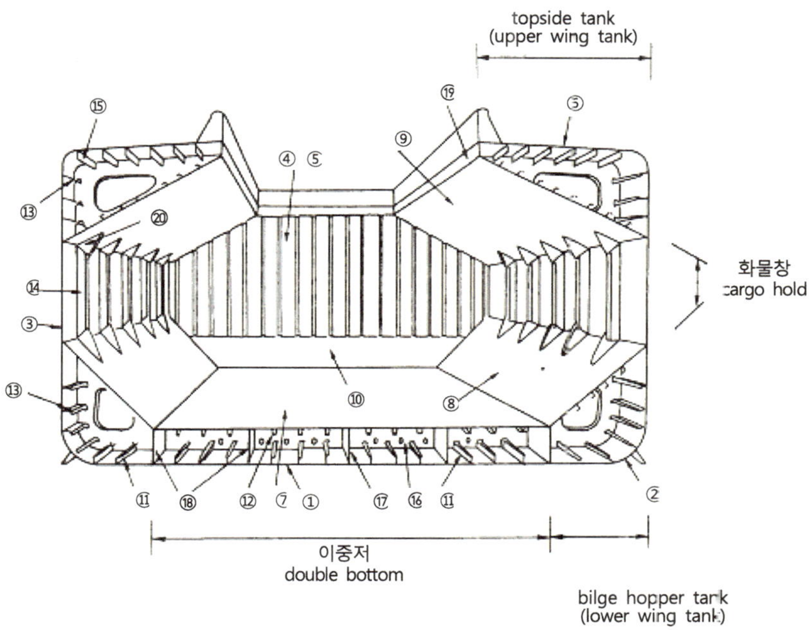

1) bottom plate
2) bilge strake
3) side shell plate
4) transverse bulkhead plate
5) corrugated bulkhead plate
6) upper deck plate
7) inner bottom plate
8) bilge hopper slope plate
9) TSWT slop plate
10) lower stool slop plate
11) bottom longitudinal
12) inner bottom longitudinals
13) side longitudinal
14) hold frame
15) deck longitudinal
16) solid floor
17) center girder
18) side girder

그림 7.4 산적화물선의 화물창(혼합식 구조)

7.1.3 선체에 작용하는 힘

선박의 전반적인 형상은 전체적인 공간의 활용을 우선적으로 고려한 구획의 관점에서 결정된다. 그러나 판재의 두께라든지 보강재의 형상 및 치수 등 세부적인 사항은 배가 그 수명 동안 받을 내부 또는 외부 하중(load)을 잘 견디어 손상이 없이 안전하게 항해할 수 있도록 설계되어야 한다. 배에 작용하는 힘은 선체, 탑재된 기계류 및 화물 등의 자중, 물의 부력, 파도로 인한 변동수압에 기인하는 힘, 운동에 기인하는 관성력이 주요 성분이며 액체화물의 유동 또는 파도에 의한 유체충격력, 도크에 입거 시 작용하는 하중 등 다양한 하중도 고려해야 한다. 아래에서는 선체의 구조설계 단계에서 고려되어야 하는 하중에 대해 살펴본다.

(1) 정적하중(static load)

정적하중은 시간의 경과에 따라 변화하지 않는 하중을 뜻한다. 선체 자체, 탑재된 기관과 의장품, 적재된 화물의 중량과 내부탱크 벽면에 작용하는 수정압(hydrostatic pressure), 선체 외판에 작용하는 수정압 등이 이에 해당된다. 액화가스와 같은 초저온 화물을 싣는 경우 부위별 온도 차이와 열팽창에 의한 하중도 정적하중으로 간주할 수 있다.

(2) 파랑하중(wave induced load)

파도에 기인하는 하중으로 선박의 구조설계에서 가장 중요하게 고려된다. 시간에 따라 변화하는, 즉 동적하중(dynamic load)이지만 그 주기가 몇 초에서 몇 분으로 비교적 길기 때문에 동적변형이 중요한 문제가 되지는 않는다. 파도 중에 있는 배는 선체 외벽에 변동수압을 받으며, 또한 횡동요와 종동요 등 선체의 운동이 유발되어 이 운동의 가속도에 기인하는 관성력을 추가로 받게 된다. 일반적으로 대형 상선의 경우 이 가속도의 최대치는 중력가속도의 50% 정도에 이르고 소형 고속선인 경우에는 훨씬 더 큰 값을 가지므로 이에 대한 고려는 필수적이다.

선박의 구조설계를 위한 파랑하중의 추정은 실적선의 자료와 해양파(ocean wave)에 대한 통계자료를 바탕으로 결정된다. 최근에는 확률 및 통계이론에 근거한 신뢰성해석(reliability analysis)을 수행함에 있어서 해양파의 통계적 관측 자료를 직접 이용하고 여러 방향에서 입사하는 다양한 종류의 파도에 대해 수동역학적으로 선체운동을 해석함으로써 선체의 파손가능성을 확률적으로 예측하는 직접해석(direct analysis) 기법이 점차 많이 사용되고 있다.

(3) 충격하중

파도 중을 운항하는 배는 물과의 상호 작용에 의해 여러 가지의 충격력을 받는다. 6.1.3절에서 설명한 바와 같이 과도한 종동요로 인하여 수면 밖으로 들어 올려 진 선수가 밑으로 내려 갈 때, 파도에 기인하여 상승하고 있는 수면과 충돌하여 순간적인 충격을 받는 현상을 슬래밍(slamming)이라고 한다. 이 때 발생하는 충격력은 국부적으로 선저외판과 플레어(flare) 부분에 발생하는 손상의 주요 원인이 될 뿐만 아니라, 선체 종방향으로 변위가 제법 큰 진동, 즉 휘핑(whipping) 현상을 유발함으로써 선체 전체의 구조 안전성에 큰 위협이 된다. 함정설계에서도 수중에서 폭탄이 폭발하는 경우에 대비하여 충격파나 맥동하는 기체 버블(bubble)에 의한 휘핑의 영향을 고려하게 된다.

유조선과 같이 액체화물을 적재하는 선박에서는 액체의 유동에 의해 발생하는 탱크 내부의 파도가 탱크 내벽과 충돌할 때 큰 충격압력이 발생한다. 이러한 현상을 슬로싱(sloshing)이라고 하며 슬로싱에 의해 내부 부재가 손상되는 사고가 흔히 보고되고 있다. 특히 LNG선에서는 탱크 내부에 액체 유동을 저감시킬 수 있는 내부 보강재가 전혀 없는 경우가 대부분이기 때문에 슬로싱 현상이 매우 심하게 발생할 수 있다. 더욱 최근에는 LNG선의 탱크가 점차 대형화되는 경향이 있기 때문에 슬로싱 현상을 이해하고 이에 대비한 탱크 설계를 함으로써 탱크의 구조적 안전성을 확보하기 위해 슬로싱에 관한 연구가 집중적으로 이루어지고 있다.

(4) 국부하중

비중이 큰 중량물을 탑재 또는 적재하는 경우에는 그 무게를 고려하여 중량물의 주위를 별도로 보강하며, 갑판크레인, 주기관, 헬기착륙장 등이 이에 해당된다. 부재들의 연결부나 창구(hatch)의 모서리 부분과 같이 구조 형상이 갑자기 변화하는 부위는 다른 부분에 비해 응력이 급격히 커지는 응력집중(stress concentration) 현상이 발생하므로 세심한 배려가 필요하다.

(5) 기타

전남 태안 연안에서 발생한 유조선 누출사고와 같이 선박이 다른 선박이나 부유체와 충돌하는 경우나 좌초(grounding) 사고가 발생하는 경우에 대비하여 구조설계는 화물창 내부 손상이 최소한으로 억제될 수 있도록 이루어져야 한다. 사고로 인하여 화물창이 침수될 때 발생하는 수압에 대한 안전성도 검토되어야 한다. 쇄빙선이나 내빙(ice-strengthened)

상선과 같이 극지를 운항하는 선박에서는 빙산이나 빙판과의 충돌 시 받는 하중을 고려하여 선체에 치명적인 손상이 발생하지 않도록 구조설계가 이루어져야 한다. 그 외에도 추진기나 선체부가물에 의한 동유체력, 주기관 및 보기의 회전에 기인하는 진동 등에 의한 하중도 고려해야 한다.

7.1.4 구조역학의 기본 개념

선체 구조의 강도평가에 관한 내용을 다루기 전에 아래에서는 먼저 가장 간단한 인장(tension)과 압축(compression) 문제를 예로 들어 구조역학의 기본적인 용어와 개념을 소개한다.

(1) 응력(stress)과 변형률(strain)

먼저 그림 7.5에 보인 바와 같이 양쪽 끝에서 길이방향으로 당기는 힘 P를 받고 있는 길이 L, 균일한 단면적 A의 봉(bar)에 대하여 생각하자. 힘이 길이가 늘어나는 방향으로 작용하면 인장력, 줄어드는 방향으로 작용하면 압축력이라 부른다. 봉이 인장력을 받으면 우리 눈에는 잘 보이지 않지만 미세하게 길이가 늘어나며 이 늘어난 길이 δ를 신장량(elongation)이라고 한다.

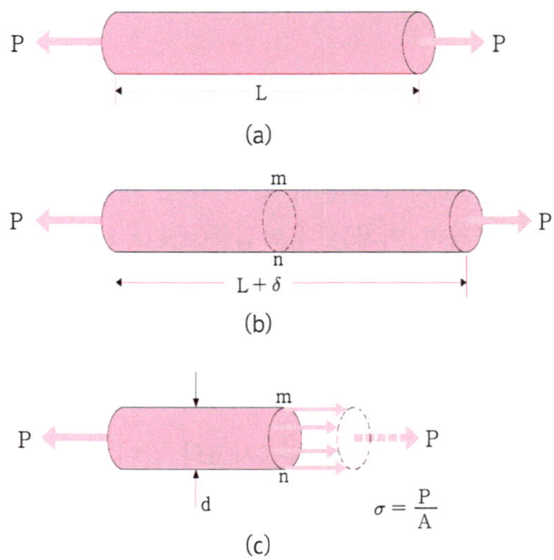

그림 7.5 봉의 인장

봉과 같이 인장력을 받는 부재를 생각할 때, 부재의 단면적이 작으면 동일한 인장력에 대해 신장량이 클 것이며, 부재의 단면적이 커질수록 신장량이 작아질 것이다. 따라서 구조부재를 일관되게 평가할 수 있기 위해서는 인장력 자체의 크기 보다는 단위면적당 작용하는 힘의 크기로 부재의 신장량을 판단하는 것이 합리적이라는 사실을 알 수 있다. 이와 같이 단위면적당 작용하는 힘을 응력이라고 하며 구조물의 안전성을 평가할 때는 항상 이 응력의 크기가 기준이 된다. 그림 7.5를 예로 생각하면 단면적이 A인 봉에 P의 인장력이 작용하고 있으므로 응력 σ는 P/A가 된다. 인장력에 의해 발생되는 응력을 인장응력(tensile stress), 압축력에 의한 응력을 압축응력(compressive stress)이라고 부른다.

한편, 인장력이 가해질 때 발생하는 신장량 δ는 봉의 길이 L이 커질수록 비례하여 커지므로 실제 부재의 신장되는 정도를 일관되게 평가하기 위해서는 신장량 자체보다는 오히려 단위길이당 신장량 즉 δ/L이 보다 합리적인 기준이 될 것이며, $\epsilon = \delta/L$은 변형률이라고 부른다.

(2) 재료의 역학적 특성

재료의 역학적 특성은 재료시험으로부터 결정된다. 그림 7.6에 보인 바와 같이 작은 시편(specimen)을 인장시험기(tensile-test machine)에 장착하고 인장력 또는 압축력을 가하면서 신장측정기(extensometer)로 신장량을 측정한다.

그림 7.6 재료 시편의 인장시험

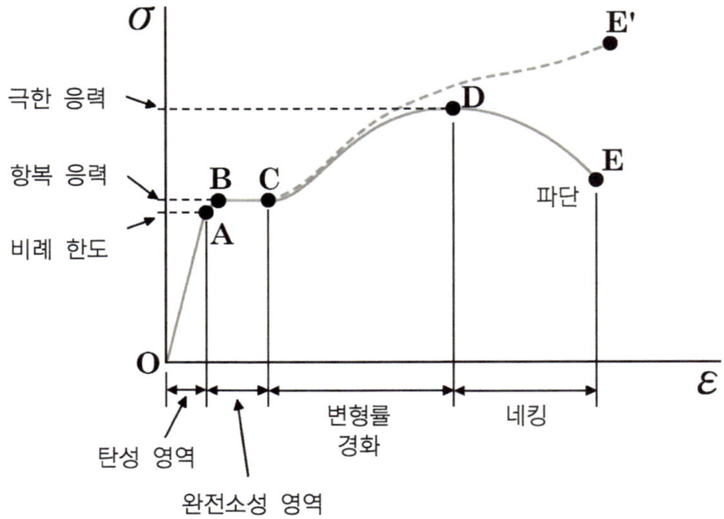

그림 7.7 응력-변형률 선도

이때 시편의 규격(치수)과 힘, 또는 하중의 작용방법은 미국시험재료학회(American Society for Testing and Materials, ASTM)에서 규정한 표준 시험편 및 시험법을 엄격하게 적용한다. 인장력을 증가시키면서 얻은 재료시험 결과는 그림 7.7과 같은 전형적인 응력-변형률 선도(stress-strain diagram)로 정리된다. 위와 같은 방법으로 얻어진 응력-변형률 선도는 동일한 재료로 만들어진 부재에 대해서는 그 길이, 단면의 형상과 면적에 무관하게 동일한 양상을 보이며, 재료의 고유한 특성을 나타낸다.

응력-변형률 선도를 살펴보면 응력의 크기가 작은 구간에서의 곡선 OA는 기울기가 일정한 직선이며 따라서 이 구간에서는 응력과 변형률이 서로 선형적으로 비례한다. 이 구간에서는 하중이 소거되면 변형 역시 없어져 원래의 상태로 되돌아오므로 이 구간을 탄성영역(elastic region)이라고 한다. 이 구간에서의 직선의 기울기를 탄성계수(modulus of elasticity) 또는 Young률(Young's modulus)이라고 하고 통상 E로 표기하며, 따라서 탄성영역에서의 응력과 변형률 사이의 관계식은 다음과 같은 비례식으로 쓸 수 있다.

$$\sigma = E\epsilon. \tag{7.1}$$

탄성영역의 끝점인 점 A는 비례한도(proportional limit)라고 하며, 점 B는 항복점(yield point), 점 B에서의 응력을 항복응력(yield stress) σ_Y라고 한다. 부재 내부에 걸리는 응력이 항복응력에 도달하면 하중을 제거하더라도 변형이 지속되는 상태, 즉 소성변형(plastic deformation)이 발생한다. 점 C를 지나면 다시 응력이 증가함에 따라 변형률이 증가하며, 응력이 최대가 되는 점 D를 지나면 비교적 급격하게 응력이 감소하여 결국 점 E에서 시편이 파괴된다. 점 D에서의 응력은 이 재료가 받을 수 있는 최대 응력이며 이 응력을 극한응력(ultimate stress) 또는 인장강도(tensile strength)라고 하고, 점 E는 파단(fracture)점이라고 한다. 일반적으로 시편이 길이방향으로 인장력을 받아 늘어나면 폭방향으로는 줄어드는 현상이 발생하며, 압축력을 받을 때는 반대로 폭방향으로 늘어나는 현상이 발생한다. 이때 폭방향 변형률 ϵ_B와 길이방향 변형률 ϵ_L의 비의 절대값을 프와송비(Poisson's ratio) ν라고 하며 다음 식으로 주어진다.

$$\nu = -\frac{\epsilon_B}{\epsilon_L}. \tag{7.2}$$

표 7.1에 대표적인 구조용 재료들의 재료특성치를 보였다.

표 7.1 대표적인 구조용 재료들의 재료특성치

	탄성계수 E (GPa)	항복응력 σ_Y (MPa)	인장강도 σ_U (MPa)	프와송비 ν
연강(mild steel)	190~210	200~700	340~830	0.27~0.33
고장력강 (high tensile steel)	190~210	340~1,000	550~1,200	0.27~0.33
알루미늄 합금	70~79	35~500	100~550	0.33
콘크리트	17~31	-	10~70	0.1~0.2
황동(brass)	96~110	70~550	35~41	0.34
청동(bronze)	96~120	82~690	36~41	0.34
목재(wood)	11~14	40~60	40~70	-

(3) 기타 용어

가) 강도(strength)와 강성(stiffness)

강도는 그 재료가 견딜 수 있는 응력의 크기를 뜻하며 일반적으로 항복응력(점 B) 또는 인장강도(점 D)로 대표된다. 강성은 재료가 응력을 받을 때 얼마나 큰 변형률이 발생하는가를 뜻하며, 흔히 Young률 또는 탄성계수로 대표된다. 동일한 응력 상태에서 변형률이 작은 딱딱한 재료일수록 강성이 크다.

나) 연성(ductility)과 취성(brittleness)

탄성한계 이상의 응력을 가할 때, 파단점에 상응하는 변형률이 큰 재료는 연성재료(ductile material), 상대적으로 작은 재료는 취성재료(brittle material)라고 한다.

연성재료는 파단 전까지 소성변형을 통해 많은 양의 에너지를 흡수할 수 있고 눈에 보이는 큰 변형이 발생하기 때문에 파괴가 발생하기 전에 예방조치가 가능하다는 장점이 있으므로 구조용 재료로 많이 사용되고 있다. 알루미늄, 구리, 납, 니켈, 금, 은 등이 연성이 큰 전형적인 연성재료이며 구조용 재료로 가장 많이 쓰이는 강(steel)도 성분, 열처리, 제조과정에 따라 변화는 있지만 탄소 함유량 0.2% 이하의 연강(mild steel)은 연성재료에 속한다.

취성재료는 인장 시 비례한도를 지나서 약간 더 늘어난 후 비교적 작은 변형률에서 파단되므로 항복점을 정의하기 힘든 경우도 있으며 콘크리트, 유리, 돌, 세라믹 등이 이에 속한다. 탄소 함유량이 높은 무쇠, 주철 등 철화합물 역시 취성재료의 특징을 가진다.

다) 인성(toughness)

재료에 균열과 같은 결함이 존재하면 외력에 의해 이 균열이 점차 진전되어 마침내 파괴에 이르는 경우가 많다. 따라서 균열의 진전에 저항하는 질긴 성질은 재료의 안전성과 관련하여 중요한 인자로 간주되며 이와 같은 성질을 인성이라고 한다.

라) 크리프(creep) 특성

재료가 고온 환경에서 힘을 받으면 즉시 큰 변형이 발생하지 않더라도 시간에 따라 점차 변형이 커져 마침내 파단에 이르게 된다. 이와 같은 현상은 엿가락의 변형을 상상하면 쉽게 이해할 수 있을 것이다. 이와 같은 크리프 현상은 터빈 날개와 같이 고온 환경에서 장시간 구동하는 부재에서 중요하게 고려된다.

7.1.5 선체의 구조강도

(1) 종강도(longitudinal strength)

종강도는 배의 길이방향, 즉 종방향으로 분포된 하중에 기인하는 굽힘변형에 선체가 버텨내는 능력을 뜻하며, 선체 구조설계에 있어서 가장 중요한 요소이다. 우선 그림 7.8과 같이 파도 위에 떠 있는 배가 받는 힘과 변형에 대하여 살펴보기로 하자. 그림 (A), (B)에서 각각 보는 바와 같이 선체의 무게와 부력의 종방향 분포는 각 단면에서 그 크기가 서로 같지 않다. 만일 선체가 종방향으로 여러 개의 조각으로 분리되어 있다면 각 부분에서 무게와 부력이 평형을 이룰 수 있는 흘수가 모두 다를 것이다.

실제 선박은 모든 부분이 서로 연결되어 있어 그와 같이 변형할 수는 없으므로 각 부분의 경계면에서는 수직방향의 내부적인 힘이 작용할 것이다. 이와 같은 내부적인 힘, 즉 내력(internal force)은 각 부분을 수직방향으로 어긋나게 하려고 하는 방향으로 작용하므로 전단력(shear force)이라고 하며, 이 전단력은 그림 7.8(C)에 보인 바와 같이 선체를 수직방향으로 굽히는 역할을 할 것이다. 전단력을 종방향으로 적분하여 얻어지는 양은 수직방향의 굽힘모멘트(vertical bending moment)라고 하는데, 파도 중을 운항하는 선박에 대해 그림 7.9에는 두 가지 경우를 개념적으로 나타내었다. 좌측 그림과 같이 위로 볼록한 굽힘변형을 호깅(hogging), 반대로 우측 그림과 같이 오목한 굽힘변형을 새깅(sagging)이라고 한다.

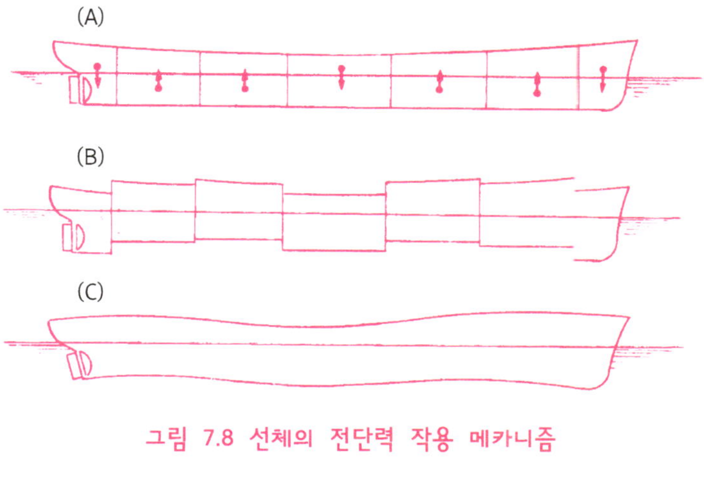

그림 7.8 선체의 전단력 작용 메카니즘

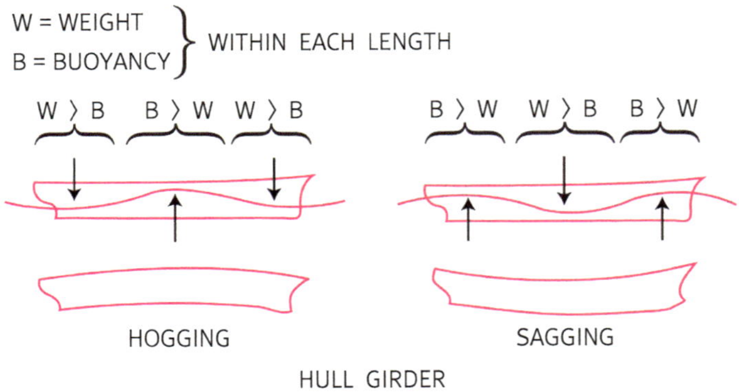

그림 7.9 파도에 의한 선체의 굽힘 거동

일반적으로 선체는 폭이나 깊이에 비하여 종방향의 길이가 긴 보(beam) 형상을 가지며 종방향의 굽힘 거동이 가장 중요한 의미를 가지므로 배를 이상화한 형상을 통상 선체거더(hull girder)라고 부른다. 모든 배에 대해 이와 같은 선체거더의 종방향 굽힘모멘트를 가장 우선적으로 고려하여 이를 버텨낼 수 있도록 중앙횡단면의 구조 형상을 결정하여 종강도를 확보한다. 종방향 굽힘변형은 수직방향뿐만 아니라 파도의 입사 방향에 따라 수평방향으로도 발생할 수 있고 그와 같은 변형은 수평굽힘(horizontal bending)이라고 한다.

선체가 받는 응력을 계산할 때는 정수 중 및 파도 중에서의 종단면력(굽힘모멘트와 전단력)을 모두 더한 전체 굽힘모멘트와 전단력을 이용하여 계산하며 중앙횡단면의 구조 설계도 이렇게 얻어진 응력을 기반으로 하여 이루어진다. 정수 중 굽힘모멘트(Still Water Bending Moment, SWBM)는 종방향의 무게 및 부력 분포로부터 적분을 사용하여 쉽게 구할 수 있다. 그러나 파도 중에서의 굽힘모멘트는 파도에 의한 수동압 분포를 정확히 예측하기 힘들고 배의 운동에 따른 관성력의 영향도 포함되어야 하므로 구하는데 어려움이 있다. 과거에는 표준파라고 하는 가상적인 파도 위에 배가 수평하게 떠 있는 것으로 가정하여 파도의 영향을 고려하였으나 선체운동에 기인하여 작용하는 힘들의 영향을 고려하지 못하는 단점이 있으므로 최근에는 국제선급연합(IACS)에서 제시한 길이, 폭, 깊이, 배수량 등 선박의 주요요목만의 함수로 주어지는 간단한 식에 따라 굽힘모멘트와 전단력을 계산한다. 이 식은 많은 선박에 대한 직접해석 결과와 실적선에 대한 자료들을 통계적으로 처리하여 얻어졌다.

(2) 비틀림강도(torsional strength)

배의 진행 방향과 비스듬한 방향으로 파도가 입사하는 경우에는 그림 7.10에 보인 바와 같이 선체의 비틀림변형을 유발하는 하중이 작용하게 되는데 이를 비틀림모멘트(torsional moment)라고 하며, 화물을 비대칭적으로 적재하는 경우에도 비틀림모멘트가 발생한다. 특히 컨테이너선과 같이 창구(hatch)가 큰 선박은 비틀림변형에 취약하며 창구 모서리에 균열이 발생하기 쉽기 때문에 비틀림강도가 충분히 확보될 수 있도록 세심한 주의가 필요하다.

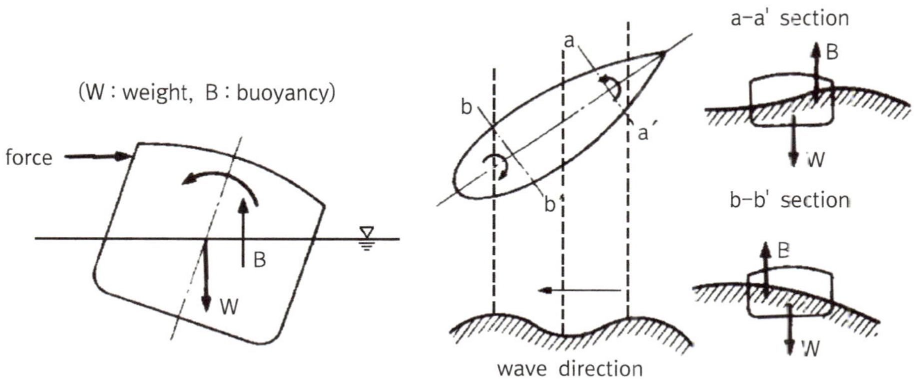

그림 7.10 사파 중의 선체에 작용하는 비틀림하중

(3) 횡강도(transverse strength)

선체 횡단면을 변형시키려고 하는 하중에 버텨내는 능력을 횡강도라고 한다. 횡방향 하중에는 외판에 작용하는 파도에 기인하는 압력, 화물 또는 선체의 구게, 관성력이 포함된다. 일반적으로 횡강도는 화물창을 중심으로 해석, 평가한다. 선체의 주요 횡강도 부재는 횡격벽, 횡늑골, 내부선저 늑판 등이다. 자동차운반선에서는 횡경사된 상태에서 횡방향으로 비대칭적인 하중 상태에 놓일 때, 래킹(racking)이라는 심각한 횡강도 문제가 발생할 수 있다(그림 7.11).

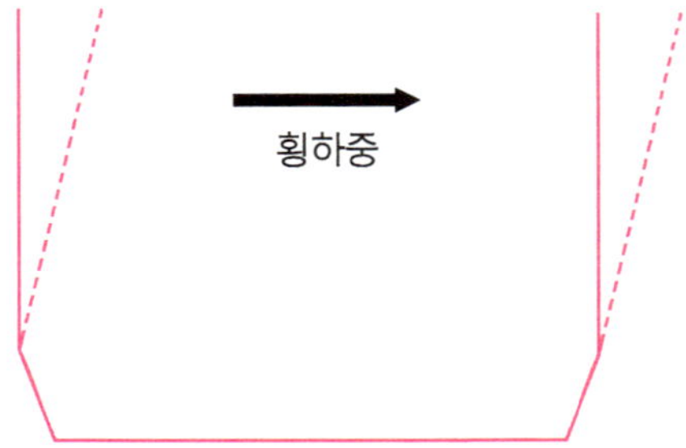

그림 7.11 자동차선의 래킹 변형

(4) 국부강도(local strength)

선체 구조의 전체적인 거동이 아니라 부분적인 구조부재의 국부적 거동과 관련된 강도이다. 수압을 직접 받는 판재의 변형, 중량물을 지탱하는 기둥의 파괴 또는 국부적으로 손상 가능성이 높은 부재들이 대상이 된다. 선체 구조 전체의 안전성에는 큰 영향을 미치지 않지만 국부적인 균열, 좌굴과 같은 손상이 판재나 보강재, 브래킷 또는 기타 응력집중 부위에서 주로 발생하기 때문에 이와 같은 부재의 형상은 설계 시 특히 주의를 기울여 수행된다. 실제 선체 구조설계에서는 종강도 부재, 횡강도 부재들도 국부 하중을 동시에 감당할 수 있도록 설계된다.

7.1.6 선체 구조설계

선체 구조설계는 다음과 같은 두 가지의 서로 상충되는 조건을 조화롭게 만족시켜 최적의 결과를 이끌어 내는 과정이라고 할 수 있다. 먼저 선주가 요구하는 재화중량, 선속 등 선박의 성능과 관련된 기능적 요구 조건을 만족하면서 경제적으로도 배의 중량을 최소화함으로써 건조비와 운항비를 최소화할 수 있도록 설계되어야 한다. 다음으로는 승무원이나 승객 등 인명의 안전과 공익 차원에서의 해상 오염방지 등을 위하여 선박의 안전성을 보장할 수 있도록 설계되어야 하며 이와 관련하여서는 각국 정부, 국제기구 또는 선급에서 제도적으로 엄격하게 관리, 감독하고 있다. 다시 말하면, 선체 구조설계는 경제적 측면에서 최소의 건조비와 유지비를 추구하되 동시에 안전성 측면에서 예상되는 모든 경우의 하중 상태에 충분히 견딜 수 있도록 부재의 배치와 치수를 결정하는 과정이라고 할 수 있고 다음과 같은 단계로 요약된다.

(1) 초기 구조설계(부재 배치 및 치수 결정)

일반적으로 화물창의 크기나 기관실, 통로, 거주구의 위치, 하역설비, 항해장비 등 제반 설비의 크기와 위치를 고려하여 선체구획이 결정되면 그 다음 단계로 각종 구조부재의 배치와 치수를 결정한다. 합리적인 선체 구조설계를 위해서는 하중의 추정에서 건조에 이르는 전 과정을 고려하여 개념설계→기본설계→상세설계→생산설계를 거치면서 거시적 관점에서 미시적 관점으로 진행한다. 즉, 전체적인 뼈대와 큰 부재들의 크기와 치수를 우선 결정한 다음 세부적인 부분구조의 설계가 이루어진다.

부재의 치수 결정 과정은 강도, 중량, 충격, 피로, 진동, 건조비, 유지보수 등에 대해 상호간의 중요도를 고려하여 결정하며 사용 재료는 요구되는 강도를 만족하는 재료 중 중량/강도 비 또는 가격/강도 비 등 구조효율을 고려하여 결정한다.

일반적으로 파랑 중 선체의 구조 거동은 그림 7.12에 보인 바와 같이 3단계로 분류할 수 있다.

1) 1차 거동(primary response): 선체거더의 전체적인 휨 거동
2) 2차 거동(secondary response): 대형 보강재 등 복합 구조의 거동
3) 3차 거동(tertiary response): 보강판의 국부적인 거동

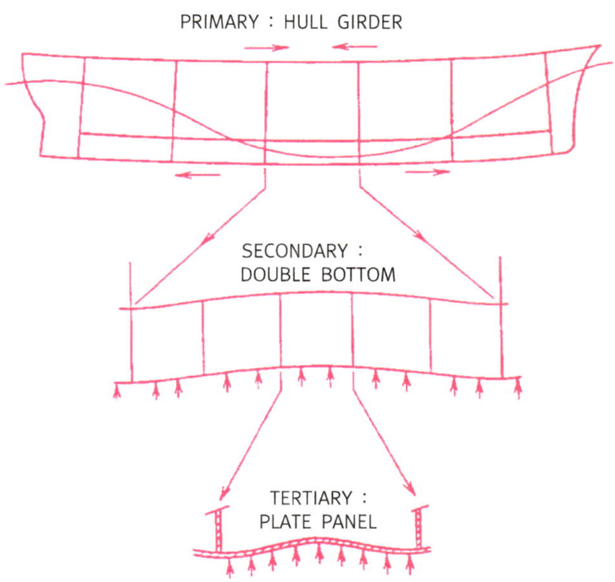

그림 7.12 선체 구조 거동의 분류 [Lewis(1939)]

1차 거동은 선체를 중량, 부력 등 분포하중을 받는 하나의 보(beam)로 가정할 때, 정수 중 또는 파도 중에서 받는 전단력과 굽힘모멘트에 대한 구조 거동으로 선체 횡단면 형상 설계에 영향을 주며, 2차 거동은 이를 좀 더 세분하여 화물창 하나 정도를 대상으로 할 때의 구조 거동을 뜻한다. 3차 거동은 판 및 보강재, 브래킷 등의 세부적 부분에 발생하는 응력집중에 대한 구조 거동이다. 선체의 구조설계는 이와 같이 전체적인 관점에서 국부적인 관점으로 범위를 좁혀 가면서 진행된다.

앞에서 설명한 것과 같이 선체 구조설계에 있어서 가장 중요하게 고려되는 부분은 선체거더의 굽힘 거동에 대한 종강도 확보이며 종강도 측면에서 가장 우선적으로 검토되는 부분이 선체중앙부의 횡단면 형상이다.

선체의 중앙횡단면이 설계된 다음 이를 기준으로 약간의 변형 및 수정 과정을 통해 선체 길이방향으로 다른 위치에 있는 단면에서의 횡단면 형상을 결정하게 되므로 중앙횡단면의 설계는 선체 전체의 강도와 건조비를 좌우하는 매우 중요한 작업이며, 중앙횡단면의 설계 과정은 다음과 같다.

가) 중앙횡단면의 단면형상 결정

선체 구획배치 설계 단계에서 먼저 중앙횡단면의 형상을 결정한다. 이것은 수밀부재 및 선체 구획의 형상 설계를 완료한다는 의미이며, 대체로 선종에 따라 최적화된 전형적인 형상이 존재한다. 따라서 실적선 중 유사한 선박을 기준으로 하여 이를 적절히 변형함으로써 설계를 진행하는 것이 통상적이다. 손상시 복원성(damaged stability) 확보와 해상 오염방지 그리고 밸러스트 탱크(ballast tank)의 용량을 감안하여 내부선저의 높이를 결정하고, 충돌, 좌초 시 안전성 확보를 고려하여 선수격벽의 위치를 결정한다. 특히 유조선의 경우 선저외판과 내저판 사이 공간에 밸러스트를 다량으로 적재하게 되므로 이를 고려하여 높이를 결정한다. 화물의 하역작업을 고려하여 창구개구(hatch opening)의 크기가 정해진다.

나) 부재 배치

부재의 배치 방법은 구조 형식이 종늑골 방식인가 또는 횡늑골 방식인가에 따라 달라질 수 있으나 앞서 설명한 바와 같이 대체로 표준화된 전형적인 방식에 따르게 된다. 현재 국내 대형 조선사에서 주로 건조되고 있는 유조선, 컨테이너선 등 대형 전용화물선들이 대부분 종늑골 방식을 채택하고 있기 때문에 여기서도 이를 기준으로 설명한다.

종방향의 대형 거더와 횡방향의 특설횡늑골을 가로 세로로 얽히게 배치하여 종강도와 횡강도를 동시에 만족시킬 수 있도록 한다. 경우에 따라 갑판 사이의 간격 유지와 수직방향의 하중을 견딜 수 있도록 기둥(pillar)을 설치한다. 실제 구조 배치에 있어서 가장 중요한 부분은 종늑골(longitudinal) 간격과 특설횡늑골 간격이며, 건조의 편이성과 전체적인 구조적 연속성을 고려하여 결정하며 이들 간격은 외판의 두께 결정에 영향을 준다.

다) 부재 치수 결정

중앙횡단면에서의 구획과 부재 배치가 결정되면 각 부재의 치수를 결정하는 과정이 뒤따른다. 즉 판재인 경우는 두께를 결정해야 하고, 보강재인 경우는 굽힘강성을 고려하여 단면적과 단면계수(section modulus)를 결정한다. 이 과정은 선급의 규정에 따라 이루어지기 때문에 흔히 규정치수산정(rule scantling)이라고 칭하며 2 단계로 이루어진다. 그 첫 단계에서는 국부강도가 고려된 선급규정의 계산식에 의해 부재의 치수(판 두께, 늑골의 단면계수)를 결정하며, 설계하중, 허용응력, 안전계수(safety factor), 좌굴강도, 부식여유치 등을 고려하여 판 두께와 종늑골, 거더들의 치수를 결정한다. 두 번째 단계에서는 설계된 중앙횡단면의 단면계수를 계산하고 선체거더의 굽힘응력을 고려하여 종강도를 검토함으로써 중앙횡단면 설계를 마무리한다. 이때, 굽힘응력이 선급의 요구치를 만족하도록 주로 갑판 및 선저 구조부재의 치수를 조정하여 종강도를 검토하는 과정을 반복적으로 수행한다. 이렇게 중앙횡단면의 구조설계가 이루어지면 마지막으로 횡강도와 국부좌굴, 피로강도 등을 검토하여 전체적인 초기 구조설계를 마무리한다.

(2) 구조해석 및 안전성 평가

앞에서 살펴 본 바와 같이 선체의 초기 구조설계 과정은 기본적으로 종강도 및 주요 부재의 국부적인 강도 검토를 바탕으로 하여 이루어진다. 일단 초기 구조설계가 이루어지면 여러 가지 구조해석법을 이용하여 이에 대한 좀 더 상세한 안전성 평가 작업이 수행되며, 구조해석 결과를 감독기관(선급)의 설계 기준과 비교 검토함으로써 안전성을 평가한다. 구조 안전성의 확보는 결국 구조물의 파괴 가능성을 최소화하는 것이기 때문에 여러 가지 파괴 양식에 대한 면밀한 검토가 필요하다.

(3) 최적 구조설계

구조해석 결과 안전성에 대한 요구조건이 만족되지 않으면 해석 결과를 참조하여 설계 개선이 이루어지며, 도출된 재설계 안에 대하여 다시 구조 안전성을 평가한다. 안전성이 만족되면, 위에서 설명한 과정을 최소중량, 최소건조비, 최소유지비를 위한 합리적인 최적의 구조설계가 도출될 때까지 반복한다.

7.2 선박의 진동

최근의 고속화 및 대형화 추세로 인하여 선체에 진동을 유발시키는 힘, 즉 기진력(exciting force)은 커지는 반면, 경량화 등의 이유로 구조 강도는 더욱 약해지고 있다. 그러므로 진동 관점에서는 과거에 비해 보다 불리한 여건이 조성되고 있으나 선박의 안락성 및 쾌적성에 대한 요구는 점차 커지고 있으므로 선박진동의 중요성이 일층 부각되고 있다.

선박은 프로펠러, 주기관, 파도, 각종 기계 등으로부터 기진력을 받아 진동하게 된다. 선박에 과도한 진동이 발생하면 거주하는 승무원 또는 승객의 안락성이 저하되거나 피로도의 증가로 작업능률이 저하될 수 있고, 탑재된 장비나 기기에 오작동 또는 손상을 초래할 수도 있으며, 선체 자체가 진동으로 인해 피로손상을 입을 수도 있다.

선박의 진동은 표 7.2에 보인 바와 같이 ISO(International Organization for Standardization, 국제표준기구)나 여러 선급에서 제안된 기준에 의해 평가하는데, 평가 기준을 만족시키지 못하면 진동 저감을 위한 방진공사를 시행해야 한다. 방진공사에는 많은 비용과 시간이 소요되므로 건조 후 방진공사를 하지 않도록 설계 단계에서 진동해석에 근거하여 철저한 방진설계가 이루어지도록 해야 한다.

물체가 진동할 때, 자신의 질량 즉 관성과, 탄성 즉 복원성에 의해 결정되는 물체의 고유진동수(natural frequency)는 특별한 의미를 가진다. 왜냐하면 기진력의 진동수가 고유진동수와 가까워질수록 작은 기진력에 의해서도 진동의 크기가 매우 커지기 때문이며, 이와 같은 현상을 공진(resonance)이라고 한다. 선박설계에서는 주요 기진력에 의한 공진 발생의 가능성을 우선적으로 검토한다.

표 7.2 선박진동의 평가기준

	평가기준
선체거더진동	ISO 6954
상부구조진동	ISO 6954
국부구조진동	각 선급의 지침
축계진동	ISO 20283-4
탑재장비진동	ISO 10816

이를 위해서는 기진원의 진동수 특성 및 크기를 파악하고 선박에 대한 진동해석을 통해 고유진동수와 진동형(vibration mode)을 추정한다. 주기적인 기진력의 경우 이를 진동수 성분별로 분석하면 기본진동수(fundamental frequency)를 갖는 기진력 성분과 기본진동수의 2, 3, 4, … 배수의 진동수를 갖는 고차 기진력 성분으로 구성된다.

선박진동을 최소화하기 위해서는 설계 단계별로 진동해석을 수행하여 공진 가능성 검토 뿐 아니라 진동응답을 예측, 평가하고, 필요시 설계를 보완하여 과도한 진동 발생 가능성을 줄여 나가야 한다.

먼저 실적선 자료나 자유진동(free vibration)해석을 통해서 고유진동수를 예측하고 공진 가능성을 검토하여 공진발생 가능성이 있는 경우에는 이를 회피할 수 있도록 구조설계의 변경 방안을 강구한다. 그리고 강제진동(forced vibration)해석을 수행하여 발생하는 진동응답의 크기를 예측하고 진동응답이 허용기준을 초과할 가능성이 있는 경우에는 설계변경 또는 기진력 저감 방안 및 제진장치 채택 방안을 강구하여 설계에 반영한다.

7.2.1 선박 진동의 분류

선박은 매우 복잡한 구조시스템이므로 나타나는 진동 현상도 매우 복잡하다. 그러므로 선박의 모든 진동 현상을 통합하여 다루기는 매우 어려우며, 선박진동은 일반적으로 아래에서 설명하는 바와 같이 선체거더진동, 상부구조진동, 국부구조진동, 축계진동 및 기타 진동으로 나누어 생각할 수 있다.

(1) 선체거더진동

선체거더진동은 그림 7.13, 7.14, 7.15에 보인 바와 같이, 선체가 전체적으로 하나의 보(beam)와 같이 진동하는 것을 뜻한다. 선체거더진동은 변위의 방향에 따라 상하진동, 수평진동, 비틀림진동 및 종진동으로 구분된다.

수평진동과 비틀림진동은 그림 7.16에 보인 바와 같이 무게중심과 전단중심이 동일 수평선 상에 있지 않으므로 통상 상호 영향을 끼쳐 연성되어서 나타난다. 컨테이너선과 같이 갑판에 큰 창구가 있는 선박은 비틀림 강성이 약하고 창구 모서리에 비틀림진동으로 인한 손상발생의 우려가 크므로 비틀림진동을 중요하게 다룬다. 종진동은 다른 방향에 비하여 강성이 크고 종방향의 기진력이 상대적으로 작기 때문에 일반적으로 고려하지 않는다.

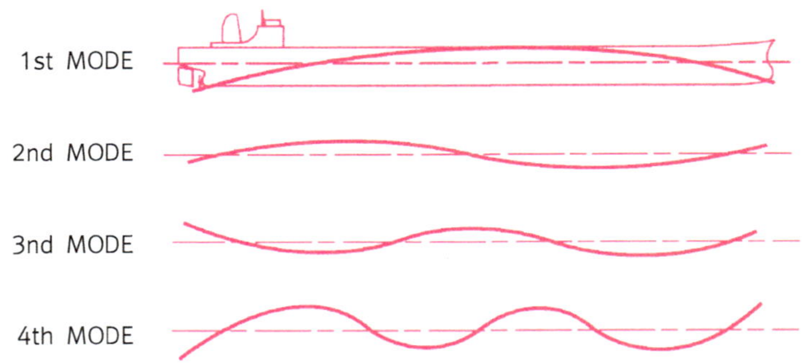

그림 7.13 선체거더 상하진동형

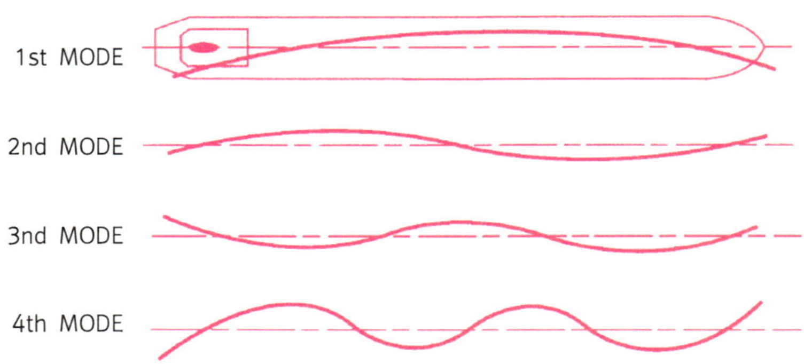

그림 7.14 선체거더 수평진동형

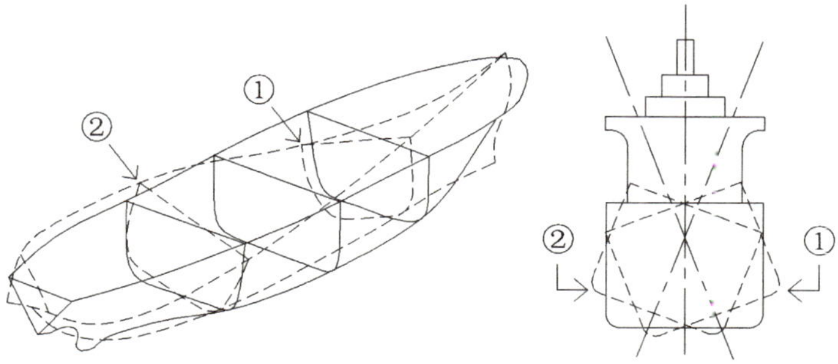

그림 7.15 선체거더 비틀림진동형

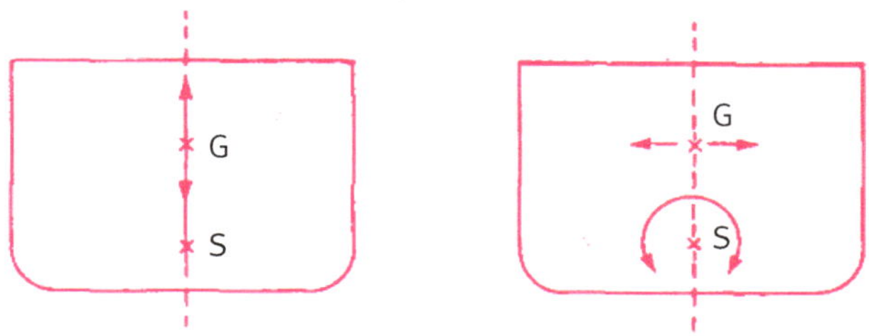

그림 7.16 무게중심 G와 전단중심 S에 의한 선체거더 연성진동

과도한 선체거더진동이 발생하면 선체 전체에 걸친 저진동수 진동으로 인하여 승무원의 안락성과 거주성을 크게 해칠 수 있을 뿐만 아니라 심한 경우에는 피로파괴로 인해 선체 자체를 파괴시킬 수도 있다.

(2) 상부구조진동

주로 승무원의 거주구역과 작업구역으로 사용되는 상부구조에 나타나는 진동을 뜻한다. 상부구조는 승무원의 주요 생활구역인데 큰 진동이 유발되는 경우가 종종 있으므로 진동문제가 중요하게 다루어지고 있다. 상부구조의 진동은 그림 7.17에 보인 바와 같이 보와 동일한 거동으로서 전단변형과 굽힘변형, 하부의 탄성지지에 따른 강체운동, 선체거더 상하진동, 선체거더 종진동에 의해 유발된다.

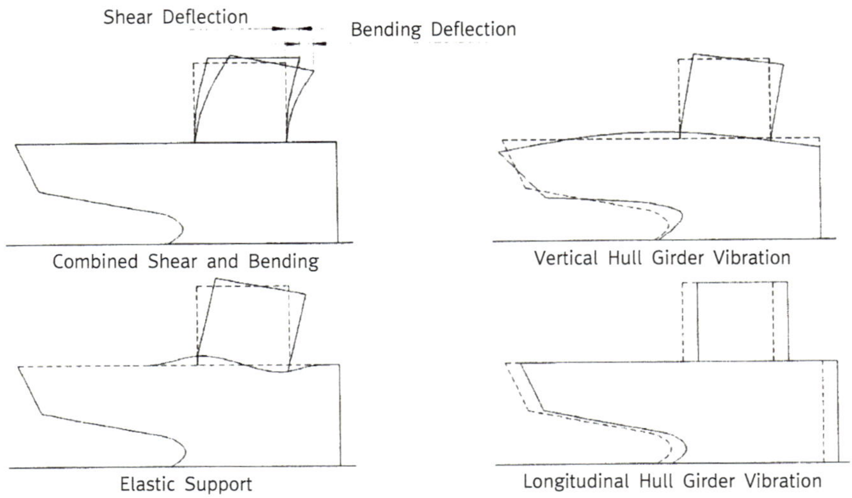

그림 7.17 상부구조의 진동 형태 및 유발 원인

(3) 국부구조진동

기관실, 마스트, 연돌 등의 국부적인 구조물에 나타나는 진동을 뜻한다. 인접한 기진원에 의해 직접 기진되거나 선체거더 또는 인접 구조물의 진동에너지의 전달에 의해 진동이 발생한다. 국부구조물에 큰 진동이 발생하면 소음이 발생할 수 있고, 해당 국부구조에 피로에 의한 구조손상이 발생할 수 있다. 또한 그곳에 탑재된 정밀장비가 진동으로 인해 정상적으로 작동할 수 없게 될 수도 있다. 함정의 경우 마스트에는 정밀 전자장비가 탑재되는데 큰 진동이 유발되는 경우가 종종 있으므로, 함정에서 마스트진동은 매우 중요하게 다루어진다.

(4) 축계진동

추진축계에 발생하는 진동을 뜻한다. 추진축계에 발생하는 진동은 그림 7.18에 보인 바와 같이 비틀림진동, 종진동, 횡진동으로 구분된다. 때때로 종진동과 비틀림진동의 연성진동이 문제가 될 수 있다. 또한 추진축계의 과도한 진동에 기인하여 축의 피로 파손이나 베어링에 마모 손상이 발생할 수 있다.

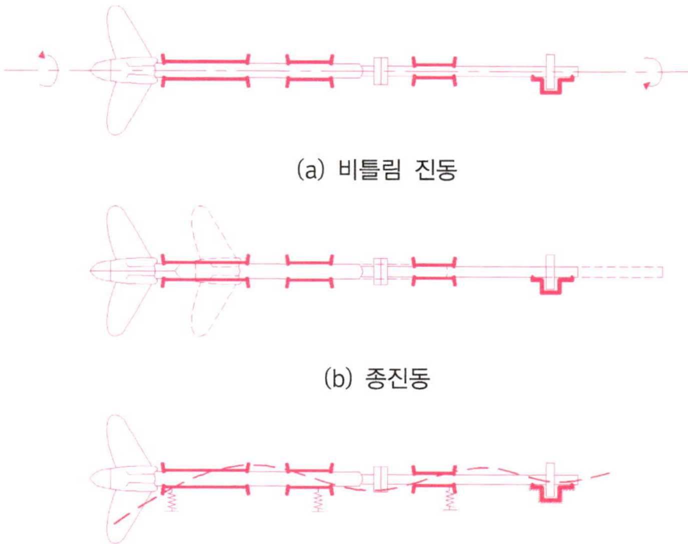

(a) 비틀림 진동

(b) 종진동

(c) 횡진동

그림 7.18 추진축계의 진동 분류

(5) 기타

그 밖의 선박진동으로는 주기관의 진동, 보기 및 탑재장비의 진동, 배관계의 진동 등이 있다. 주기관의 진동과 보기 및 탑재장비의 진동은 장비 자체의 원활한 작동에 문제를 일으킬 수 있으며, 지지된 바닥을 통해 인접지역의 국부구조로 전파된다. 그리고 심한 배관 진동은 소음 발생과 배관의 손상을 초래할 수 있다.

7.2.2 선박 진동 기진력

선박에 진동을 유발하는 기진원은 프로펠러, 주기관, 보조기관 및 탑재장비, 파도 등 다양하다. 이들 중 가장 큰 진동을 유발시키는 주요 기진원은 그림 7.19에 보인 프로펠러와 주기관이다. 선박 진동의 크기는 기진력의 크기에 비례하므로 발생하는 기진력이 작아지도록 프로펠러, 주기관 및 탑재 기진원 장비를 설계 또는 선택해야 한다.

(1) 프로펠러 기진력

프로펠러 기진력은 프로펠러 회전에 의해 발생되는 수동역학적 힘(hydrodynamic force)으로 표면전달 기진력과 축전달 기진력으로 구분된다. 프로펠러 기진력은 주기적인 기진력으로 기본진동수는 프로펠러 회전수와 프로펠러 날개수의 곱으로 주어지는 날개진동수(blade frequency)이다. 보통 4차 이상의 진동수 성분은 크기가 작으므로 일반적으로 3차 이하 진동수 성분만을 고려한다.

가) 표면전달 기진력

선미에 위치한 프로펠러가 회전할 때 프로펠러 날개 주위에 생기는 와동(vortex)으로 인하여 프로펠러 부근의 선체표면에 작용하는 변동압력이다. 이와 같은 표면전달 기진력은 선체거더진동, 상부구조진동, 선미부 국부구조진동 등을 유발할 수 있다.

프로펠러 날개에 공동(cavitation)이 발생하면 추력이 감소하지만 보다 심각한 문제는 공동 붕괴로 인한 프로펠러의 침식현상과 소음문제이며, 공동의 체적 변화에 따라 선체표면에 큰 변동압력이 전달되어 선체에 큰 진동을 발생시킬 수 있다.

나) 축전달 기진력(shaft force 또는 bearing force)

프로펠러가 불균일 유동장 내에서 회전하기 때문에 프로펠러 날개에 작용하는 압력은 프로펠러 날개의 위치에 따라 달라진다. 따라서 프로펠러에는 시간에 따라 변화하는 변동력 및 변동모멘트가 발생하고 이들은 프로펠러축 및 베어링을 통해 축계와 선체에 전달되는데 이 기진력을 축전달 기진력이라고 한다.

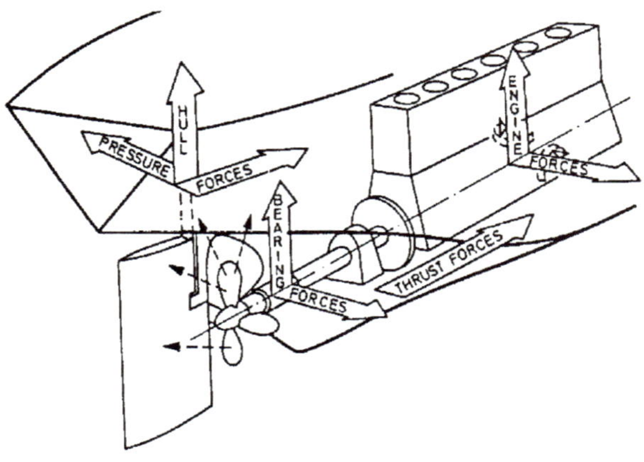

그림 7.19 선박 진동 주 기진원 - 프로펠러와 주기관

축전달 기진력은 직접적으로 추진축계의 진동을 유발하며, 베어링을 통해 선체에 전달되어 선체거더진동, 상부구조진동, 선미부 국부구조진동 등을 유발하는 원인이 된다.

(2) 주기관 기진력

선박의 주기관은 대부분 터빈이나 디젤기관을 사용하는데, 터빈의 경우 기진력은 무시될 수 있다. 디젤기관에 의한 기진력은 피스톤의 운동에 따른 회전 및 왕복질량에 의한 불평형 관성력 및 모멘트에 기인한 것과 실린더 내의 주기적 연소압력에 기인한 것이 있다.

불평형 관성력과 모멘트는 선체 전체, 이중저, 기관 본체의 진동을 유발하는데, 주기관 회전수와 같은 진동수의 기진력 성분은 플라이휠(flywheel)에 평형질량을 설치하여 쉽게 상쇄시킬 수 있지만, 고차 기진력 성분은 간단한 방법으로 없애기 힘들다. 일반적으로 기관 회전수의 2차 성분 기진력이 가장 크게 될 가능성이 높다.

실린더 내의 주기적 연소압력에 의한 기진력은 가스폭발 압력이 직접적으로 작용하는 것으로 불평형력에 의한 기진력에 비하여 고주파 성분의 기진력이다. 추진축계의 비틀림진동과 종진동의 직접적인 기진력으로 작용하며 기관 본체와 상부구조 및 기관실 진동을 유발한다.

최근 선박에서는 디젤기관의 실린더 직경을 키우고 행정길이를 늘림으로써 실린더 수를 줄이고, 또 회전속도를 작게 함으로써 에너지 효율을 높이는 경향이 있는데, 이러한 경향은 기진력의 크기를 증가시키는 결과를 초래한다.

(3) 파랑기진력

선박이 해상 상태가 좋지 않을 때 항해하면 선수부 슬래밍이나 선수갑판침수 충격력에 의하여 선체거더 상하진동이 발생할 수 있다. 이와 같은 충격력에 의해 유기되는 과도적 선체거더 진동을 휘핑(whipping)이라고 하며, 함정과 같은 고속선에서 발생하기 쉬운데, 이로 인해 국부적인 구조손상이나 선체 중앙단면에 과도한 부가응력이 발생할 수 있다.

또한 해상 상태가 그리 나쁘지 않은 상태에서도 주기관 회전수와 무관하게 선체거더의 상하진동이 지속적으로 유기되는 경우가 있는데, 이를 스프링잉(springing)이라고 하며 대형선에서 발생하기 쉽다.

(4) 기타 기진력

발전기나 펌프 등과 같이 기진력을 발생하는 기계들에 의하여 기계 자체나 이를 지지하고 있는 지지구조의 진동이 유발될 수 있다. 또한 배관계통에서 밸브의 급격한 개폐에 따른 수격(water hammer) 작용이나 펌프 작동 시 서징(surging) 현상으로 인한 진동이 발생할 수도 있다. 액체탱크가 큰 경우에는 슬로싱 현상으로 인한 탱크판진동이 발생할 수 있다.

7.3 선박의 소음

선박소음에 관한 연구개발은 1970년대 유럽에서 당시 매우 열악했던 선원의 거주환경을 개선시키려는 노력으로부터 시작되었는데, 그 결과 1981년 IMO에서 선원의 거주환경, 작업능률 및 청력보호 관점에서 선박소음 허용기준[Code on Noise Levels on Board Ships, IMO(1981)]을 규정하기에 이르렀다. 표 7.3은 선내 주요 격실에 대하여 당시 IMO에서 정한 허용기준을 보여주는데 이 기준은 지금도 새로 건조되는 대다수의 일반 상선에서 채택되고 있다.

표 7.3 주요 격실의 소음 허용기준(IMO, 1981)

격실	허용기준, dB(A)
기관실(machinery spaces, not continuously manned)	110
기관제어실(machinery control rooms)	75
작업실(workshops)	85
항해실(navigation bridge)	65
통신실(radio rooms)	60
선실과 의무실(cabins and hospitals)	60
식당(mess rooms)	65
사무실(offices)	65
주방(galley, without food processing equipment operating)	75

표 7.3에서 dB(데시벨)은 소음의 레벨을 나타내는 단위로서 그 크기 N은 아래 식으로 정의된다.

$$N = 10\log\frac{p^2}{p_0^2}. \tag{7.3}$$

여기서 p는 음압, p_0는 기준음압으로 $20\,\mu Pa$이다. 또한 dB(A)는 소음 측정 시 A-가중(A-weighted) 주파수 응답특성을 적용하였음을 의미하는데, A-가중 주파수 응답특성은 1 kHz 부근의 소음을 가장 잘 통과시키는 주파수 필터로 사람의 청각 기관과 유사한 주파수 특성을 가지고 있다.

7.3.1 소음의 발생과 전달

(1) 공기소음과 구조소음

우리가 일상생활에서 흔히 접하는 자동차의 경우를 예로 들어 소음의 발생과 전달 과정을 살펴보기로 하자. 우선 엔진 배기음은 엔진 내부의 폭발 변동압력이 배기구를 통하여 그대로 공기 중으로 노출된 후 공기를 매질로 하여 전달되는 소음이다. 이와 같이 소음원의 변동압력이 직접 공기를 통하여 전달되는 소음을 공기소음(airborne noise)이라고 한다.

엔진 배기음 외에도 차체진동에 의한 소음을 생각할 수 있는데 이 소음은 앞에서 언급한 공기소음과는 매우 다른 과정을 거쳐 발생, 전달된다. 차체소음은 엔진의 진동이 주위 구조물로 전달되어 차체에 진동이 유발되고 다시 차체가 주위의 공기를 진동시켜 발생한 것으로 소음의 발생과 전달에 구조물의 진동이 주된 역할을 하고 있다. 이와 같은 소음을 구조소음(structure-borne noise)이라고 부르며, 소음원이 구조물의 진동이므로 그 크기는 구조물의 진동레벨을 사용하여 나타낸다.

건축음향 및 환경소음 분야에서는 전통적으로 공기소음이 중요시되었고 주로 이 소음성분을 다루어 왔으나, 선박소음에서는 아래에서 설명하는 바와 같이 선체구조 특성상 구조소음이 상대적으로 중요하게 다루어지고 있다.

g(2) 소음원

선박에서 소음은 선박 내부에 설치된 모든 기계장치의 작동으로부터 발생한다. 즉 항상 작동하고 있는 발전기, 주기관을 비롯하여 상시 또는 간헐적으로 작동하는 펌프류 등 선박에 탑재된 모든 기계류가 소음원으로 작용한다. 이외에도 선체 외부에 설치된 프로펠러도 중요한 소음원으로 고려되어야 한다. 프로펠러는 공동이 발생할 경우 큰 구조소음원으로 작용하여 선미부에 위치한 격실에 높은 레벨의 소음을 발생시키는 것으로 알려져 있다. 대부분의 탑재장비는 공기소음과 구조소음의 두 가지 소음을 모두 발생시키므로 두 개의 소음원으로 취급하는 것이 일반적이다.

공기소음원의 크기는 음압레벨(sound pressure level) 또는 음향출력레벨(sound power level)을 사용하여 나타낸다. 음압레벨은 소음원에서 멀어질수록 낮아져 측정 위치에 따라 서로 다른 값으로 주어진다. 따라서 소음원의 크기를 나타낼 때에는 장비로부터 일정한 거리만큼 떨어진 위치에서 측정한 음압레벨을 사용할 필요가 있는데 이 때 기준거리로는 1 m를 사용한다. 음향출력레벨은 소음원에서 단위시간당 발생하는 음향에너지를 나타내는 물리량으로 장비를 완전히 둘러싸는 가상 표면 상의 음압으로부터 구할 수 있다. 음향출력레벨은 음압레벨과는 달리 거리에 따라 바뀌지 않는 소음원 고유의 음향특성을 나타낸다.

한편, 구조소음원의 크기는 장비 지지부에 나타나는 자유진동레벨(free acceleration/velocity level)을 사용하고 있다. 자유진동레벨은 장비가 선체와 연결되는 지지점에 아무런 구속을 주지 않았을 때, 현실적으로는 구속 정도를 무시할 수 있는 아주 유연한 탄성마운트를 사용하였을 때, 장비 지지부에 나타나는 속도 또는 가속도에 대하여 음압레벨에 관한 식 (7.3)과 유사한 식을 사용하여 얻어지는 속도레벨 또는 가속도레벨로 정의된다. 선박에서는 전통적으로 기준속도 및 기준가속도로 $5\times10^{-8}\,m/s$, $10^{-5}\,m/s^2$를 각각 사용하고 있으나, ISO(국제표준기구)에서는 각각 $10^{-9}\,m/s$, $10^{-6}\,m/s^2$의 사용을 권장하고 있으므로 진동레벨 사용 시에는 반드시 기준값을 명기하여 혼동을 피해야 한다.

(3) 소음의 전달

그림 7.20은 공기소음과 구조소음이 소음원으로부터 격실에 전달되는 과정을 나타낸 것이다. 일반적으로 공기소음은 공기를 통해 전달되는 소음 성분으로 그림에서와 같이 기관실 등 소음원이 위치하는 소음원실 및 인접한 격실에 한정하여 발생한다. 적어도

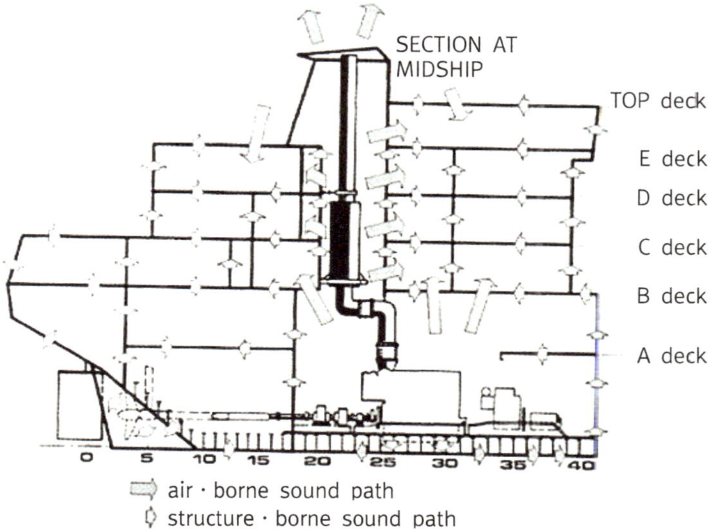

그림 7.20 선체구조를 통한 소음의 전달경로

한 격실 이상 소음원실과 떨어진 격실에서는 공기소음에 의한 소음이 문제가 되지 않는 것으로 알려져 있다.

구조소음은 장비의 진동이 지지부를 통해 선체로 전달되는 가청진동수 범위의 진동을 의미한다. 선체는 육상구조물보다 상대적으로 가볍고 재질 또한 육상구조물과는 달리 대부분 진동 전달에 효율적인 강철이므로 건축구조물에 비하여 진동이 멀리까지 잘 전달되는 특성을 가진다. 따라서 장비에서 선체로 전달된 진동 즉 구조소음은 그림 7.20과 같이 공기소음과는 달리 구조부재를 타고 소음원과 멀리 떨어진 격실까지 전달되어 높은 소음레벨을 보이는 원인이 될 수 있다. 이러한 특성이 선박소음 분야에서 구조소음이 상대적으로 중요시되고 있는 이유이다.

(4) 공기조화시스템 소음

공기소음과 구조소음 이외에도 거주구에 위치하는 선실에서 고려하여야 할 또 다른 소음 성분으로 공기조화시스템(Heating, Ventilating, Air Conditioning system, HVAC)에서 발생하는 HVAC소음을 들 수 있다. HVAC소음은 통풍 팬에서 발생한 소음이 공기조화용 덕트를 통하여 선실에 전달되는 소음으로 상층부 거주구에 문제를 일으킬 수 있다. 다른 성분에 의한 소음이 상대적으로 높았던 과거에는 이와 같은 소음 성분이 문제시되지 않았으나, 최근에는 거주구의 소음레벨이 전반적으로 낮아지고 있고, 특히 정숙이 요구되는 크루즈선에서는 대부분 객실구역의 소음이 이 성분에 의해 결정되고 있으므로 HVAC소음의 중요성이 높아지고 있다.

HVAC소음의 일차적인 소음원으로는 통풍 팬이 고려된다. HVAC소음은 덕트를 통해 전달되는 소음 성분이므로 HVAC소음과 연관되어 통풍 팬의 소음원 크기를 언급할 때에는 통풍 팬이 공기 토출구 또는 흡입구 덕트에 발생시키는 소음 성분의 크기를 사용해야 한다. 이 소음 성분은 통풍 팬이 그 주위의 공간에 발생시키는 공기소음과는 다른 성분임에 유의한다. 또한 통풍 팬으로부터 덕트를 통하여 전달되는 소음 성분에는 토출구 소음 성분 이외에도 흡입구 배관이 설치된 경우에는 흡입구 소음 성분을 별도로 고려해야 한다.

3차원 공간에서는 음파가 확산되면서 전달되므로 진폭은 거리에 따라 급격히 줄어들지만, 일정한 단면적의 배관을 통해 소음이 전파될 때에는 음향에너지가 1차원적으로 전달되므로 진폭의 감소 없이 멀리까지 전달될 수 있음에 유의한다.

7.3.2 흡음과 차음

음파가 실내의 벽면에 입사되면 반사, 흡수 및 투과현상이 일어난다. 음파의 흡수현상은 벽면 또는 벽 내부에서 음파가 열이나 다른 형태의 에너지로 바뀌어 나타나는 현상이고, 투과현상은 음파가 지닌 에너지가 인접 격실로 이동하는 현상으로 생각할 수 있다. 이 때 음파의 흡수 및 투과현상과 관련하여 사용하고 있는 용어가 각각 흡음 및 차음이다.

(1) 흡음재

흡음재는 소음에너지를 열이나 다른 형태의 에너지로 변환시켜 결과적으로 소음을 감소시키는 재료이다. 흡음재는 일반적으로 단열재와 유사한 구조를 가지고 있으며 유리섬유(glass wool) 또는 광물모(mineral wool) 등 가느다란 섬유질과 기공이 혼합되어 있거나 또는 우리가 흔히 스펀지라고 부르는 형태의 구조를 갖고 있다. 이러한 구조는 음파가 기공 사이를 진행할 때 섬유 또는 주위 구조의 표면에서 마찰이 일어나 음파가 지닌 에너지가 소멸되는 원리를 이용한 것이다. 흡음재를 격실의 경계면에 부착하기 위해서는 그림 7.21에 보인 바와 같이 표면을 보호하기 위한 처리를 수행하게 되는데 이

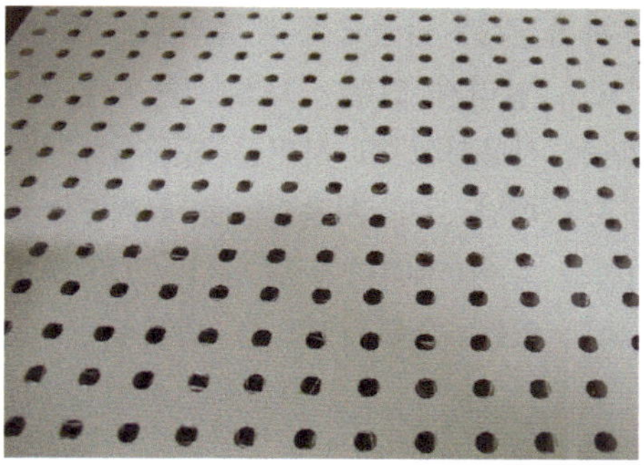

그림 7.21 흡음재의 표면처리

때 흡음재를 통기성이 없는 재료로 감싸거나 또는 표면에 두꺼운 페인트를 칠할 경우, 음파가 흡음재 표면을 통과할 수 없어 흡음재로서의 기능을 충분히 발휘하지 못하게 될 수 있으므로 흡음재 설치 시 특히 표면처리에 주의하여야 한다.

(2) 차음재

흡음재는 소음에너지를 직접 소멸시켜 소음을 감소시키지만, 차음재는 인접 격실에서 전달되는 소음에너지를 차단시켜 소음을 감소시키는 음향재료를 뜻한다. 차음성능은 소음원실과 인접한 격실의 소음 감소 목적 이외에도 프라이버시 보장 차원에서 방음설계의 중요한 설계요소가 된다. 이는 거주구에 사용한 패널의 차음성능이 떨어질 경우 인접 선실의 대화가 그대로 전달되어 사생활이 침해될 가능성이 높기 때문이다. 이와 같은 이유에서 IMO의 선박소음 허용기준에서도 차음성능에 대한 항목을 별도로 두고 있다.

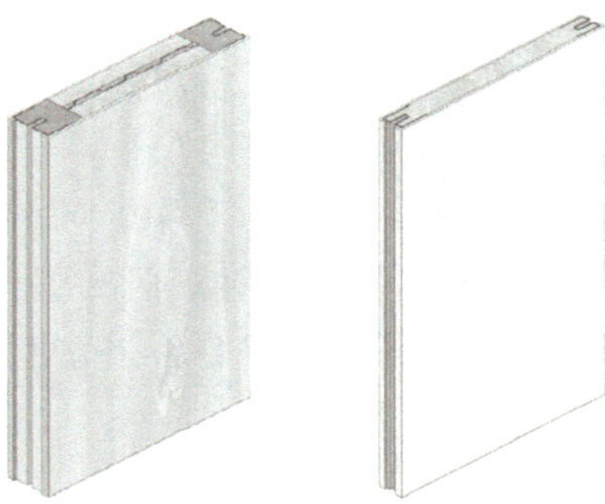

그림 7.22 선실구획용 패널

일반적으로 균일한 두께를 갖는 단순구조 패널의 차음성능은 재료의 단위면적당 밀도가 클수록 증가하는 것으로 알려져 있다. 그러나 현재 많이 사용하고 있는 선실구획용 패널은 외부에 얇은 강판을 사용하고 그 사이를 흡음재로 채우는 샌드위치 구조를 채택하여 같은 밀도의 단순구조 패널 보다 차음성능을 높이고 있으며, 이 값을 더욱 높이기 위해 패널 내부에 공기층을 두어 제작하기도 한다. 그림 7.22에 조립식 거주구 선실구획용 패널로 많이 사용되고 있는 제품의 모습을 보였다.

7.3.3 방음 대책

방음설계의 첫 단계는 선박의 소음을 예측하는 작업이다. 예측 결과 허용수준을 초과하는 격실이 나타나면 경제성 및 적용 가능성 등을 고려하여 다음에 열거한 방음대책을 선택적으로 채택한다.

(1) 흡/차음재

흡음재는 실내 소음을 줄이는 방법으로 널리 사용되는 수동적 소음대책의 대표적인 방법이다. 이 방법에서는 흡음재료를 격실의 경계면에 부착하여 격실의 흡음 특성을 향상시키는 방법으로 일반 격실에도 적용할 수 있으나 특히 소음원실의 방음대책으로 많이 사용되고 있다. 사전에 흡음처리가 미비했던 격실에서는 흡음재의 소음 저감 효과가 크게 나타나는 특징이 있다. 차음재 또는 차음구조 대책은 소음원과 인근 지역 사이에 구조물을 설치하여 소음의 전달을 차단하는 방법으로 기관실과 같이 아주 높은 소음레벨을 보이는 소음원실의 소음이 인근 격실로 전달되는 것을 억제하기 위한 방음대책으로 많이 사용한다.

(2) 격실 재배치

각 격실의 소음 허용기준을 고려하여 모든 격실이 허용기준을 만족하도록 격실을 재배치하는 방법이다. 즉 기관실, 연돌 등 소음원실 근처에는 허용기준이 높은 창고, 작업실 등을 배치하고 허용기준이 낮은 침실, 사무실은 가능한 한 멀리 떨어뜨려 배치한다.

(3) 저소음 장비 선정

소음원에 대한 방음대책으로 유사한 성능을 발휘하면서 소음을 적게 발생하는 장비를 선택하는 방법이다. 그러나 장비의 소음/진동을 줄이기 위해서는 설계 및 제작 과정에서 추가 경비가 소요되고 동시에 중량도 늘어나는 경우가 많다. 따라서 소음의 감소와 비용/중량의 증가를 종합적으로 고려하여 판단해야 한다.

(4) 탄성마운트

탄성마운트(resilient mount)는 진동을 유발하는 주기관이나 펌프 등의 탑재장비를 고정할 때 장비와 바닥 지지대 사이에 삽입하여 선체에 전달되는 진동을 줄여주는 장치로 구조소음의 저감 대책으로 많이 사용하고 있는 방법이다. 특히 소음 및 진동이 중요시되는 함정에서는 거의 모든 탑재 장비에 대하여 탄성마운트를 사용하고 있다. 선박에서는 주로 그림 7.23에 보인 바와 같은 고무마운트와 금속스프링마운트가 사용된다.

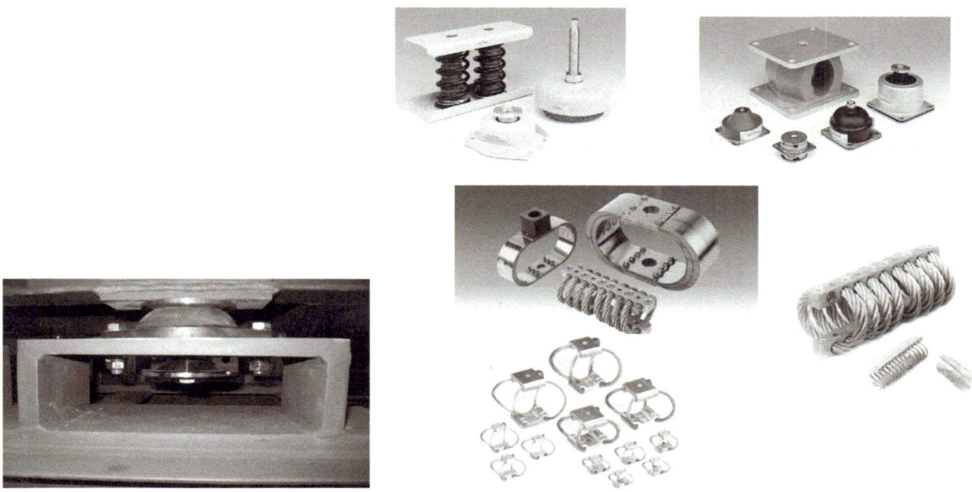

그림 7.23 고무마운트와 금속스프링마운트

(5) 차음상자

차음상자는 소음원을 박스 형태로 밀폐하여 공기소음을 차단하는 방법으로 15-25 dB 정도의 소음 저감 효과가 있다. 함정의 디젤기관과 발전기와 같은 대형 장비에 대해서도 차음상자를 적용한 예를 찾아볼 수 있는데, 이러한 장비는 1차적인 공기소음원인 동시에 구조소음원으로 작용하므로 장비를 차음상자 내부에 탄성지지 시키고 차음상자 자체를 또 외부에서 탄성지지 시키는 이중탄성지지구조를 사용하여 공기소음과 구조소음의 감소를 극대화하는 구조로 되어 있다.

(6) 댐핑레이어(damping layer)

구조소음의 전달과정에서 감쇠를 증가시켜 진동을 저감시키는 방법이다. 이 방법은 진동이 심한 구조물에 점탄성 재료인 댐핑레이어를 부착하여 감쇠를 증가시키는 방법인데, 테이프, 도료, 금속판, 스프레이 등 제품 형태가 매우 다양하므로 적용 대상 구조물의 형상에 따라 적절한 것을 선택, 사용할 수 있다.

(7) 뜬바닥(floating floor)

뜬바닥 구조는 갑판을 통해 전달되는 구조소음을 줄이기 위해 아주 효과적으로 사용할 수 있는 방음대책으로 그 기본 구조는 갑판 위에 암면 등 부드러운 재질의 완충재를 깐 뒤 그 위에 단단한 재질의 바닥판을 덮는 형태로 구성하여 격실의 바닥면을 갑판 상에 탄성지지 시키는 개념이다. 뜬바닥 구조의 효과를 극대화하기 위해서는 그림 7.24에 보인 바와 같이 격실 전체를 탄성지지 시키는 것이 중요하며 이때 설계 또는 시공 상의 오류로 인하여 갑판과 격실 바닥 사이에 완충재를 통하지 않고 직접 접촉하는 지점이 존재하면 성능의 급격한 저하를 초래할 수 있다.

(8) 소음기(muffler)

소음기는 덕트를 통해 나가는 소음을 줄이기 위해 사용하는 독립적인 소음 저감 장치이다. 소음기는 크게 반작용(reactive)형과 소산(dissipative)형으로 나눌 수 있는데 반작용형은 단면적이 다른 관을 조합하여 기본적으로 음의 반사에 의해 덕트의 토출구로 전달되는 소음을 감소시키는 방법이고, 소산형은 덕트 안쪽에 흡음재를 부착하여 음향에너지를 흡수하는 방법이다. 디젤기관에서는 소산형 소음기를 부착하여 소음을 줄이는 방법이 많이 사용된다.

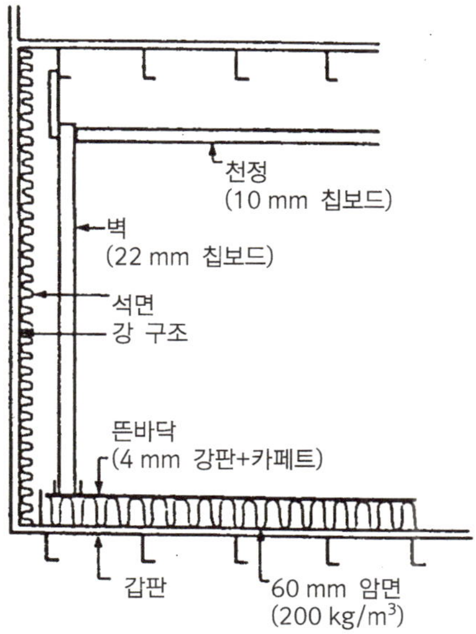

그림 7.24 뜬바닥 구조 시공

Chapter 8

선박 생산

8.1 선박 생산방식의 변천

지난 30여 년간 우리나라의 조선산업은 괄목할만한 성장을 이루어 2,000년대 들어 일본을 추월하면서 세계 최강의 위업을 달성하였고, 대형 갠트리크레인(gantry crane)은 조선 왕국의 상징으로 많은 이들에게 친숙하게 되었다. 초대형 크레인과 도크는 조선소의 생산능력을 가늠하는 중심 설비로, 몇몇 대형 조선소는 1,000 톤 이상의 물체를 다룰 수 있는 크레인과 대형 선박을 동시에 여러 척 건조할 수 있는 길이 500 m 이상의 초대형 도크를 여럿 보유하고 있다. 이와 더불어 수백만 m^2의 넓은 공장 부지에서 수만 명의 숙련된 작업자를 만날 수 있으며, 수 km에 달하는 안벽에서 시운전을 준비하는 여러 종류의 선박들을 볼 수 있다.

큰 조선소를 찾아 선박이 만들어지는 경로를 따라 가보면,

1) 필요한 강판과 형강을 규격 별로 보관하는 원자재 저장소,
2) 강판을 자르고 구부려 필요한 형상의 일차 부품을 만드는 가공공장,
3) 일차 부품을 소조립, 중조립 및 대조립하여 블록(block)으로 만들어 내는 여러 조립 공장,
4) 블록에 의장품을 설치하는 의장공장,
5) 블록을 말끔하게 도색하는 도장공장,
6) 블록을 대형화하는 선행탑재장,
7) 블록을 탑재하여 선박을 완성하는 도크(또는 선대),
8) 선박의 시운전을 준비하고 행하는 안벽에 이르게 된다.

이러한 생산단계를 거치며, 수백만 개의 부품으로 구성된 대형 선박이 탄생되는 것이다. 매년 수십 척의 선박을 생산할 경우, 수천만, 수억 개에 달하는 부품이 조립되어야 하는 셈이다. 그래서 조선산업은 대규모 조립산업의 성격을 가진다.

8.1.1 전통적 생산방식

용접이 본격적으로 적용되기 전까지 선박 생산의 근본방식은 수천 년을 두고 크게 변하지 않았던 듯하다. 알맞은 물가를 찾아 튼튼한 받침대, 즉 선대를 마련하고 그 위에서 한 켜 한 켜 붙여가며 선체를 만들었다. 대개의 작업순서는 먼저

1) 용골(keel)을 선대 위에 단단하게 배열하고,
2) 늑골(frame, internal structure)을 용골에 맞추어 붙인 후,
3) 외판(shell plate)을 씌어나가는 식이었다.

그리고 필요한 운항도구를 선체에 설치함으로써 선박이 완성되었다. 마치 전통 한옥을 짓듯이 선대 위에서 모든 부품들을 하나하나 조립했기 때문에 선박 생산을 통상적으로 '배를 짓는다'[건조(shipbuilding)]고 하였다. 이처럼 수많은 부품을 선대에서 하나씩 조립하는 생산방식을 개별생산(job production)방식이라 한다.

선체를 구성하는 수많은 부품과 다양한 의장품들은 비슷한 유형끼리 분류된 뒤 노련한 장인들의 손에 의해 선대 근처에서 만들어졌다. 이러한 생산 방식을 묶음생산(batch production)방식이라 한다.

선박 건조는 개별생산방식에 따른 선체 건조와 묶음생산방식에 의한 부품 제작으로 요약되는데, 이러한 전통적 생산방식은 목선 건조뿐 아니라 리벳(rivet)으로 조립되던 철선 건조에도 널리 적용되었다. 이러한 생산방식으로는 한 척의 선박을 완성하는 데 긴 공사기간이 소모될 수밖에 없었고, 각 시스템 별로 전문화된 장인들의 지휘 아래 수많은 인부들이 동원되어야만 했다.

8.1.2 블록 건조방식

이 절에서는 용접에 의한 블록 건조방식의 역사에 대해 간단히 알아본다.

(1) 용접기법과 선행의장

20세기 초반 용접기술의 발명은 선박 생산방식에 엄청난 변화를 가져왔다. 다수의 선체 부재를 미리 큰 부품으로 용접한 후, 이를 선대 위에서 하나로 붙이려는 시도였다. 용골과 늑골을 미리 조립하여 선저 구조를 여러 조각으로 만들고, 외판과 골재가 엮인

선측 구조도 미리 조립함으로써, 선대에서의 어려운 작업을 대폭 줄이고자 하였다. 그러나 용접기술과 크레인 용량 등 여러 기술적 한계에 부딪혀 선대에서 수행하기 극히 어려운 부분에만 적용되어 큰 변화를 가져오지는 못 하였다. 그럼에도 불구하고, 선대 위에서만 모든 부품 하나하나를 붙여야했던 오랜 제약에서 벗어나, 미리 부품들을 조립하는, 즉 선행화(prefabrication)의 길을 열었다는데 큰 의미를 줄 수 있다.

(2) 블록 건조방식의 도입

용접기술이 개발된 지 30여 년이 지난 2차 세계대전 초기에 연합군의 해군력은 독일의 잠수함(U-Boat)에 의해 엄청난 손실을 입고 있었다. 급기야 미국은 '침몰되는 속도보다 더 빨리' 5천여 척의 선박을 건조해야 하는 초비상 사태에 봉착했으며, 이에 따라 조선사에 큰 획을 그은 리버티(Liberty)선 건조가 추진되기에 이르렀다.

사상 초유의 초단기 대량생산의 목적을 달성하기 위해서는 건조공법에 혁신이 요구되었다. 즉,

가) 하나의 선체를 100개 남짓의 부분으로 나누어,

나) 넓은 부지에서 수십 척 분량에 해당하는 수천 개의 부분을 동시에 조립하면서,

다) 수십 개의 선대에서 여러 척의 선박을 동시에 탑재함으로써 빠른 속도로 대량의 선박을 건조하자는 초유의 발상이 실행에 옮겨지게 되었다.

이는 용접의 전면적 적용을 전제한 모험에 가까운 과감한 결단이었으나, 초고속 생산을 가능케 하는 유일한 돌파구로 보였다. 절박한 상황이 블록을 조립하여 선대에 탑재함으로써 선체를 건조하는 새로운 선박 생산방식, 즉 블록 건조방식을 탄생시킨 동기였다. 즉시 10여 곳에 조선소 터를 정하고, 수십 개의 선대를 급히 만들며 대량의 용접기를 투입하였다. 설계단계부터 건조가 용이하도록 선박이 설계되었고 대부분의 장비나 부품을 표준화시켰다. 그리고 댐 공사현장의 대형 크레인까지 투입하여 블록을 점차 대형화시키며 선대 작업량을 줄이려고 애썼다. 또한 용접의 문외한들에게 가장 쉬운 '아래보기 자세'의 용접만을 사용하여 블록을 만드는 방법을 찾았다. 그러나 새롭게 시도된 용접공법으로 인해 심각한 문제가 수없이 발생되어, 생산 현장과 학계에서는 용접품질을 개선하기 위해 밤낮 없는 연구가 진행되었다.

국가적 위기 상황 하에서 산학의 희생적 분투에 힘입어 2~3 년의 짧은 기간에 블록 건조방식은 상당한 수준의 완성도를 달성하였다.

(3) 블록조립방법의 효율화

초기에는 이렇다 할 생산설비도 없는 상태에서 수천 개의 블록을 선대 주위에 펼쳐 놓고 생산을 진행하였다. 그리고 생산을 해가면서 조립방법을 찾아내고 하나하나 생산설비를 갖춰나갔다. 머지않아 블록 유형 별로 가장 효율적인 조립방법과 순서(block assembly process)를 찾게 되었고, 이에 필요한 기계장치와 작업도구가 개발되었다. 힘든 현장 시험을 거치며 평구조 블록조립에 대해서는 상당 수준 기계화가 이루어졌고, 특히 거주구 블록에 대해서는 흐름생산(flow line production)설비를 갖추게 되었다. '아래보기 자세'의 용접을 위해 블록을 뒤집는(turnover) 장치도 개발되었다. 이러한 변화에는 현장 작업자들까지 경쟁적으로 동참한 제안제도가 크게 기여했다고 하며, 이를 통해 생산성과 품질의 놀라운 향상을 이루었음은 물론이다(표 8.1).

표 8.1 Richmond 조선소의 성과

1941년 대비 1944년의 성과
* 건조기간: 6분의 1로 단축 (총 공기: 1차선 244 일, 후반기 평균 42 일)
* 생산성: 2배 이상 향상 (초기 백만 MH(manhour) 이상 소모, 후기 50만 MH 이내)

종전 후 이같이 값진 생산기술은 일본 조선소로 고스란히 넘어가 소조, 중조, 대조로 구분되는 효율적인 체계를 갖추게 되면서 기계화, 전문화 및 선행화라는 3중의 생산성 향상을 이룰 수 있었다. 1960년대 들어서는 가공단계부터 도크단계까지 합리적 설비를 갖춘 현대식 생산체계가 정착되었다.

8.1.3 선체/의장/도장 통합(Integrated Hull Construction, Outfitting and Painting, IHOP) 생산방식

이 절에서는 선체/의장/도장 통합 생산방식의 발전에 대해 알아본다. 선박 생산방식의 변화와 관련 사항은 표 8.2에 요약하였다.

표 8.2 생산방식의 변화

생산 방식	발전 계기 및 주요 기술 개발		설비	생산효율
전통적 생산 방식	리벳(rivet) 기법	모든 부품을 선대에서 하나하나 조립	선대, 안벽, 부품 제작장	수 년의 건조기간 소모
	20세기 초반 용접기법 도입	선체 일부 섹션의 선행조립 시도	소규모 섹션 조립장 추가	
블록 건조 방식	2차 세계대전 초기 용접기법 전면 적용 블록 개념 확립	1) 블록 건조방식 2) 블록대형화 3) 선행의장 시도	대형 크레인 블록조립 기계화 및 라인(line) 생산 시도	선대기간 대폭 단축 조립생산성 획기적 향상
	1960년대 이후 블록조립 기계화 공장 전문화 의장 선행화	1) 조립라인 고도화 2) 생산 물류 정립 3) 용접기법의 지속적 개선 및 개발 4) CAD/CAM 도입 시작	조립라인 구축 선박 생산체계 합리화 용접 자동화 NC 절단	선종 전문화 및 고효율화
IHOP 생산 방식	존 개념 확대 선체·의장·도장 통합	1) 의장· 도장 상류화 2) 종합의장도면 생성 3) 작업 통합	업무체계 재편성 정보체계 구축 CIMS	다(多)선종 혼류 생산

(1) 존 지향적 작업시스템(zone-oriented work system)

블록 건조방식은 의장설치 및 도장작업에도 큰 변화를 불러왔다. 블록단계에서부터 의장설치를 하겠다는 당연한 요구가 강하게 드러난 것이다. 선대나 도크의 좁은 선체 안에서 모든 의장품을 설치하는 선상의장(on board outfitting)이 이루어지는 상황에서는 극도로 열악한 작업환경으로 인해 사고위험이 아주 높았고 작업 간 간섭이 심각하여 작업을 수행하는 것 자체가 힘들었기 때문이다. 작업의 비능률과 공사기간의 장기화가 불가피했고, 막대한 부대비용을 유발할 수밖에 없었다.

따라서 안락한 작업환경에서 안전하고 쉽게 좋은 품질의 생산을 위해, 생산 현장이 앞장서서 블록단계에서의 의장설치, 즉 블록의장(on-block outfitting)을 도모하게 되었다. 이 개념이 확장되어 의장품끼리 미리 조립하는 유닛의장(on-unit outfitting)에 이르게 되었다.

이는 작업하기에 유리한 상류공정에서 '가능한 작업을 모두 완결'하자는 원칙, 즉 존의 원칙에 따른 것으로 조선 현장에서는 선행화라는 기치 아래 대조에서 중조를 거쳐 소조단계까지 거슬러 올라갔다.

1970년대 중반 문을 연 국내 조선소에서도 초기부터 존 지향적방법(zone-oriented method)을 강력히 추진하여, 1980년대 후반 고도의 선행화 수준에 이르게 됨으로써 안전한 작업성과 좋은 품질, 획기적인 생산성 향상 및 공기단축을 이룩할 수 있었다.

(2) 선체, 의장, 도장 통합

소조에 이르는 작은 존(zone)까지도 의장작업이 선행화 되었다는 것은, 소조립공장의 작업자가 조립과 의장품을 동시에 설치하는 상황을 뜻한다. 선체와 의장작업이 한 묶음의 작업으로 일체화된 셈이다. 이를 위해서는 소조립공장에서 생산되는 모든 존에 대해

가) 각 존별로 해야 할 의장작업정보가 미리 명확히 편성되고,

나) 필요한 의장품이 정확히 보급되어야만 한다.

따라서 모든 설계정보가 존별로 재편성되어야 한다. 구매관리도 존 단위 정시(Just In Time, JIT)보급에 초점을 맞추어야 한다.

존 지향적 작업시스템인 IHOP는 단순히 정보와 자재의 존 단위 편성이나 통합에 그치지 않는다. 생산관리, 작업관리, 품질관리도 존 단위로 계획되고 확인되어야 하며, 작업조직도 존 단위 작업완결에 적합하도록 조정되어야 한다. 고유 업무의 재편성과 통합, 즉 선체설계, 의장설계 사이의 업무 재편성과 통합이 따르기도 하며 현장작업팀의 재구성과 일인 다기능을 요구하는 경우도 있다. 따라서 진정한 IHOP방식은 설계, 자재구매, 생산관리, 작업관리, 품질관리, 조직관리 등 조선 전반의 업무체계가 존의 원칙에 따라 재구축되어야 그 완성에 이를 수 있다.

(3) CIMS(Computer Integrated Manufacturing System)

정보의 통합을 이루는 데는 CAD(Computer Aided Design)의 역할이 지대하다. 구체적인 생산방식에 따라 유연하게 대응하는 동시적 정보체계가 구축됨에 따라 선진 조선소에서는 생산관리나 작업관리까지도 일관된 업무체계로 구축하려는 노력을 하게 되었다.

다만 생산 현장이 항상 변하고 있다는 점에 꼭 유의해야 한다. 생산 현장 곳곳에서는 언제나 문제가 생기게 마련이고 매일 개선활동이 일어나고 있으므로, 살아 움직이며 성

장한다고 할 수 있다. 따라서 이러한 유기적 변화의 가치를 바르게 판단해야만 유효한 체계를 구축할 수 있다.

8.2 선박 생산의 이해

이 절에서는 대형 상선을 생산하는 조선소에서의 일반화된 생산단계에 대허 알아본다.

8.2.1 선박 생산단계 개요

선박 생산은, 이미 설명한 바와 같이, 가공, 소조, 중조, 대조, 블록대형화, 탑재단계를 거친다. 가공부터 대조단계까지는 상당 수준의 기계화 및 자동화에 이르렀으며, 대부분의 소조립, 중조립단계와 평블록조립공장에는 완전한 흐름 생산체계가 정착되었다.

의장설치는 통념상 블록의장, 선상의장, 시운전의 3 단계로 분류된다. 그러나 존 지향적방법에 뿌리를 둔 상류화가 확장되면서 유닛조립, 소조의장, 중조의장, 대조의장, 블록의장, PE의장, 선상의장, 시운전의 8 단계로 세분화되었다. 이제는 조립공장 안에서도 많은 의장품이 설치되고 있으며, 선상의장에 남는 작업량이 현격히 감소됨으로써 도크기간의 단축으로 직결되었다.

도장은 사양에 따라 여러 번 반복하는데, 일반적으로 하도(primer), 중도(intermediate paint), 상도(finish paint)로 구분된다. 중간 제품을 깔끔하게 유지하는 조선소에서는 블록도장단계에서 상도까지 마무리하는 범위가 상대적으로 넓다. 도크단계에서 모든 도장을 완결하고, 안벽단계에서는 인도 직전에 미용 목적의 간소한 마감으로 끝내는 것이 이상적이다. 강판 가공 전, 전처리공장에서는 가공 및 조립 중 강판에 녹이 스는 것을 방지하기 위하여 숍프라이머(shop primer)를 도포한다.

블록 생산체계가 소조, 중조, 대조로 나뉘어 전문화됨에 따라, 선진화된 선박 생산체계는 가공부터 안벽단계까지 대개 8 단계로까지 세분화되었다. 부품가공 후 오로지 선대와 안벽 두 단계에 전 작업이 밀집되었던 전통적 생산방식과 크게 대비된다. 이제 소조, 중조, 대조단계의 의장설치도 충분한 상류화 수준에 이르렀을 뿐 아니라, 동일 작업자가 선체와 의장품을 모두 용접하는 경우도 흔히 접할 수 있어 선체와 의장작업이 완전히 일체화되었다고 할 수 있다.

선박의 생산단계를 표 8.3에 요약하였다.

표 8.3 선박의 생산단계

	생산설비	생산단계		
		선체	의장	도장
1	원자재 보관장		제작· 구매; 유닛조립	
2	전처리공장			숍프라이머(shop primer)
3	가공공장 : 절단, 곡가공 (bending)	절단 및 곡가공		(보수도장)
4	블록조립공장 : 평블록공장 : 곡블록공장	소조립	소조의장	(보수도장)
5		중조립	중조의장	(보수도장)
6		대조립	대조의장	(보수도장)
7	블록의장공장		블록의장	
8	블록도장공장			하도, 중도, 상도
9	선행탑재장 (PE area)	블록대형화	PE의장	(보수도장)
10	도크(또는 선대)	탑재	선상의장	상도
11	안벽		시운전	상도(보수도장)
		6 단계	**8 단계**	**4 단계**

8.2.2 선박 생산 공정

이 절에서는 선박 생산의 각 단계에 대해 알아본다.

(1) 가공단계

가) 강재적치장, 전처리공장

강재적치장은 강판과 형강을 보관하는 조선소의 자재 흐름 상 첫 번째 공정이다. 배수가 잘되는 평지에 보관하며 강재 품질에 손상이 없도록 자석식(magnetic) 크레인을 사용한다. 각각의 강재를 철저히 추적(traceability)하는 관리가 중요하며 가공계획에 입각하여 필요 강재를 선별하여 정시공급(JIT delivery)하는 간단명료한 정보체계가 구축되어야 한다.

대개 3개월분의 강판과 형강을 보관하는데 이로 인한 재고 비용도 상당하므로 재고 비용을 최소화하기 위해서는

선체설계→강재구매→강재생산(제철회사)→강재입고→가공

사이의 리드타임(lead time)을 줄이는 노력을 소홀해서는 안 된다.

강재적치장으로부터 투입된 강재는

전처리공장의 예열→표면처리(blasting)→하도(priming)→건조(drying)

공정을 연속으로 거치며 녹이나 이물질이 제거되고 초벌도장이 된다. 이는 조립 중 강재를 보호하기 위한 것이며 강재의 식별번호를 기재한 후 즉시 해당 가공장소로 직송된다. 강재의 선별→전처리→보급은 일관화된 전산시스템을 이용하여 소수의 인원으로 통합 관리된다.

나) 강재절단(steel cutting)

강재절단은 원자재로부터 제1차 부품을 가공하는 공정으로 강재의 두께에 따라 산소 연소 화염이나 플라스마 아크(plasma arc)를 이용한다. 높은 정밀도를 요하는 경우에는 레이저(laser beam) 절단을 채용한다. 가장 먼저 CAM(Computer Aided Manufacturing)이 적용된 공정으로, 대부분의 작업은 수치제어방식으로 정밀하게 이루어진다. 또한 기계화와 자동화된 절단기를 유효적절하게 활용함으로써 극소수의 인력으로 높은 생산효율을 얻고 있다. 절단 공정에는 형상절단뿐 아니라 용접을 위한 절단 작업인 용접개선(開先)도 포함되는데 절단기의 꾸준한 개발로 10여 년 전부터는 동일 장비로 절단과 용접개선이 모두 가능해졌을 뿐만 아니라 조립선표기(marking)까지 병행할 수 있게 되었다. 수작업을 하는 경우에도 여러 보조기구가 개발되어 정확하고 용이한 절단이 이루어지고 있다.

강재절단은 자동화된 장비에 크게 의존하는 관계로 장비의 보전관리가 특히 중요하다. 장비 고장을 예방하고 절단 수준을 유지하기 위하여 매일 정기점검을 꼭 실시해야 한다. 전처리장치와 절단기는 오래전부터 완전한 국산화가 이루어졌으며 성능과 품질 면에서 세계적 수준으로 인정받고 있다.

다) 강판 및 형강 성형(forming)

절단된 강판과 형강을 냉간 가공이나 열 가공을 하여 외판과 내부재의 곡형(曲型)을 만드는 공정으로 자동화된 장비와 정성스런 수작업을 연합하여 해야 하는 아주 까다로운 공정이다. 대체로 압연(rolling)작업으로 요구되는 정도(accuracy)를 만족시키고 있으나, 선형에 따라 냉간 가공만으로는 원하는 곡형을 얻기 힘든 부분이 불가피하게 있기 마련이다. 이 경우 기계적 가공으로 기본 형상을 만든 후, 선상가열(line heating) 또는 점 가열(spot heating)로 최종 형상을 만들게 된다.

기계적 가공은 대개 수치제어(Numerical Control, NC)화 되어 있으며, 컴퓨터수치제어(Computerized Numeric Control, CNC) 선상가열장치도 사용하고 있다. 또한 곡형을 쉽게 측정하는 계측장치도 개발되어 작업의 정확성과 신속성을 높일 수 있게 되었다. 근래에는 최적의 가열선을 해석하는 프로그램이 개발되어 CNC를 이용한 자동 선상가열장치와의 결합에 의하여 성형 품질과 생산성 면에서 획기적인 개선이 기대되고 있다.

(2) 블록조립단계

가) 소조립(minor assembly)

블록의 중조립, 대조립이 기계화, 라인화되고 전반적인 블록 생산체계가 정착되면서, 중조, 대조단계로 공급될 단순 유형의 작은 부품군을 전문적으로 조립하는 공정으로 정립되었다. 대개 작은 평판의 한 면에만 서너 개의 보강재(stiffener)를 용접하는 형태이므로 부재의 배열, 취부, 용접을 거의 전자동으로 라인화한 수준에 이르렀다.

중조, 대조단계의 조립 시각에 맞추어 각 블록에 필요한 소조품들을 묶음으로 공급하게 되는데, 이를 위해서는 치밀한 일정관리가 특별히 요구되며, 블록조립라인이 동기화된 생산체계(synchronized production system)를 갖추게 되면 아주 용이하고 효율적인 운용이 가능해진다.

나) 중조립(sub assembly)

대조립에 필요한 중형 조립품을 전문적으로 제작하는 공정으로서, 양면 작업이 요구되는 구조이며 일부는 특이 형상을 가진다. 소조립과 마찬가지로 동기화된 라인체계로 조립되며, 다만 특이 형상의 중조품은 별도의 전문화된 작업장에서 조립된다.

중조립공장은 평블록과 곡블록의 중조품에 각각 적합하도록 전문화되어, 대개 두 공장으로 나뉘어 배치된다.

다) 평블록조립(flat block assembly)

선체중앙부를 구성하는 평구조블록을 조립하는 공정으로서, 1960년대 들어 가장 일찍이 기계화되었으며, 이제는 거의 완벽한 동기화된 생산체계 하에 원활한 흐름생산을 한다. 일반적으로 판 취부, 일면용접, 반전(turnover), 이면용접, 조립선표기(marking), 종강재 취부, 종강재 용접, 횡강재 취부, 횡강재 용접의 순으로 라인화되어 평유닛을 조립하며, 이중구조일 경우는 연속적으로 뒤따라오며 위의 공정을 마친 평유닛을 뒤집어 합침으로써 완성한다. 그림 8.1과 그림 8.2에 각각 패널 조립공정과 이중구조 조립공정을 보였다.

또한 평블록에 부가되는 구조나 의장품을 설치하는 공정이 연속으로 이어지며, 대개 200 m 이상의 긴 직선형 조립라인을 형성한다. 종강재와 횡강재 등 대조에 필요한 내부 구조는 인접한 중조와 소조 라인에서 공급된다.

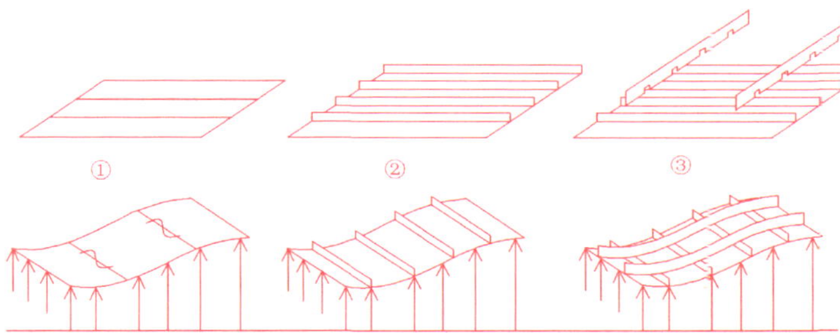

그림 8.1 패널 조립공정

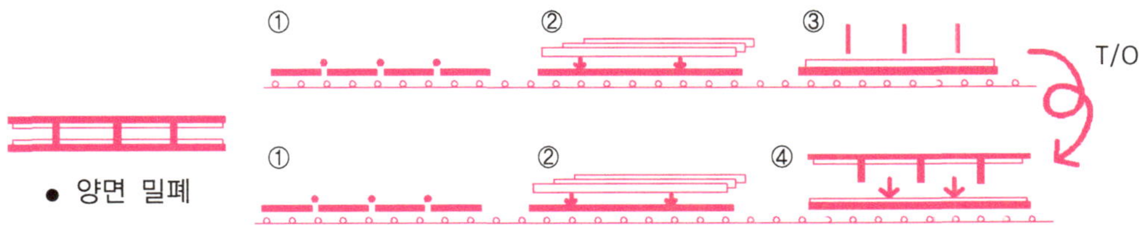

그림 8.2 이중구조 조립공정

라) 곡블록조립(3D block assembly)

곡유닛도 작업의 바탕이 곡형이라는 점만 다를 뿐, 조립공정은 평유닛과 동일하며, 흐름 생산라인을 갖춘 조선소도 흔하다.

표 8.4 대 구획별 선체 구조(컨테이너선 기준)

선체 구역	블록 형상		주요 구조
선수부	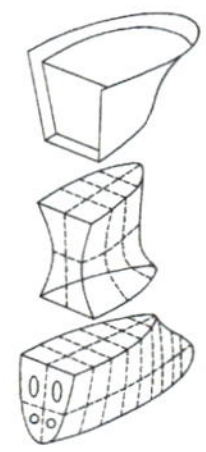	하부: 곡 벌집형 상부: 곡 L형	곡쉘(curved shell)+ 격자형 내부구조 곡쉘+평패널
화물창	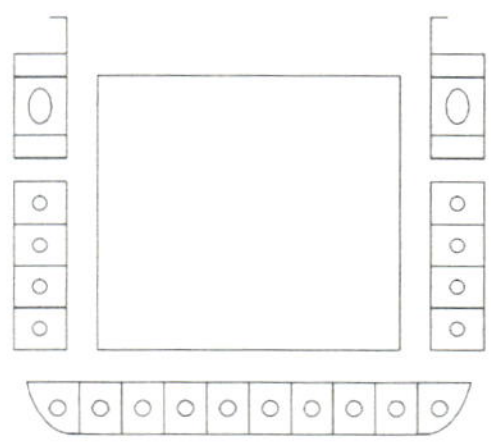	이중저 선측쉘 횡격벽 상갑판	평패널+평패널 평패널+곡쉘 평패널+평패널 평패널+곡쉘 평패널 평패널
기관실	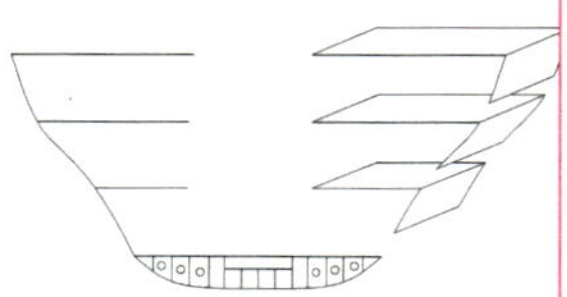	갑판/선저(D/Btm): 양면 구조 갑판 블록: L형	곡쉘+평패널 평갑판(flat deck) + 곡쉘
선미부	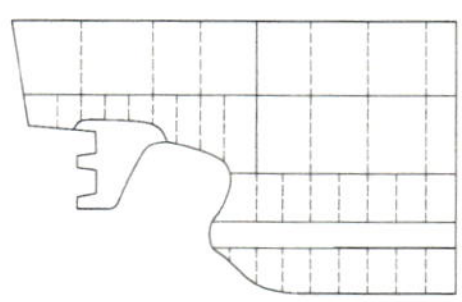	하부: 곡형 벌집형 상부: 곡형 L형	곡쉘 + 격자형 내부구조 평갑판 + 곡쉘
거주구	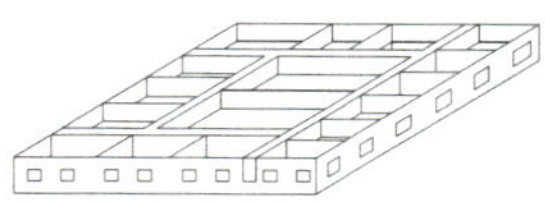	한쪽이 열린 평 입체형	평패널+평벽(flat wall)

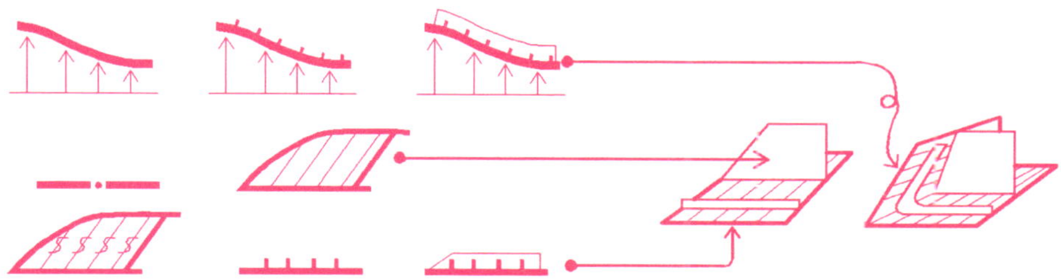

그림 8.3 L형 블록조립공정

3D 블록조립은 곡유닛과 중조, 소조에서 공급되는 내부 구조를 부가해서 완성되며, 설치 가능한 의장 작업도 동시에 수행된다. 대개 고정된 작업장에서 조립되며, 작업자를 편성(인원배치)하는 기술에 따라 생산효율이 크게 달라진다. 그림 8.3은 L형 블록조립공정을 보여주고 있다. 표 8.4에는 컨테이너선 기준으로 선체 각 구역을 구성하는 블록의 형상과 주요 구조를 보였다.

(3) 블록의장

블록조립에 이어서 전적으로 의장품을 설치하는 단계로서 대개 기관실과 화물창 블록을 구분하여 작업한다. 조립단계부터 평, 곡으로 특화된 생산라인이 의장에까지 연장되며 조립과 연계하여 각기 적정 작업기간으로 동기화된 생산체계로 운영된다.

의장배치설계(outfit arrangement design)에서부터 블록의장을 극대화하기 위한 세심한 노력을 기울여 이제는 95% 이상의 높은 블록의장율을 달성하고 있다. 블록의장율의 수준은 의장 생산성뿐만 아니라 도크기간과 인도 일정에 결정적 영향을 미친다.

가) 기관실 블록의장

특히 배관, HVAC(Heating, Ventilating and Air Conditioning system), 전기의장, 교통장치 등이 밀집된 기관실 구획은 탑재 전 가능한 모든 의장작업이 완료되어야만 선상 단계에서 차분히 마무리 지을 수 있다. 그렇지 않을 경우 진수 후 안벽에서의 시운전 일정에 큰 차질을 초래하게 된다.

기관실 블록은 바닥(floor)이 뒤집힌 상태로 조립되므로 천장과 벽에 위치한 의장품들을 설치하기에 가장 유리한 단계이다. 의장품을 효율적으로 설치하기 위해서는 당연히 필요한 의장품이 빠짐없이 정시보급되어야 한다. 대개 한 블록 당 수백 개에 달하는 다양한 의장품을 설치하게 되는데 이들을 설치순서에 맞춰 분류하여 1 일 작업분씩 보급하는 '1 일 보급' 체제를 지향하고 있다.

나) 화물창 블록의장

화물창 블록은 기관실에 비해 의장품의 밀도가 낮고, 길고 큰 의장품이 주종을 이룬다. 따라서 넓은 면적을 차지하며 기관실 블록에 비해 짧은 시간주기로 운영된다. 따라서 4 시간 또는 2 시간 단위의 의장품 보급체제를 갖추기도 한다.

다) 존 검사(zone inspection)

자재보급률뿐 아니라 도면오류나 의장품 오작에 대해서도 철저히 관리하여야 한다. 블록의장의 완성도를 높이기 위하여 공간 검사를 제도적으로 시행하는 것이 바람직하다. 블록의장율, 자재보급율, 도면오류, 의장품의 제작오류 실태를 챙기고 이에 대한 원인과 대책을 강구하는 제도로서 설계, 구매자재, 생산, 생산관리의 관계자들이 함께 문제를 풀어나가는 단계가 된다.

블록의장의 범위는 도장작업에 방해를 주지 않는 한 모든 것을 포함하며 도장작업 중 손상이나 이물질 유입을 방지하는 보호 덮개를 마무리하는 것으로 완결된다.

(4) 블록도장

습도조절장치를 갖춘 표면처리(blasting)설비와 도장 및 건조(painting & drying)설비로 구성되며 작업자의 위생과 외부로의 공기 오염을 방지하는 장치도 완비하고 있다. 표면처리→도장→건조 공정으로 이루어지며 도장 사양에 따라 정해진 횟수 반복하여 상도(finish coat)까지 마무리하게 된다. 균일한 도막(도장두께)을 유지함으로써 도장 품질을 만족시킴과 동시에 도료 수율(yield ratio)을 높이고자 하는 노력이 중요한 관리 포인트이다.

(5) 선행탑재(Pre-Erection, PE) 단계; 블록대형화(grand block assembly) 및 의장 완결

대체로 동기화된 체계로 생산되는 여러 공장을 거치며 도장작업까지 완결된 블록은 도크로 직접 탑재되거나 PE작업장에서 대형화 과정을 거치게 된다.

무엇보다도 탑재작업의 안정성 확보와 의장의 완성도를 더욱 높이는 것을 주목적으로 대형화를 위해 대상 블록을 선별한다. 불안정한 형상의 선수와 선미구획은 다른 구획과 달리 특별히 긴 블록탑재기간이 요구되므로 도크 작업의 정형화된 운영과 기간 단축을 위해 대개 대형화를 하고 있다. 화물창의 갑판부와 같이 도크 내에서는 고소작업을 요하는 블록들이 주요 대상이 되며, 선행의장률을 한층 높이기 위해 기관실 블록의 대형화는 반드시 시행하고 있다. 특히 기관실 대형화작업은 선각/의장/도장 통합(IHOP)의 축소판으로 조직 간 합동노력이 절대적이다.

블록조립까지의 효율적 흐름생산과 도크의 탑재방식은 서로 일률적으로 연속되지 않는다. 따라서 PE공정은 블록조립라인과 탑재 사이의 불가피한 간극을 완충하는 역할을 감당할 수 있다. 즉 PE작업장은 블록조립과 도크탑재까지의 조선 전체의 생산흐름을 원활하게 이어주는 조정자가 되는 셈이다.

(6) 도크 생산

블록이 대형화되고 선행의장률과 도장의 완성도가 향상됨에 따라 도크나 선대의 공사기간이 크게 단축되었다. 한 점에서부터 탑재하여 선체를 완성하는 탑재방식인 일점 탑재를 하는 경우에도 하나의 도크에서 연간 6척 이상의 선박을 생산하고 있다. 즉 재화중량 수만 톤 규모의 선박도 2개월 이내에 도크공사를 완료하는 수준에 달했다는 의미이다.

'한 번에 블록을 제 위치에 정확히 정렬', 즉 1회 정렬(one-time setting)하는 것이 중요하다. 이는 블록의 정도(accuracy)에 크게 좌우된다. 블록의 정도 불량은 정렬설치 작업을 어렵게 할 뿐 아니라 블록 사이의 용접선을 흩뜨려 버린다. 따라서 작업기간이 장기화되고 일률적인 작업진행을 방해하여 생산흐름의 균일성을 잃게 한다. 이미 반자동 또는 자동 용접장비가 실용화되어 있는데 이 또한 블록의 정도가 허용치 내에 있을 때 효과적인 적용이 가능하다.

모든 의장설치 작업은 도크 내에서 완결되어 가능한 한 운전을 위한 기계적 점검까지 확인되어야 한다. 이는 블록의장율이 95% 이상의 수준까지 향상되어야만 가능하다. 도장작업도 블록 상태에서 이미 상도(finish coat)까지 완결하여 도크에서는 단지 블록의 연결부만을 보수 도장하는 것으로 간단히 끝내고 있다.

도크에서는 최종적으로 선체 전체를 탑재하는 단계로서 고소작업이 불가피하다. 이로 인해 수많은 고소차와 작업대(scaffolding)가 필요하게 되는데 이를 얼마나 최소화시키느냐가 작업환경의 안전성과 생산성 향상의 주된 관건이 된다. 최선의 방법은 고소차나 작업대를 없애는 것이므로 고소작업을 스스로 할 수 있는 자동용접장치와 도장장치가 개발되었으며 최소한의 필수적 작업대도 전용 장치를 제작하여 부대적인 고소작업의 준비 시간과 비용을 최소화시키고 있다.

(7) 안벽단계

안벽에서는 기계류점검을 끝낸 선박의 운항에 관련된 모든 시스템을 개별적으로 점검한다. 기계 장치를 개별적으로 운전하며 정상 상태를 확인한다. 발전기의 경우는 부하시험(load test)을 거치며 주기관의 안벽 운전을 통해 추진시스템의 적정 상태를 확인한다. 최종적으로 해상시운전을 통해 선박의 성능을 측정하며 계약상 요구된 성능이 만족됨을 확인하고 선주에게 인도한다.

(8) 거주구(superstructure) 조립

거주구는 다른 선체 구획과는 달리 박판 구조이며 또한 의장작업도 다른 구획과는 속성이 다르다. 따라서 별도의 생산라인을 이용하여 하나의 모듈(module)로 생산하고 있다. 의장작업은 기계적 작동과 조명시설을 점등하는 정도까지 완결하고 있다. 우리나라에서는 90년대 초부터 거주구 모듈만을 전문적으로 생산하는 회사가 설립되어 많은 조선소가 이들로부터 공급을 받고 있다.

(9) 의장 제작 및 선별 보급

조선소 내에는 관제작공장, 기계공장, 철의장제작공장, 전장공장이 구비되어 있다. 그리고 의장품의 설치단계에 맞추어 필요한 의장품을 보급하는 넓은 선별장을 갖추고, 정시보급에 완벽을 기하고 있다.

8.3 선박 생산 효율화

생산체계는 생산설비(area), 생산인력(manpower), 생산기간(time)으로 짜 맞춰진 틀이다. 효율적 생산체계란, 보유 설비를 최대로 활용하여 최소의 인력으로 최단 기간에 생산하도록 만들어진 체계를 뜻한다.

이때, 선박을 어떻게 분할해서 생산하느냐가 아주 중요하고, 당연히 보유 설비의 능력과 잘 연계되어야 할 것이며, 작업이 용이하여 인력과 시간이 작게 들도록 분할하는 것이 바람직하다.

8.3.1 블록분할

이 절에서는 블록분할에 대해 알아보기로 한다.

(1) 선박의 기본적 분할

가) 기본 속성이 상이한 작업의 분할: 선체, 의장, 도장

선박 생산과 관련한 작업은 작업 행태가 다른 세 가지로 우선 나누어지는데 바로 선체, 의장 및 도장이다. 이 세 가지 작업은 작업 장비나 소요되는 재료 그리고 작업자의 기능이 전혀 다르며, 생산 과정에서 발생할 수 있는 기술적 문제들이 전혀 유사성을 갖지 않는다고 할 수 있다.

나) 선박의 큰 구획

일반 상선은 크게 화물창, 거주구, 기관실, 선수부 및 선미부로 분할할 수 있다. 이 다섯 구획은 선체의 구조, 의장품의 종류와 밀집도, 도료의 종류 등이 서로 다르기 때문에 생산 문제의 관점에서 당연히 구분될 수밖에 없다. 표 8.5에는 각 구획의 구조 형상과 주요 기능을 간략하게 정리하였다.

표 8.5 선체 구획

선체 구획	구조 형상	주요 기능(의장/도장)
선수부	내부 구조: 벌집형 외판: 심한 곡형	정박장치, 마스트, 선수스러스터
화물구역	이중저 이중선측쉘 횡격벽 상갑판	밸러스팅 연료유 저장고 하역설비 화물적재
기관실	이중저, 곡면선측쉘 평갑판	추진장치를 위시한 제반 선박 운용장치, 연료 등 각종 저장 탱크
선미부	내부 구조: 벌집형, 주강, 외판: 심한 곡형	조타장치, 프로펠러, 정박장치
거주구	단순하고 편평한 입체구조	제반 거주 설비, 항해 통신 설비

그림 8.4 선체 구획 및 선종 별 중앙단면 개략도

선수미, 기관실, 거주구획은 어떤 선박에서나 기본 기능이 같고 구조 형상도 유사하다. 그러나 화물창은 화물의 종류에 따라 독특한 공간을 구성하고 선체 구조의 형상이 다르며, 설비와 도료도 각기 다른 고유 특성을 가진다. 종류가 다른 선박의 중앙단면도를 보면 그 차이를 쉽게 알 수 있으며, 그림 8.4에 선체 구획 및 선종 별 중앙단면 개략도를 보였다.

(2) 블록분할의 목적

여기서는 이미 가동 중인 조선소가 생산물량을 충분히 확보한 것으로 가정하고 논의를 진행하기로 한다. 따라서 가능한 한 생산량을 증대시키며 인적 생산성을 극대화하는 것을 목표로 한다.

블록분할은 조선소가 보유한 설비를 최대로 이용토록 해야 하는 것이 가장 기본적인 원칙이다. 기존의 설비를 최대로 활용하는 것이 생산 비용 절감과 공기 단축에 가장 유리하기 때문이다.

첫째, 도크 크레인의 최대 용량에 근접하는 규모에 맞춰 분할한다. 가장 작업 여건이 불리한 도크 내의 작업량을 최소화하기 위해서이다. 그러나 탑재의 안정성과 용이성을 우선 확보토록 해야 한다.

둘째, 조립공장의 설비를 최대로 활용토록 한다. 공장이 허용하는 최대치에 달하는 블록의 폭, 길이, 높이와 중량을 찾아야 한다.

셋째, 블록의장을 극대화할 수 있는 형상이 되도록 분할한다.

이상 세 가지 기준을 모두 만족시키는 블록분할이 설비 활용을 극대화시킬 수 있다. 새로운 조선소를 짓는 경우에는 주력하려는 선종에 가장 유리한 블록분할을 상정하고 그에 적합한 규모의 설비를 갖추도록 해야 할 것이다.

가) 설비 활용의 극대화

표 8.6에는 블록분할 시 고려해야 할 사항을 정리하였다. 선박의 기본 구획 정보를 바탕으로 조립 정반의 폭과 길이, 크레인 용량, 운반 능력, 공급되는 철판의 최대 폭과 길이를 고려하여 블록의 적정 크기를 결정해야 한다. 가능하면 블록을 대형화함으로써 도크에서의 작업량을 최소화하고 조립공장의 설비 활용과 선행 작업을 극대화하는 것이 바람직하다.

표 8.6 블록분할 시 고려 사항

구 분	고려 사항
설비 능력	크레인 용량(도크, 조립공장, 부유식(floating) 크레인, 조립공장의 규모(정반 크기, 공장 높이), 운반체 능력(transporter capacity 및 해상 운송 능력), 주요 작업장(PE 등)의 면적
선박의 기본 구획 정보	선박의 폭과 높이, 화물창(C/H)의 단위 길이, 기관실 구역의 길이, 구획별 중량, 도장의 특성
원자재 제약	조달 가능한 강판의 최대 폭과 길이, 주물이나 주강품의 최대 중량 및 크기, 운송의 제약

나) 공장간 부하 균등화(production levelling)

블록의 무리한 대형화는 공장 간 부하의 불균형을 야기하여, 심각한 생산성 저하와 생산량 감소를 유발한다. 따라서 가공→소조립→중조립→블록조립→블록대형화→도크내 탑재→안벽 마무리까지의 전체 생산단계가 서로 부하 균형을 이루도록 하면서 설비 활용을 극대화하해야 한다. 최적의 블록분할을 위해서는 조선소 전체를 보는 안목과 시스템적 사고 능력을 갖추어야 한다(그림 8.5).

조선소의 중심 설비인 도크와 평블록공장, 곡블록공장의 부하 균등화가 최적화의 주요 관건이기 때문에 대개 위의 3개 공장의 부하를 검토하여 최적의 블록분할을 결정하게 된다. 선종에 따라 가공공장, 의장설치, 도장공장도 세심히 검토해야 하는데, 이런 경우에는 다음 두 가지를 검토해야 한다.

1) 블록조립순서 분석

먼저 블록의 유형 별 조립순서도를 작성한다. 조립순서도는 블록을 대조, 중조, 소조단계로 분할하고 그 조립순서를 명시한 것으로 각 공장의 설비 능력이 최대한 활용되도록 블록을 세분화해야 한다.

이에 따라 각 공장별로 문제 유형이 유사한 존을 구체적으로 배정하게 되며, 존에 따라 가능한 선행의장과 도장작업을 추가로 고려하면 블록조립과 선행의장, 도장을 포괄하는 작업 절차와 작업량이 결정된다.

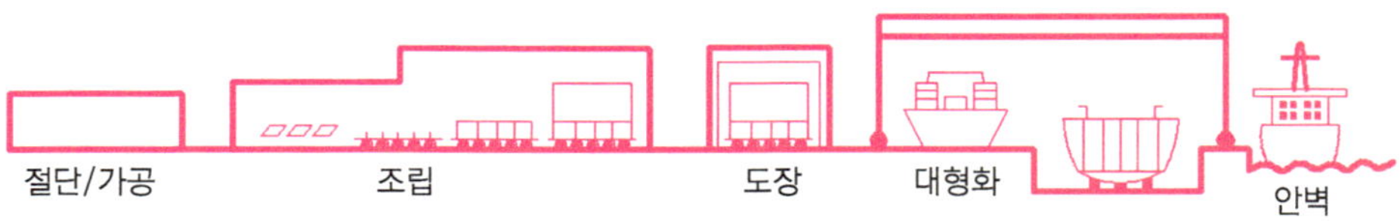

설비 활용 극대화	블록대형화 및 작업 상류화 -선각, 의장, 도장의 선행작업 극대화 -도크 작업량 최소화	최고의 품질과 생산성 ▪ 설비 가동률 극대화 ▪ 안전 작업환경 조성 ▪ 인적 자원의 효율 제고 공기 단축 ▪ 최단 물류 조성 ▪ 재공재고 최소화
공장간 부하 평준화	조선소 전체 설비의 최적 활용 동기화 생산체계 구축	
기본 방침	최적화 전개	추구 목표

그림 8.5 블록분할 최적화

2) 공장 간 생산기간 동기화

어떤 공장도 가동을 멈추지 않고 연속적으로 작업이 진행되기 위해서는, 각 공장의 생산기간이 도크기간과 동일하게 운영되어야 한다. 즉 모든 공장이 동일한 시간 주기로 운영되도록 동기화해야 한다.

도크기간은 조선소의 중요한 경영 지표로서 탑재방식에 따라 탑재네트워크(erection network)를 검토하여 결정된다. 탑재네트워크에 대해서는 다음 절에서 설명한다.

각 공장의 부하는 작업 물량을 생산기간과 1 일 생산능력의 곱으로 나누어 얻을 수 있는데, 작업 물량은 조립순서 분석을 통해 기본도면으로부터 구할 수 있으며, 생산기간은 도크기간에 의해 결정된다. 대개 10% 정도까지의 과부하는 인적 및 물적 자원을 보완하고 세부작업요령(Detailed Assembly Procedure, DAP)을 개선함으로써 해결할 수 있는 것이 상례이다.

이와 같은 검토를 거쳐 조선소 전체에 대해 최적화된 블록분할과, 최적의 탑재네트워크(탑재 순서 및 탑재 기간)가 도출되며, 블록조립공장 별로 균등한 부하의 물량이 배정될 수 있다.

8.3.2 동기화 생산

이 절에서는 효율적인 선박 생산의 핵심인 동기화 생산에 대해 알아본다.

(1) 정시조립과 생산 평준화

블록조립공정은 선박 생산에 있어서 가장 많은 양의 작업을 요하는 공정이고 선박 생산체계의 척추와도 같은 생산단계이므로 블록의 정시조립과 생산성에 조선소의 경쟁력이 달렸다 해도 과언이 아니다. 정시조립이 무엇보다 우선되어야 하며 블록조립 일정은 탑재네트워크로부터 정해진다.

앞에서 최적의 블록분할과 조립순서 분석에 대해 기술하였으며, 여기서는 적정 부하의 물량과 생산기간이 확정된 상태라고 가정하기로 한다. 각각의 블록이 요구 일정에 맞추어 조립되는 체제를 만들기 위해, 조립공장은 대부분 자동화, 기계화된 설비를 갖추고 흐름생산방식(flow line production system)으로 운영된다. 가장 쉬운 작업방법으로 최소의 인력이 일정한 속도로 쉼 없이 생산할 때 이상적인 효율을 달성할 수 있다.

(2) 조립공장 별 동기화된 생산체계 구축

도크기간과 동일한 기간 동안에 일정한 속도로 블록을 생산하여 정해진 일정에 공급해야 하는 조건을 만족시키는 단순명료한 체계를 구축하는 것이 바람직하며, 따라서 동기화된 생산체계가 가장 적합하다고 볼 수 있다.

가) 동기화

예를 들어 도크 싸이클시간, 즉 생산기간 $T_D = 40$ 일, 배정된 블록의 수 $N_B = 20$ 개, 고려 중인 작업라인을 구성하는 작업장(workstation)의 수 $N_W = 5$ 라고 하자. 생산기간을 고려하면 작업라인은 2 일마다 하나의 블록을 생산해야 한다($T_D / N_B = 2$). 동기화를 위해서는 작업라인의 각 작업장도 2 일마다 하나의 블록을 처리해야 하며, 따라서 작업장의 싸이클시간, $T_C = T_D / N_B$ 로부터 2 일을 얻는다.

이 경우 첫 블록은 조립 착수일로부터 $T_1 = T_C \times N_W = 10$ 일이 되어야 완성되며, 매 2 일마다 블록이 완성되므로 착수일로부터 50 일이 지나야 모든 블록의 생산을 완료하게 된다. 다시 말하면 조립 착수일로부터 완료일까지는 리드타임(lead time), $T_L = T_1 + T_D = 50$ 일이 소요되며, 생산기간은 도크 싸이클시간과 같은 40 일인 점에 유의한다.

조립라인의 모든 작업장은 설정된 싸이클시간 안에 작업을 완결할 수 있도록 세부작업요령을 조정하며, 이에 맞추어 작업장과 인력을 유효하게 편성함으로써 평준화된 생산체계를 확정할 수 있다.

나) 정시조립

정시조립을 위하여 탑재 순서에 따라 블록을 한 줄로 나열하고 싸이클시간 $T_C = 2$ 일 간격의 완료 일정을 각 블록에 부여하고, 탑재 요구 일정에 대입하여 지연되는 블록이 없도록 최초 블록의 조립 착수일을 조정함으로써 정시조립을 달성할 수 있다.

평준화 생산에서는 일부 블록의 조기 생산이 불가피하다. 더구나 도크기간이 40 일이라 하더라도 탑재 후 용접과 의장, 도장을 마무리하는 기간이 필요하므로 탑재 기간은 그보다 짧아야 한다. 예를 들어 탑재기간이 35 일인 경우에는 적어도 5 일 이상 분의 블록이 조기 생산될 수밖에 없다. 블록조립과 도크 사이의 PE작업장은 조기 생산된 블록의 대기 기간 동안 블록대형화나 의장설치를 완결할 수 있는 완충 공정으로 활용된다.

(3) 도크 생산체계의 동기화

도크 회전율은 조선소의 총매출을 결정하며 도크 운영계획은 조선소의 실질적 경영계획이라 해도 지나치지 않다. 따라서 도크 생산을 계획하는 일은 회사의 경영목표를 달성하려는 목표지향적 기획(target-driven planning)이어야 한다. 또한 도크는 생산 전반을 이끄는 견인차와 같은 역할을 한다. 즉 도크 운영이 안정적이면 모든 앞 단계의 생산 활동과 구매, 설계까지도 안정 기조에서 향상을 도모할 수 있다. 반대로 불안정하면 조선소 전체가 혼란과 비효율에서 벗어날 수 없게 된다. 도크는 생산을 총지휘하는 막중한 역할을 지고 있으므로 도크 운용이 충실해야 함을 다시 한 번 강조하며, 다음 사항에 유의한다. 첫째, 정해진 도크기간을 반드시 준수한다. 둘째, 도크기간은 평준화 생산의 기준이 된다. 셋째, 진수 시 목표한 공사 진척도를 꼭 달성한다.

가) 탑재네트워크와 피치시간(pitch time)

그림 8.6에는 각 구획 별 블록분할의 대강을 보였다.

화물창 구획은 9 개로 분할되었고, 기관실 구획은 선저만 일체형이고 상갑판은 전체 폭을 가지는 2 개로 분할되었다. 그 외 구획들은 2-3 개의 더형 블록으로 분할되었다.

그림 8.7에는 C① 선저를 탑재의 시작점으로 모든 블록을 탑재 순서에 따라 화살표로 연결한 네트워크(network)를 보였으며, 선박의 형상 안에 그려 넣음으로써 도크 안에서 선박이 건조되는 단계적 모습을 쉽게 이해할 수 있도록 하였다. 선체의 대부분을 차지하는 화물창은 맨 아래의 선저 블록을 탑재한 뒤, 횡격벽, 선측쉘(좌우현), 상갑판 블록 순으로 규칙적으로 탑재하며, 규격화된 블록분할에 의해 얻어진 결과를 확인할 수 있다.

위의 결과에 피치시간을 추가하여 생각해보자. 피치(pitch)는 톱니바퀴에서 톱니와 톱니 사이의 거리를 가리키는데 여기서 피치시간이란 탑재와 다음 탑재 사이의 시간 간격을 의미한다. 만약 선저 블록 사이의 피치시간이 3 일이라고 하면, C①부터 1 일, 4 일, 7 일, 10 일, 13 일, 16 일, 19 일, 22 일에 순차적으로 탑재되어 25 일에 C⑨ 선저 블록을 마지막으로 탑재하게 된다. 즉 첫 번째 탑재되는 기준 블록으로부터 마지막 블록까지의 피치시간을 합하면 총 탑재기간을 얻을 수 있다. 마지막 탑재에 이어 마무리 작업이 끝나면 진수를 하게 된다.

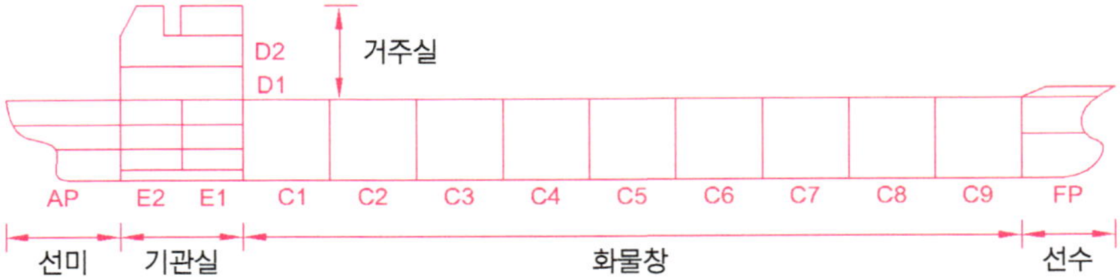

구역	탑재 블록 구성
화물창	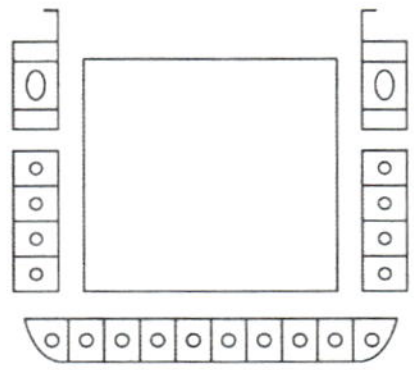 9 개의 고리(ring)형으로 대분할한 6 개 블록으로 이루어진 고리의 구성 -이중저 -횡격벽 -선측쉘 하단(좌, 우현) -선측쉘 상단(좌, 우현)
기관실	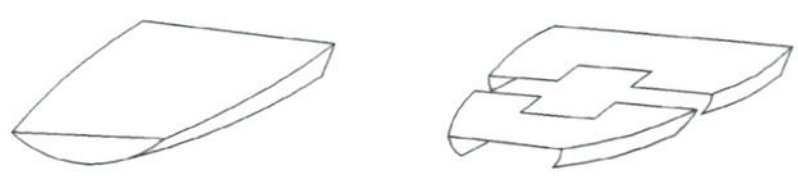 이중저: 일체형으로 대형화 상단 3층 구조: 전폭 2분할
선미	층식 3분할
선수	층식 2분할
거주실	층식 2분할
전체	탑재 블록 수(총 68개) : 화물창(54), 기관실(7), 선미(3), 선수(2), 거주실(2)

그림 8.6 각 구획의 블록분할

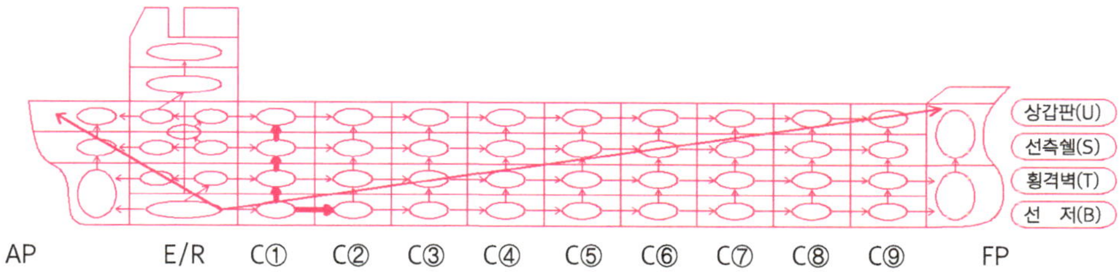

그림 8.7 탑재네트워크

이와 같이 탑재 순서와 피치시간에 의해 도크기간이 결정되며 이 두 결정 인자를 조정함으로써 가장 적절한 도크기간을 설정할 수 있다. 탑재 순서는 블록분할과 탑재방식에 따라 달라지므로, 필요할 경우 블록분할과 탑재방식을 변경하기도 한다.

나) 선박 생산의 총지휘자

앞에서 탑재네트워크의 모습이 블록분할로부터 얻어진다고 하였는데 그림 8.8을 통해 블록분할에 따른 탑재네트워크의 형태 차이를 확인할 수 있다. 다시 말하면 블록이 일정 규격으로 정형화될수록 간결한 형식의 탑재네트워크가 만들어진다. 만약 모든 블록이 하나로 정형화되고 동일한 피치시간으로 탑재된다면, 이는 똑같은 벽돌을 일정 속도로 하나하나 쌓아가는 일과 다를 바 없다.

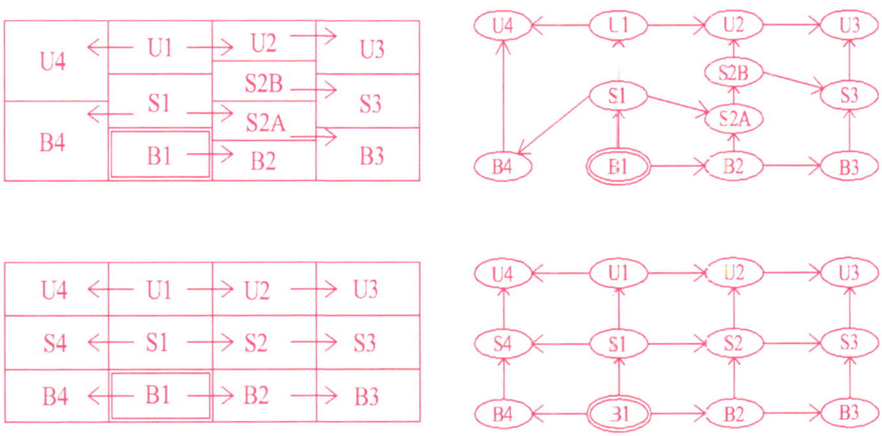

그림 8.8 블록분할에 따른 탑재네트워크의 비교

탑재네트워크가 도크 이전의 모든 공정을 견인한다고 하였는데, 이는 모든 블록의 도장, 의장, 조립, 가공 일정이 탑재네트워크의 일정에 의거하여 거슬러 올라가며 결정되기 때문이다. 뿐만 아니라 생산도면을 현장에 보내고 필요 자재를 보급하는 일정도 이에 따라 정해지므로 조선소 전체의 업무 흐름에 영향을 주게 된다. 만약 벽돌쌓기와 같이 일정한 피치시간으로 탑재를 한다면 상류의 모든 공정도 일정한 리듬의 흐름생산이 될 수 있다.

이와 같이 탑재네트워크는 조선소 생산 전반을 이끄는 총지휘자이며, 블록분할, 탑재방식, 탑재네트워크는 생산성을 결정짓는 가장 중요한 인자들이다.

다) 평준화 생산체계 구축의 기반

도크 생산 자체도 동기화된 작업으로 편성되어야 하고, 도크 작업은 블록정열(setting), 취부, 용접, 의장, 도장의 순서로 진행되며 이에 따라 모든 작업이 존 별로 완결된다. 이 작업들에 대해서도 조립공정의 동기화 편성과 마찬가지로 각각의 세부작업요령을 검토하여 실현 가능한 표준작업을 구하는 과정을 거친다.

그림 8.9에 선박 중앙부의 한 고리(ring)를 보였다. 탑재는 선저 블록을 먼저 연결하고, 횡격벽, 하부 선측쉘(lower side shell), 상부 선측쉘(upper side shell)의 순서로 진행되며 각기 고유의 접합 형태와 작업량을 지닌다.

각 접합 형상에 따라 취부, 용접의 세부작업요령을 분석하여 표 8.7과 같은 투입 인원과 작업기간을 정할 수 있으며, 작업기간은 해당 공정의 싸이클시간이 된다.

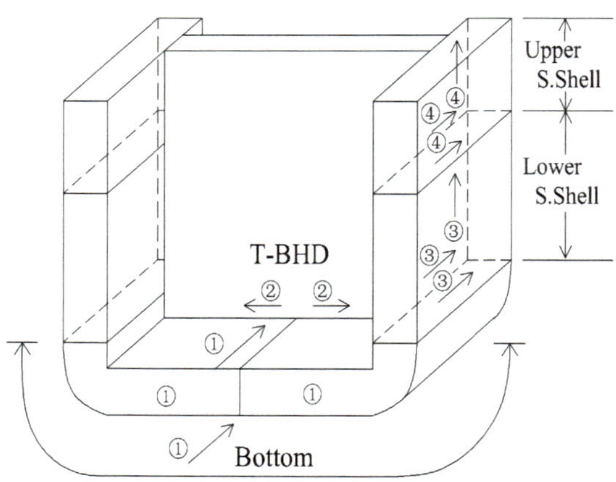

그림 8.9 화물창의 한 고리(ring)

표 8.7 접합 형태와 작업량(투입인원 및 작업일수)

접합 형태 (type of joining)	취부	용접
선저와 선저 (bottom to bottom)	5 명 x 2 일	4 명 x 5 일
선저와 횡격벽 (bottom to T-BHD)	2 명 x 2 일	3 명 x 2 일
하부 선측쉘 (lower side shell)	2 명 x 2 일	3 명 x 2 일
상부 선측쉘 (upper side shell)	3 명 x 2 일	4 명 x 6 일

그림 8.9와 같이 고리 9 개로 화물창이 구성되어 있을 경우, 각기 9 번의 반복 작업을 하여 화물창의 선체를 완성한다. 이렇게 정형화된 작업을 실현하기 위해서는, 블록의 정도 확보와 1회 정렬(one-time setting), 자동용접의 적절한 도입, 전용 작업대의 개발, 취부와 용접을 용이하게 하는 도구(jig, fixture) 개발, 완벽한 작업 준비 및 안전한 작업 환경의 조성 등에 만전을 기해야 한다.

8.3.3 공정과 선표

(1) 선표(line diagram)

조선소의 기본계획은 도크나 선대의 운영계획으로부터 출발한다. 도크나 선대는 조선소의 매출과 직결된 주요 설비로 이곳에서는 진수 전 모든 기계적 작업을 효율적으로 완결시키는 생산단계가 이루어진다. 대개 2~3 년 기간의 기븐계획을 수립하며 매출 증대를 위하여 도크 기간을 점진적으로 단축시켜 나간다. 이와 같은 운영계획을 가장 간단히 나타낸 일정표가 선표이다.

선표는 계약일, 생산 착수, 탑재 개시일, 진수일, 인도일만으로 한 선박의 생산계획을 축약한 표로 조선소의 기본계획을 대표한다(그림 8.10).

생산 착수는 강재절단(steel cutting)으로부터 시작되며, 첫째 블록을 탑지하는 용골거치(keel laying)로 탑재가 개시되고, 용접을 완결하고 의장 및 도장을 거의 마무리하여 진수(launching or floating out)를 하며 시운전을 수행하고 인도(delivery)하는 과정을 거친다.

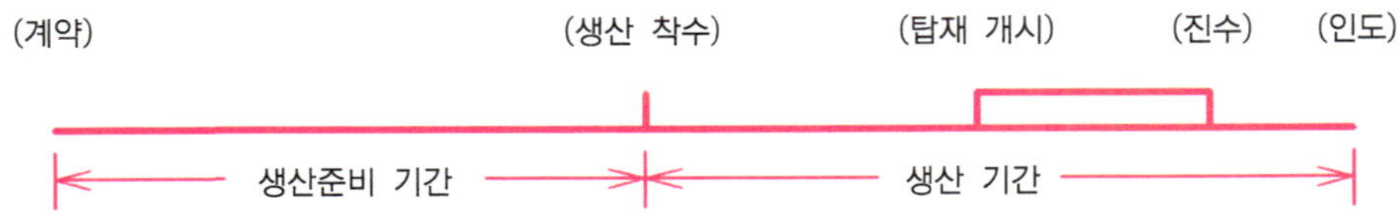

그림 8.10 선표

생산기간은 짧을수록 유리하며 이는 빠른 생산 속도로 생산성 향상과 재공(在工) 및 재고(在庫) 비용을 최소화하여 생산원가를 절감할 수 있다는 뜻이다. 더불어 설계, 자재구매, 생산방법의 검토 등 충실한 생산준비를 할 수 있는 기간이 충분히 확보되기 때문이다.

선박 수주를 위한 영업활동을 시작하려면 먼저 선표를 검토하여 수주대상 선박의 생산기간과 가능한 최단 납기 그리고 예상 원가를 검토해야 한다. 이때 선박의 초기 기본도면(key plan)을 근거로 블록분할, 탑재방식, 탑재네트워크를 작성, 도크기간의 적정여부를 판단하고 충분한 생산준비 기간을 감안하게 된다. 주요 기자재의 적기 조달가능성도 확인되어야 할 주요 사항이다.

(2) 대일정계획

대일정계획은 선박의 수주단계부터 인도까지의 모든 업무의 일정을 포함하는 기본계획이다. 생산, 설계 및 자재구매 업무의 일정계획뿐만 아니라 블록분할, 조립공정분석을 통해 생산체계를 조정하고 중일정계획을 수립하는 일정까지도 포함한다. 요구되는 시점에 필요한 제품을 만드는 견인생산(pull production)을 원칙으로 납기를 기점으로 일정을 거슬러 올라가 작업 일정을 수립하며, 각 업무의 일정과 관련하여 주요 사항을 아래에 정리하였다.

- 생산기간(계약 납기일→안벽기간→도크기간→절단 착수)
  : 적정한 안벽 작업기간(해상시운전→계류시운전)
  : 블록분할과 탑재 순서를 검토하여 도크기간 결정
  (운전을 위한 기계적 점검까지 포함)
  : 조립, 절단, 의장, 도장 작업기간 설정

: 조립 착수, 절단 착수 시점 결정

- 설계기간(생산→생산 정보→상세설계→기본설계)

  : 기본설계, 선체, 의장, 도장의 상세설계, 생산설계기간 결정
- 강재 조달 일정(탑재→조립→절단→강재 입고→강재 발주→강재 물량산출)
- 주요 장비 조달(주기관 설치→입고→(제작)→주문→사양 작성]

가) 대일정계획은 EPF(Engineering, Procurement, Fabrication) 일정계획

생산과 관련하여 대일정계획(master schedule)은 제시된 제작방법(블록분할, 탑재방법)에 따라 도크 및 주요 공장의 생산부하를 균등하게 하고 공장 간 유기적 공정 연결을 도모하여 효율적 생산체계를 구축할 수 있는 기본 틀을 마련하는데 목적을 둔다.

설계와 주요 자재의 조달에 관한 일정을 구체적으로 규명한다. 설계의 경우 작업 착수일과 자재 발주일정을 감안하여 생산설계, 상세설계, 기본설계 시점을 정하게 된다. 블록분할, 제작공정분석 및 세부작업요령은 설계에 반영되어야 할 아주 중요한 생산 요구사항을 담고 있다. 따라서 설계계획에는 이를 협의하고 반영하는 일정도 특별히 명기되어야 한다.

강재 조달의 예를 들면 절단 착수일정을 기준으로 강재 입고, 발주, 물량산출, 선체 설계 일정을 정한다. 즉 자재가 필요한 시점으로부터 설치→제작→원자재 입고→발주(Purchase Order, PO)→주문의뢰(Purchase Order Request, POR)→소요자재 목록(Bill Of Materials, BOM) 작성→물량산출(MTO) 기간을 조목 별로 따져 자재조달계획을 수립한다.

특히 긴 리드타임(lead time)이 요구되는 자재는 선박계약과 동시에 주문을 확정해야 한다. 주기관을 비롯한 주요 장비류, 프로펠러, 선미보스, 타에 필요한 주물류가 이에 해당한다.

이와 같이 대일정계획은 프로젝트 전반의 일을 포함하는 EPF 일정계획이다. 이에 따라 모든 조직(설계, 자재구매, 품질관리, 시설관리, 인사관리, 생산 등)에서 구체적인 실행계획을 마련하게 된다. 이때 각 조직의 상황을 종합적으로 판단하여 총체적인 최적계획을 찾는 것이 중요하다. 따라서 중요사항에 대해서는 관련 조직 간의 회의 시점을 명시하고 정기적인 회의체의 운영 일정도 포함한다. 표 8.8에는 생산공정계획과 일정계획의 상호 관계를 정리하였다.

표 8.8 공정계획 및 일정계획 수립 절차도

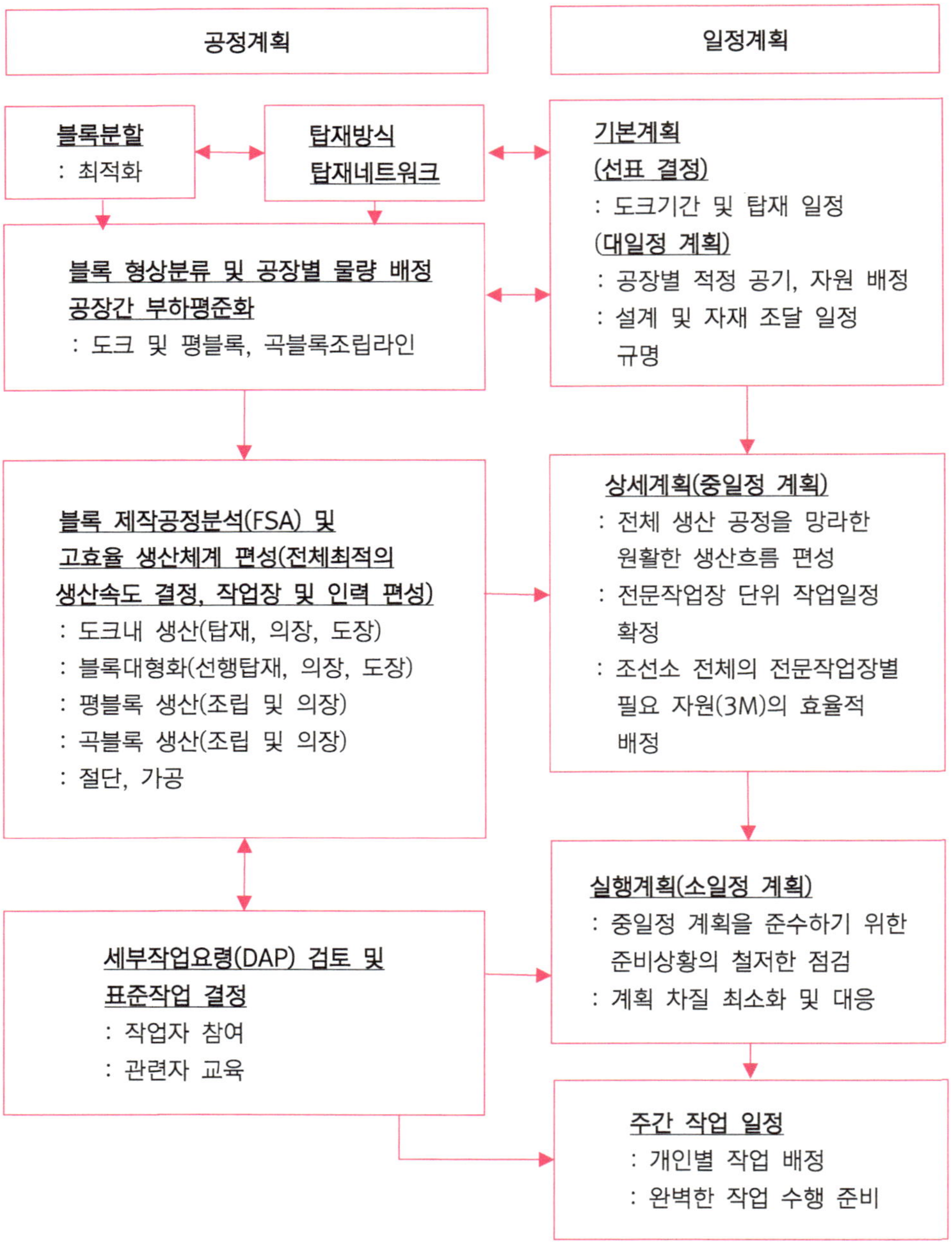

나) 대일정계획은 조선소의 실질적 경영기획

조선소에서는 적어도 향후 1 년 동안 생산될 모든 선박의 대일정계획을 종합, 검토하는데 이것이 결국 회사 전체의 연간 계획이 된다. 따라서 대일정계획은 조선소의 연간 기본계획으로서 조선소의 발전을 도모하는 구체적 기획이 된다.

(3) 중일정계획: 목표의 구체적 전개

중일정계획은 대일정계획에서 제시된 회사의 생산 일정과 생산성 목표를 만족시키는 구체적인 방안을 찾는 일이다. 제작공정계획(Fabrication Sequence Analysis, FSA) 검토를 통해 최적화된 생산체계를 바탕으로 대일정계획의 틀 안에서 가장 효율적인 자원 배분과 생산흐름을 결정한다.

가) 작업장 기저의 일정계획(workstation based scheduling)

중일정계획을 수립하는 절차는 다음과 같이 요약할 수 있다.

1) 블록분할과 탑재방식을 검토한다(대일정계획 시 검토).
2) 블록 유형 별 조립공정을 분석한다(FSA).
3) 각 블록 형태 별 제작공정계획에 따라 블록대형화→블록조립(대조, 중조, 소조)→가공에 이르는 최적의 생산체계를 설계한다. 이때 표준 세부작업요령(Detailed Assembly Procedure, DAP)이 유용하게 쓰인다.
4) 확정된 생산라인의 각 작업장별로 필요자원[3M(Man, Machine, Material)]을 배정한다.

이로써 제작 과정 상에 나오는 선박의 모든 부품, 즉 각 존(zone)들이 조선소의 최소 단위 작업장에 자리 잡게 되고 부여받은 생산 싸이클시간에 맞추어 효과적인 자원 배정과 생산일정을 결정할 수 있다.

나) 조선소 전체의 생산을 6 개월 이상 면밀히 내다본다.

중일정계획은 조선소의 전 작업장을 대상으로 6 개월 이상의 기간에 걸친 생산 내용을 구체적으로 결정하여 작성된다. 중일정계획은 조선소 전체를 하나로 보며 생산의 효율화를 도모하는 마지막 검토 과정이다.

조선소 전체 설비를 잘 알고 생산할 선박의 블록분할과 FSA를 확실히 이해하고 있는 엔지니어만이 좋은 계획을 수립할 수 있다. 표준작업을 착실하게 정비하고 철저히 지키는 조선소에서는 한 사람의 전문가가 블록분할(B/D), FSA, 중일정계획을 일체로 담당하고 있으며 이런 경우가 가장 바람직한 것으로 간주되고 있다.

일반적으로 도크, 선행탑재, 평블록, 곡블록, 절단가공, 의장설치, 도장, 의장제작 등에 대한 중일정계획서로 구분하여 작성하며 조선소 전체의 생산 과정을 포함한다.

(4) 소일정계획

가) 중일정계획을 지키는 보루

소일정계획은 중일정계획을 차질 없이 실현하기 위한 재점검 행위이다. 각 공장의 관리 담당자가 대개 월간 단위로 작성하며 작업장과 장비, 소요 인력 및 자재 보급 등 제반 생산준비 상황을 구체적이고 철저하게 확인하는 것이 그 작성의 주된 목적이다. 차질이 발생했거나 예상될 경우 즉각 이를 만회하기 위한 수정 계획을 때때로 작성하게 된다(그림 8.11).

계획표의 형식은 중일정계획과 마찬가지이며 계획 요소의 상세 정도에도 차이가 없다. 다만 내다보는 시간길이(time span)의 차이에서 이름을 달리 할 뿐이다.

나) 도크, PE단계의 통합 소일정계획

도크, PE단계에서는 선체작업에 이어 동일 공간에서 의장, 도장 작업이 연속적으로 이루어지게 된다. 따라서 같은 작업장, 같은 공간에 여러 다른 조직의 작업자가 이어달리기로 작업을 수행해야 한다. 따라서 이 단계에서는 IHOP 일정계획을 짜는 착실한 계획수립자(organizer)가 있어야 한다.

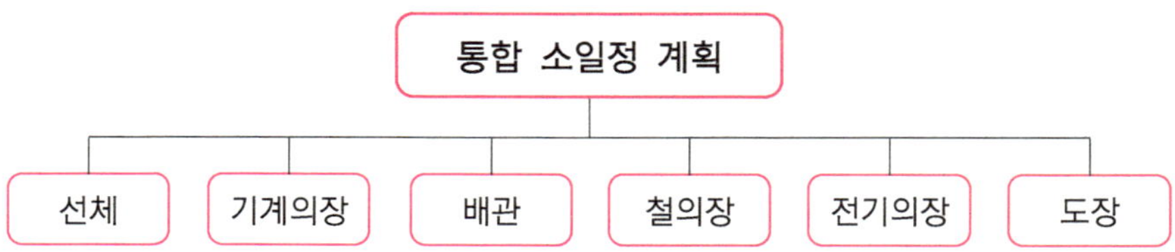

그림 8.11 소일정 계획

다) 주간 작업일정

일반적으로 반장이라 칭하는 각 작업장의 책임자가 주 단위로 작성하는 일정으로 소일정계획에 따라 작업자 개개인에게 매일 매일의 일을 명확히 부여할 수 있다. 반장이 주간 작업 일정표를 작성하는 과정을 들여다보면 현장 살림살이의 꼼꼼한 정도를 엿볼 수 있다(표 8.9).

표 8.9 주간 작업일정

요일	시각		
목요일	오후	①	담당 작업장의 작업진행 상황을 면밀히 파악하며, 차질 발생이 우려되는 부분에 대해 특별한 관심을 둔다.
		②	작업자들에게 다음 주 근태 계획을 확인한다.
금요일	오전	③	금주에 완료될 작업범위를 예상하고, 다음 주 작업일정표를 작성한다. 일정표에는 세부작업 별로 일자 및 시각을 정하고, 각 작업마다 담당 작업자를 지명한다. (바로 이것이 배원이다.)
금요일	오후	④	상위 책임자에게 작업일정표를 점검받는다. 이는 앞뒤 공정과의 문제 여부를 확인하고 조정하기 위한 것이다.
금요일	퇴근 전	⑤	모든 작업자에게 확정된 주간 작업일정표를 상세히 설명한다.
월요일	작업착수 전	⑥	완벽한 작업준비를 확인하고 작업 요령을 숙지시킨다. 특히 안전을 강조한다.

참고문헌 및 찾아보기

참고문헌

1) 권영중, 박노식, 2014, 조선.해양 공학개론, UUP.

2) 권영중, 2006, 선박설계학, 동명사.

3) 김재근, 1980, 배의 역사. 서울대학교 공과대학 조선공학과 동창회.

4) 김효철 외, 2006, 한국의 배, 지성사.

5) 대한조선학회, 1993, 조선해양공학개론, 동명사.

6) 대한조선학회, 1996, 선박건조공학, 동명사.

7) 대한조선학회, 1996, 해양공학개론, 동명사.

8) 대한조선학회, 선박유체역학연구회, 2009, 저항과 추진, 지성사.

9) 대한조선학회, 2012, 선박해양공학개론, GS인터비전.

10) 민계식 외, 2012, 한국전통선박, 한림원출판사

11) 박승균, 1998, 해설 조선지식입문, 동명사.

12) 양현수, 유현동, 2010, 조선해양공학개론, 원창출판사.

13) 염덕준, 2010, 해양구조물 운동론, UUP

14) 염덕준, 2012, 선박의 운동과 조종, UUP.

15) 염덕준, 2015, 해양환경과 해양구조물, GS인터비전.

16) 이승준, 2009, 역사로 배우는 유체역학, 개정판, GS인터비전.

17) 이승준, 2014, 선박해양유체역학, GS인터비전.

18) 이승준, 2016, 수면파역학, GS인터비전.

19) 이창섭, 2008, 선박의 추진과 프로펠러 설계, 제2판, 문운당.

20) 임상전 역, 1971, 기본조선학, 대한교과서주식회사.

21) 하윤도, 2015, 해양구조물 설계 및 심해저시스템, GS 인터비전.

22) 한국선급, 2010, 선급 및 강선규칙.

23) 한국조선공업협회, 2005, 한국의 조선산업

24) IMO Resolution A. 468(XII), 1981, Code on Noise Levels on Board Ships.

25) Newman, J. N., 1977, Marine Hydrodynamics, The MIT Press.

26) Ochi, M. K., Motter, L. E., 1973, Prediction of Slamming, Experiments and Hull Response for Ship Design, Vol 81, SNAME.

27) SNAME, Ed. Paulling, J. R., 2010, Principles of Naval Architecture Series, SNAME.

28) SNAME, Ed. Lewis, E.V., 1989, Principles of Naval Architecture, 2nd revision, SNAME.

29) Wichers, J. E. W., 1992, Lecture Notes on Ocean Engineering, IHEE Delft.

찾아보기

B

C

D

E

M

P

S

T

ㄴ

ㄹ

ㅁ

ㅂ

ㅇ

ㅈ

최신

선박해양공학개론

2023년 2월 25일 5쇄 발행

저 자 이승준, 염덕준

발 행 인 송기수

발 행 처 도서출판 GS인터비전

편 집 처 도서출판 GS인터비전

편 집 자 공예서

표지디자인 디자인붐

인 쇄 처 더블비

등록번호 제 25100-2016-000050 호

I S B N 979-11-5576-226-4(93530)

주 소 서울 은평구 증산로 15길 69 2층

전 화 02-976-7898, 02-3272-7898

팩 스 02-6468-7898

홈페이지 gsintervision.co.kr

E-Mail gsinter7@gmail.com

정 가 28,000원